U0295893

国家出版基金项目
NATIONAL PUBLICATION FOUNDATION

ARJ21新支线飞机技术系列

主编 郭博智 陈 勇

支线飞机强度
设计与验证

Strength Design and Verification of
Regional Aircraft

朱广荣 许志香 等 著

上海交通大学出版社
SHANGHAI JIAO TONG UNIVERSITY PRESS

大飞机读者俱乐部

内容提要

本书是对 ARJ21 新支线飞机研制过程中强度设计工作的总结，它介绍了强度设计的依据文件、载荷计算、强度分析、试验验证、试飞验证等方面的工作情况，也对适航取证过程中的技术攻关、关键技术、重大试验、试飞工作进行了技术总结，同时，对技术管理工作、研制过程中取得的科技成果、技术创新等进行梳理，总结经验教训，提炼收获与体会，为后续型号研制提供参考和借鉴。

图书在版编目(CIP)数据

支线飞机强度设计与验证/ 朱广荣等著. —上海：
上海交通大学出版社，2017
大飞机出版工程
ISBN 978 - 7 - 313 - 18553 - 2

Ⅰ.①支… Ⅱ.①朱… Ⅲ.①飞机-强度-设计
Ⅳ.①V22

中国版本图书馆 CIP 数据核字(2017)第 307717 号

支线飞机强度设计与验证

著　者：朱广荣　许志香 等
出版发行：上海交通大学出版社　　　地　　址：上海市番禺路 951 号
邮政编码：200030　　　　　　　　　电　　话：021 - 64071208
出 版 人：谈　毅
印　制：上海万卷印刷有限公司　　　经　销：全国新华书店
开　本：710 mm×1000 mm　1/16　印　张：16.5
字　数：324 千字
版　次：2017 年 12 月第 1 版　　　　印　次：2017 年 12 月第 1 次印刷
书　号：ISBN 978 - 7 - 313 - 18553 - 2/ V
定　价：178.00 元

大飞机出版工程

丛书编委会

总主编

顾诵芬（中国航空工业集团公司科技委原副主任、中国科学院和中国工程院院士）

副总主编

贺东风（中国商用飞机有限责任公司董事长）

林忠钦（上海交通大学校长、中国工程院院士）

编委会（按姓氏笔画排序）

王礼恒（中国航天科技集团公司科技委主任、中国工程院院士）

王宗光（上海交通大学原党委书记、教授）

刘　洪（上海交通大学航空航天学院副院长、教授）

任　和（中国商飞上海飞机客户服务公司副总工程师、教授）

李　明（中国航空工业集团沈阳飞机设计研究所科技委委员、中国工程院院士）

吴光辉（中国商用飞机有限责任公司副总经理、总设计师、中国工程院院士）

汪　海（上海市航空材料与结构检测中心主任、研究员）

张卫红（西北工业大学副校长、教授）

张新国（中国航空工业集团副总经理、研究员）

陈　勇（中国商用飞机有限责任公司工程总师、ARJ21飞机总设计师、研究员）

陈迎春（中国商用飞机有限责任公司CR929飞机总设计师、研究员）

陈宗基（北京航空航天大学自动化科学与电气工程学院教授）

陈懋章（北京航空航天大学能源与动力工程学院教授、中国工程院院士）

金德琨（中国航空工业集团公司原科技委委员、研究员）

赵越让（中国商用飞机有限责任公司总经理、研究员）

姜丽萍（中国商用飞机有限责任公司制造总师、研究员）

曹春晓（中国航空工业集团北京航空材料研究院研究员、中国工程院院士）

敬忠良（上海交通大学航空航天学院常务副院长、教授）

傅　山（上海交通大学电子信息与电气工程学院研究员）

总　　序

国务院在 2007 年 2 月底批准了大型飞机研制重大科技专项正式立项,得到全国上下各方面的关注。"大型飞机"工程项目作为创新型国家的标志工程重新燃起我们国家和人民共同承载着"航空报国梦"的巨大热情。对于所有从事航空事业的工作者,这是历史赋予的使命和挑战。

1903 年 12 月 17 日,美国莱特兄弟制作的世界第一架有动力、可操纵、比重大于空气的载人飞行器试飞成功,标志着人类飞行的梦想变成了现实。飞机作为 20 世纪最重大的科技成果之一,是人类科技创新能力与工业化生产形式相结合的产物,也是现代科学技术的集大成者。军事和民生的需求促进了飞机迅速而不间断的发展和应用,体现了当代科学技术的最新成果;而航空领域的持续探索和不断创新,也为诸多学科的发展和相关技术的突破提供了强劲动力。航空工业已经成为知识密集、技术密集、高附加值、低消耗的产业。

从大型飞机工程项目开始论证到确定为《国家中长期科学和技术发展规划纲要》的十六个重大专项之一,直至立项通过,不仅使全国上下重视我国自主航空事业,而且使我们的人民、政府理解了我国航空事业半个多世纪发展的艰辛和成绩。大型飞机重大专项正式立项和启动标志着我国的民用航空进入新纪元。经过 50 多年的风雨历程,当今中国的航空工业已经步入了科学、理性的发展轨道。大型客机项目产业链长、辐射面宽、对国家综合实力带动性强,在国民经济发展和科学技术进步中发挥着重要作用,我国的航空工业迎来了新的发展机遇。

大型飞机的研制承载着中国几代航空人的梦想,在 2016 年造出与波音公司

B737 和空客公司 A320 改进型一样先进的"国产大飞机"已经成为每个航空人心中奋斗的目标。然而,大型飞机覆盖了机械、电子、材料、冶金、仪器仪表、化工等几乎所有工业门类,集成数学、空气动力学、材料学、人机工程学、自动控制学等多种学科,是一个复杂的科技创新系统。为了迎接新形势下理论、技术和工程等方面的严峻挑战,迫切需要引入、借鉴国外的优秀出版物和数据资料,总结、巩固我们的经验和成果,编著一套以"大飞机"为主题的丛书,借以推动服务"大飞机"作为推动服务整个航空科学的切入点,同时对于促进我国航空事业的发展和加快航空紧缺人才的培养,具有十分重要的现实意义和深远的历史意义。

2008 年 5 月,中国商用飞机有限公司成立之初,上海交通大学出版社就开始酝酿"大飞机出版工程",这是一项非常适合"大飞机"研制工作时宜的事业。新中国第一位飞机设计宗师——徐舜寿同志在领导我们研制中国第一架喷气式歼击教练机——歼教 1 时,亲自撰写了《飞机性能及算法》,及时编译了第一部《英汉航空工程名词字典》,翻译出版了《飞机构造学》《飞机强度学》,从理论上保证了我们的飞机研制工作。我本人作为航空事业发展 50 多年的见证人,欣然接受上海交通大学出版社的邀请担任该丛书的主编,希望为我国的"大飞机"研制发展出一份力。出版社同时也邀请了王礼恒院士、金德琨研究员、吴光辉总设计师、陈迎春副总设计师等航空领域专家撰写专著、精选书目,承担翻译、审校等工作,以确保这套"大飞机"丛书具有高品质和重大的社会价值,为我国的大飞机研制以及学科发展提供参考和智力支持。

编著这套丛书,一是总结整理 50 多年来航空科学技术的重要成果及宝贵经验;二是优化航空专业技术教材体系,为飞机设计技术人员的培养提供一套系统、全面的教科书,满足人才培养对教材的迫切需求;三是为大飞机研制提供有力的技术保障;四是将许多专家、教授、学者广博的学识见解和丰富的实践经验总结继承下来,旨在从系统性、完整性和实用性角度出发,把丰富的实践经验进一步理论化、科学化,形成具有我国特色的"大飞机"理论与实践相结合的知识体系。

"大飞机出版工程"丛书主要涵盖了总体气动、航空发动机、结构强度、航电、制造等专业方向,知识领域覆盖我国国产大飞机的关键技术。图书类别分为译著、专著、教材、工具书等几个模块;其内容既包括领域内专家们最先进的理论方法和技术成果,也包括来自飞机设计第一线的理论和实践成果。如:2009 年出版的荷兰原福克飞机公司总师撰写的 *Aerodynamic Design of Transport Aircraft*(《运输类飞机的空气动力设计》);由美国堪萨斯大学 2008 年出版的 *Aircraft Propulsion*(《飞机推进》)等国外最新科技的结晶;国内《民用飞机总体设计》等总体阐述之作和《涡量动力学》《民用飞机气动设计》等专业细分的著作;也有《民机设计 1 000 问》《英汉航空缩略语词典》等工具类图书。

　　该套图书得到国家出版基金资助,体现了国家对"大型飞机"项目以及"大飞机出版工程"这套丛书的高度重视。这套丛书承担着记载与弘扬科技成就、积累和传播科技知识的使命,凝结了国内外航空领域专业人士的智慧和成果,具有较强的系统性、完整性、实用性和技术前瞻性,既可作为实际工作指导用书,亦可作为相关专业人员的学习参考用书。期望这套丛书能够有益于航空领域里人才的培养,有益于航空工业的发展,有益于大飞机的成功研制。同时,希望能为大飞机工程吸引更多的读者来关心航空、支持航空和热爱航空,并投身于中国航空事业做出一点贡献。

2009 年 12 月 15 日

序

民用飞机产业是大国的战略性产业。民用客机作为一款高附加值的商品,是拉动国家经济发展的重要力量,是体现大国经济和科技实力的重要名片,在产业和科技上具有强大的带动作用。

自新中国成立以来,中国民机产业先后成功地研制了 Y-7 系列涡桨支线客机和 Y-12 系列涡桨小型客机等民用飞机。在民用喷气客机领域,曾经在 20 世纪 70 年代自行研制了运-10 飞机,国际合作论证了 MPC-75、AE-100 等民用客机,合作生产了 MD-80 和 MD-90 飞机。民机制造业转包生产国外民机部件,但始终没有成功研制一款投入商业运营的民用喷气客机。

支线航空发展迫在眉睫。2002 年 2 月,国务院决定专攻支线飞机,按照市场机制发展民机,并于 11 月 17 日启动 ARJ21 新支线飞机项目,意为"面向 21 世纪的先进涡扇支线飞机(Advanced Regional Jet for the 21st Century)"。从此,中国民机产业走上了市场机制下的自主创新之路。

ARJ21 作为我国民机历史上第一款按照国际通用适航标准全新研制的民用客机,承担着中国民机产业先行者和探路人的角色。跨越十五年的研制、取证和交付运营过程,经历的每一个研制阶段,解决的每一个设计、试验和试飞技术问题,都是一次全新的探索。经过十五年的摸索实践,ARJ21 按照民用飞机的市场定位打通了全新研制、适航取证、批量生产和客户服务的全业务流程,突破并积累了喷气客机全寿命的研发技术、适航技术和客户服务技术,建立了中国民机产业技术体系和产业链,为后续大型客机的研制打下了坚实的基础。

习近平总书记考察中国商飞公司时要求改变"造不如买、买不如租"的逻辑,坚持民机制造事业"不以难易论进退",在 ARJ21 取证后要求"继续弘扬航空报国精神,总结经验、迎难而上"。马凯副总理 2014 年 12 月 30 日考察 ARJ21 飞机时,指出,"要把 ARJ21 新支线飞机项目研制和审定经验作为一笔宝贵财富认真总结推广"。工信部副部长苏波指出:"要认真总结经验教训,做好积累,形成规范和手册,指导 C919 和后续大型民用飞机的发展。"

编著这套书,一是经验总结,总结整理 2002 年以来 ARJ21 飞机研制历程中设计、取证和交付各阶段开创性的重要成果及宝贵经验;二是技术传承,将民机研发技术专家、教授、学者广博的学识见解和丰富的实践经验总结继承下来,把丰富的实践经验进一步理论化、科学化,形成具有我国特色的民机理论与实践相结合的知识体系,为飞机设计技术人员提供参考和学习的材料;三是指导保障,为大飞机研制提供有力的技术保障。

丛书主要包括了项目研制历程、研制技术体系、研制关键技术、市场研究技术、适航技术、运行支持系统、关键系统研制和取证技术、试飞取证技术等分册的内容。本丛书结合了 ARJ21 的研制和发展,探讨了支线飞机市场技术要求、政府监管和适航条例、飞机总体、结构和系统关键技术、客户服务体系、研发工具和流程等方面的内容。由于民用飞机适航和运营要求是统一的标准,在技术上具有高度的相似性和相关性,因此 ARJ21 在飞机研发技术、适航验证和运营符合性等方面取得的经验,可以直接应用于后续的民用飞机研制。

ARJ21 新支线飞机的研制过程是对中国民机产业发展道路成功的探索,不仅开发出一个型号,而且成功地锤炼了研制队伍。参与本套丛书撰写的专家均是 ARJ21 研制团队的核心人员,在 ARJ21 新支线飞机的研制过程中积累了丰富且宝贵的实践经验和科研成果。丛书的撰写是对研制成果和实践经验的一次阶段性的梳理和提炼。

ARJ21 交付运营后,在飞机的持续适航、可靠性、使用维护和经济性等方面,继续经受着市场和客户的双重考验,并且与国际主流民用飞机开始同台竞技,因此需要针对运营中间发现的问题进行持续改进,最终把 ARJ21 飞机打造成为一款航空公司愿意用、飞行员愿意飞、旅客愿意坐的精品。

　　ARJ21是"中国大飞机事业万里长征的第一步",通过ARJ21的探索和积累,中国的民机产业会进入一条快车道,在不远的将来,中国民机将成为彰显中国实力的新名片。ARJ21将继续肩负着的三大历史使命前行,一是作为中国民机产业的探路者,为中国民机产业探索全寿命、全业务和全产业的经验;二是建立和完善民机适航体系,包括初始适航、批产及证后管理、持续适航和运营支持体系等,通过中美适航当局审查,建立中美在FAR/CCAR-25部大型客机的适航双边,最终取得FAA适航证;三是打造一款具有国际竞争力的喷气支线客机,填补国内空白,实现技术成功、市场成功、商业成功。

　　这套丛书获得2017年度国家出版基金的支持,表明了国家对"ARJ21新支线飞机"的高度重视。这套书作为上海交通大学出版社"大飞机出版工程"的一部分,希望该套图书的出版能够达到预期的编著目标。在此,我代表编委会衷心感谢直接或间接参与本系列图书撰写和审校工作的专家和学者,衷心感谢为此套丛书默默耕耘三年之久的上海交通大学出版社"大飞机出版工程"项目组,希望本系列图书能为我国在研型号和后续型号的研制提供智力支持和文献参考!

ARJ21总设计师

2017年9月

前　　言

　　2017 年 4 月 22 日是我们 ARJ21‑700 型飞机研制人员值得庆祝的纪念日，ARJ21‑700 飞机自 2016 年 6 月 28 日交付成都航空公司商业营运至 2017 年 4 月 22 日，安全运送旅客累计已达 10 000 人次。ARJ21‑700 飞机安全、舒适的乘坐体验得到了国人的充分肯定，一时在航线上造成了一票难求的局面，不少人就是冲着 ARJ21‑700 飞机去购票体验我国第一架喷气客机去的，当然也有不少外国人士前往体验和探究具有中国自主知识产权的支线客机的营运和乘坐情况，总的来说，对 ARJ21‑700 飞机的评价较高，尽管还有许多需要不断改进和完善的地方。此时此刻，作为 ARJ21‑700 研制人员无比欣慰和自豪，因为是我们为祖国实现了在蓝天中我国自己研制的具有自主知识产权的营运喷气客机"零的突破"！从研发到取得适航证，为此我们奋斗了 12 年。忆往事，岁月峥嵘，这 12 年研制历程是我们践行"长期吃苦、长期奉献、长期攻关、长期奋斗"的难忘岁月。本书是对 ARJ21‑700 飞机研制过程强度设计工作的总结，介绍了强度设计的依据文件、载荷计算、强度分析、试验验证、试飞验证等方面的工作情况，也对适航取证过程中的技术攻关、关键技术、重大试验、试飞工作进行了技术总结，同时，对技术管理工作、研制过程中取得的科技成果、技术创新等进行梳理，总结经验教训，提炼收获与体会，为后续型号研制提供参考和借鉴。

　　ARJ21‑700 飞机项目开始是由中航工业负责立项研制的，在 2008 年 5 月国家成立了中国商飞，并由中国商飞全面接手负责 ARJ21‑700 飞机的研制工作。因此，中航工业一飞院强度所的部分设计人员当时也参加了 ARJ21‑700 的强度研制工作，主要负责机翼外翼、中后机身等结构的强度分析计算和试验验证工作，除此之外，还参加了部分颤振和疲劳方面的技术工作，直到 2010 年 10 月全部工作移交给中国商飞。其他主要结构，如机头、前机身、中机身、后机身、中央翼、平尾、垂尾等结构的强度分析和试验、试飞验证（包括静强度、动强度、疲劳和损伤容限、颤振等专业）都是由我们负责完成的。我们当年的研发团队人数最少仅有 50 人左右，其中，仅少数人员有型号研制经验，大多数是 2003

年刚毕业的 80 后大学生。为了技术把关和培养年轻人，我们返聘了 16 位曾参加过运 10 研制的退休老同志作为技术专家加入研制团队。人员少、无经验、无积累、任务重、进度紧、难度大、责任大，面对如此艰难局面，就是这样的一支团队，我们用百折不挠的精神和钢铁般的意志，不畏艰难迎接挑战，加班加点，克服了常人难以想象的困难，攻坚克难，解决了一个又一个的技术难关，最终我们完成了 ARJ21-700 飞机所有的强度计算分析、适航验证试验和试飞工作，并得到了审查方的批准，关闭了所有的适航条款，为 ARJ21-700 飞机取得适航证作出了巨大贡献，也为我国民机事业培养了一支年轻的有民机研制经验的技术队伍。

ARJ21-700 飞机的整个研制过程就是一部记载我国民机事业发展的史诗。我们研制 ARJ21-700 飞机的技术要求起点高，中国适航规章条款要求和美国适航规章条款要求几乎是一样的，代表世界先进水平，而我们民机研制和适航验证经验缺乏、无技术积累，底子薄，因此 ARJ21-700 飞机的研制道路就不会是一帆风顺的，它注定是一条充满艰辛和坎坷的富有挑战的曲折道路。在这条崎岖的道路上，我们尝遍了"酸甜苦辣"，有很多刻骨铭心的事件值得回味和总结。"ARJ21-700 飞机全机稳定俯仰 (2.5g) 极限载荷全机静力试验中止事件"是我们强度专业终生难忘的事件。一件看似不应该发生的低级错误事件，又似乎是必然会发生的事件，将整个研制进度推迟了 7 个月，同时对 ARJ21-700 飞机研制当时的舆论产生了很多的负面影响，我们遭遇了前所未有的巨大压力和打击。但我们并没有被压垮、击溃，而是潜下心来，开展技术攻关，查找原因。在试验现场攻关长达 7 个月，查找故障原因，并用故障再现的方式确认了原因，针对原因制定了结构更改方案，又用试验验证了更改方案和修理方案的合理性，从而确保试验一次成功。同时，又通过试验数据向局方表明了修理后的试验机构型符合性，最终我们重新恢复试验，在中国局方审查代表和美国局方影子审查代表的目击下顺利完成了惊心动魄的"ARJ21-700 飞机全机稳定俯仰 (2.5g) 极限载荷全机静力试验"。我们做到了"从哪里跌倒就从哪里爬起来"，并用事实来证明了我们是有能力处理这样的故障的，同样也是有能力研制民机的。这样一个"坏事"通过我们的努力变成了一个"好事"。通过这个事件的处理，我们处理问题时严谨的态度、周密的流程、用试验数据说话的处理方法和处理问题的技术水平赢得了局方代表的高度认可和信任，由此，在"影子"审查中，我们结构强度专业是美国局方代表唯一自始至终打出认可和信任的绿灯标志的专业，为我们以后的审查工作奠定了基础。事实证明，通过该事件处理的实践和锻炼，提高了年轻技术人员处理重大技术问题的能力，他们在解决后续发生的各种技术问题时发挥了重要作用。后来我们将该事件的处理过程浓缩提炼成了"2.5g 精神"，它是我们创造的精神财富，在 ARJ21-700

飞机整个研制过程中,"2.5g 精神"一直在激励和鼓舞着我们每一位强度专业技术人员。

虽然 ARJ21-700 型飞机已经投入航线营运,并且已开始进行批量生产,但要想取得商业上的成功,还需很长一段优化设计和持续适航的路要走。我们已经取得适航证,从安全性上来说毫无问题,但毕竟我们是第一次研制喷气客机,在经济上、舒适性、顺畅运营方面还存在不尽人意的问题,这些问题将不断从航空公司营运中反馈过来,因此需要我们不断地去优化、更改设计。相信通过我们的努力,一定会使我们 ARJ21-700 飞机成为飞行员愿飞、乘客愿坐、航空公司愿买的一款商业成功的喷气支线客机。

ARJ21-700 飞机承载着几代国人的民机梦,它是我国大飞机的先驱者和探索者,它必将载入我国民机研制历史的史册。

本书是集体智慧的结晶,第 1 章绪论,由许志香、郭伟毅、许海生、宋春艳、刘景光、梁技、金秀芬和李卫平共同执笔;第 2 章专业架构及职责,由许志香执笔;第 3 章专业研制文件依据,由许志香执笔;第 4 章飞机研制过程强度技术工作,载荷计算研制历程由刘景光、金秀芬执笔;机体强度设计历程由许志香、郭伟毅、许海生、宋春艳、刘景光、邬旭辉、闫照明、陆慧莲、邹新煌、李卫平、李娜执笔;起落架强度验证工作由金秀芬执笔;颤振专业研制历程由梁技执笔;制造、试验、试飞中的故障部分由刘景光、许海生执笔;第 5 章重要技术问题攻关,由金秀芬、梁技、郭伟毅、许海生、宋春艳执笔。全书由朱广荣统稿、修改、补充并审定。

由于作者水平有限,书中的瑕疵恳请读者批评与指正。

朱广荣

2018 年 4 月

目　　录

1 绪 论

1.1 支线飞机强度设计与验证的国内外现状

民用航空工业及其研制水平代表着一个国家综合科技能力和综合实力的高低，而适航取证是商用飞机成功的一个先决条件。民用飞机的整体设计研制过程要求严格按照中国民用航空规章第 25 部（CCAR－25 部）进行，能否顺利通过适航验证是其是否研制成功的标志，也是飞机投入市场运营的通行证。而飞机结构强度的设计与验证是整个飞机适航取证过程中非常关键的验证工作之一，对飞机的安全尤为重要。

ARJ21 飞机是我国第一架严格按照中国民用航空规章第 25 部（CCAR－25 部）进行设计和验证的飞机。飞机结构强度设计与验证工作包括载荷计算、静强度分析与验证、疲劳与损伤容限分析与验证、动强度分析与验证、气动弹性分析与验证、有限元分析等。强度设计和验证要严格按照 CCAR－25 部进行，国内没有经验可以借鉴，这对强度专业所有的设计人员都是巨大的挑战。

在疲劳损伤容限分析中，飞机结构损伤容限评定体系的建立是一个庞大而复杂的工程，它建立在无数次的试验、机队经验和复杂的理论研究基础之上，是要经过数十年才能完善的工作，在世界航空技术领域中属于关键和核心的保密技术。损伤容限设计和评定，对 ARJ21 飞机的强度工程设计人员来讲是全新的课题。在这样的情况下，如何保证飞机结构损伤容限设计更为合理，参考哪些手册，为什么要做损伤容限评定，评定的基础是什么，怎样评定，评定的要求，评定的内容、方法和步骤是什么等都无经验可借鉴，如何进行满足适航符合性要求的损伤容限评定成为一个难题。

在动强度的分析验证中，鸟撞问题是一个十分复杂的动力学问题。由于鸟撞事故对航空安全会造成极大的危害，对经济造成极大损失，因此鸟撞问题已经成为民用飞机设计中必须考虑的重要内容之一。鸟撞问题的实质可归结为瞬态动力学响应问题。鸟撞问题具有如下特点：动量和能量的传递是在极短的时间（毫秒量级）内进行的，因此会产生巨大的撞击力；结构会发生很大的变形，载荷与变形是相互影响且连续变化的，其力学特性表现为几何非线性、材料非线性和接触非线性；鸟体的形状及物理参数发生大的变化，与结构的接触区域发生大的变形；鸟体与结构之间存在耦合作用;撞击角度、撞击速度、紧固件的模拟及失效模式等对鸟撞有很大影响。根据 CCAR-25 部内容,有三个条款(分别为 25.571、25.631、25.775)对鸟撞提出了要求。因此,飞机在研制过程中必须开展相应工作以表明其鸟撞适航符合性。但是,由于国内在该技术领域的基础相对比较薄弱,抗鸟撞设计分析与适航验证技术已成为 ARJ21-700 飞机研制过程中为数不多的几大技术难题之一。

国外飞机制造公司都建立了自己的抗鸟撞适航技术体系,该体系是在型号研制过程中,通过系统的元件级试验、细节件试验、部件级试验等积累出来的经验,这些经验是在一个到多个型号中积累的,这些经验对外是绝对保密的,尤其是涉及一些材料性能更是无法获取,我们只能看到一些概念性的比较基础的成果;国内在结构抗鸟撞方面也进行过一些基础研究,但多数局限于简单平板及透明件的研究,在型号设计中的应用有限。有关单位在军机方面也做过不少卓有成效的研究工作,但主要局限于一些风挡的鸟撞研究,且只是满足军机规范对于 1.8kg 级鸟撞的要求,与满足中国民航 CCAR-25 部对尾翼结构必须进行 3.6kg 级鸟撞的要求存在差距。

颤振是飞机在气动力、惯性力和弹性力共同作用下的自激振动,是飞行器飞行中极易造成灾难性后果的一种气动弹性现象,不能人为控制,只能通过合理的结构设计来避免。一旦出现颤振问题,对于型号研制来说将是颠覆性的。所以,无论是军机和民机,在研制的早期阶段就要开始进行防颤振研究,这种研究贯穿于新机研制的全过程。工作内容包括颤振分析、气动伺服弹性(ASE)分析、颤振风洞试验、全机地面共振试验和全机结构模态耦合试验、颤振飞行试验、气动伺服弹性飞行试验等。

气动弹性设计是关系到型号设计成败的关键内容,是飞机设计中公认的高风险项目。国外民机公司有关民机气动弹性设计是通过型号的系列化发展,建立了具有各自特点的、完整的气动弹性设计分析技术和适航取证体系,这个体系是其在型号研制过程中逐步积累和完善起来的,过程艰难曲折,其经验不可能供我们借鉴,我们更无法得到其核心内容。

面对国内的技术薄弱和国外的技术壁垒的问题,强度设计人员唯有不断探索,自主研发。

1.2　支线飞机强度设计与验证工作解决的关键技术

在 ARJ21 飞机强度设计与验证过程中,解决了多项关键技术。主要有:① 强度专业关键适航条款验证技术;② 全机静力试验中的斜加载技术;③ 全机疲劳试验载荷谱的编制技术;④ 飞机结构损伤容限设计和评定;⑤ 鸟撞设计与验证技术;⑥ 气动弹性设计与验证技术。

1.3 本书各章节的重点及主要成果

本书第 1 章论述了飞机强度设计领域的国内外研究现状。第 2 章主要介绍了强度专业构架及各专业职责,使读者对强度分析与验证工作的职责体系有一个清晰的认识,并初步了解各专业之间如何协同工作。第 3 章主要介绍强度专业设计依据,强度专业制订了各子专业强度设计的顶层文件并按照适航审定基础,确定了符合性验证方法,是型号研制全过程的设计依据。在此过程中形成的顶层文件和符合性方法也为后续大型客机等项目提供了可借鉴的经验和方法依据。第 4 章主要介绍型号研制过程中所开展的强度技术工作,包括载荷、机体强度设计、起落架强度验证、颤振、供应商管理等,同时还对型号设计、制造、试验、试飞过程中出现的故障进行了总结。第 5 章对型号研制过程中的技术攻关进行了介绍,为解决型号中的重大技术问题,包括强度专业在主起落架摆振、主起落架过载系数不满足设计要求、方向舵防颤振设计、颤振试飞设计、IRS 构型符合性验证技术、风车载荷计算及强度评估技术、全机稳定俯仰极限载荷试验、鸟撞试验、全机疲劳试验等方面进行了叙述和总结。

经过项目研制和技术攻关,强度专业在有限元分析、静强度与疲劳损伤容限分析、全尺寸静力和疲劳试验技术、颤振试飞、载荷计算、载荷谱编制、鸟撞试验等方面,创造了国内多个"首次"。例如,国内首次进行了民机气动伺服弹性(ASE)飞行试验,国内首次采用垂直机翼弦平面加载技术,国内首次在开阔水域进行水上迫降模型试验等,形成了一系列的技术成果,构建了民用飞机适航验证体系,理清了型号研制过程中的组织管理模式。新支线飞机强度设计与验证工作过程中不但突破了技术难关,获得了公司级、省部级等各级科技成果奖励,更是为国内民用飞机型号的适航验证和审查积累了宝贵的经验,这些经验和成果已经在 C919 大型客机等其他型号的研制过程中得到了广泛的应用。

2 专业构架及职责

2.1 强度专业的专业构成及人员比例

在 2002 年 ARJ21 项目立项时,上飞院强度专业只有 40 多名设计人员,随着 ARJ21 型号研制的不断深入,强度专业的研发队伍也不断壮大,截至 2014 年 ARJ21 取得型号合格证前,强度专业的设计人员已发展壮大到近 200 名。在型号 研制过程中,专业队伍不断壮大的同时,专业水平也不断提高,专业划分更加细致, 专业架构更加完善。目前强度专业包括疲劳强度、机身强度、机翼强度、尾翼强度、 动强度、地面载荷与起落架、系统强度、颤振以及有限元等 9 个专业。

2.2 强度专业的职责

强度专业负责飞机从设计阶段到退役期间的所有强度问题,保证飞机在服役 期间的安全性;负责民机适航条款 CCAR - 25 部中有关强度专业条款适航符合性 验证的所有工作;负责飞机结构的强度设计分析和强度试验(包括飞行试验)的设 计工作;负责强度规范、准则的选用,编制和制订强度专业的顶层文件等工作;承担 各型号飞机结构的静强度、疲劳强度(含损伤容限)、动强度、气动弹性、机械环境条 件、复合材料强度、颤振计算分析和相关试验技术等学科领域的工作内容。

在 ARJ21 - 700 飞机型号设计中,强度专业已完成的主要工作包括强度设计顶 层文件编制、有限元分析,计算分析,试验验证,试飞验证,复合材料结构强度分析、 试验及适航验证,以及强度相关条款的符合性验证工作等几个方面。

有限元分析主要包括全机有限元模型建模、部件细节有限元模型建模、全机有 限元计算及模型验证;计算工作主要包括地面静载荷及疲劳载荷计算、水载荷计算 以及动响应载荷计算;分析工作主要包括全机静强度分析、疲劳载荷谱编制、全机 疲劳及损伤容限分析、抗鸟撞分析、坠撞及声疲劳分析、颤振和气动伺服弹性分析 以及水上迫降分析等;试验验证工作主要包括全机及部件静力试验、全机疲劳损伤 容限试验、部件疲劳损伤容限试验、抗鸟撞试验、水上迫降载荷验证模型试验、颤振 模型风洞试验、机上地面试验和全机结构模态耦合试验、复合材料结构强度验证试 验等;试飞验证工作主要包括颤振试飞、起落架摆振试飞、振动与抖振试飞以及载 荷试飞等;强度专业牵头负责 50 多个强度相关条款的符合性验证工作。

3 专业研制文件依据

强度设计工作是按照适航条款要求、强度专业顶层文件以及相关标准规范进行的,每一步工作都有据可依,这为型号取证工作奠定了基础。同时研制验证过程还参考相关的咨询通报,主要包括:① AC‐20‐107B;② AC‐25.629‐1A;③ AC‐25.571‐1C;④ AC‐25‐24。

3.1 依据文件

ARJ21‐700 飞机强度设计所依据的顶层文件如表 3‐1 所示,所依据的标准规范、适航条款等如表 3‐2 所示。

表 3‐1　强度设计依据的顶层文件

序　号	文　件　名　称
1	强度计算原则
2	载荷计算原则
3	结构耐久性与损伤容限设计原则
4	结构耐久性与损伤容限设计要求
5	地面载荷及动载荷专项合格审定计划
6	全机有限元模型建模规定
7	结构损伤容限和疲劳评定专项合格审定计划
8	复合材料结构专项合格审定计划
9	复合材料结构专项合格审定计划(至 FAR 124)
10	强度专项合格审定计划
11	气动弹性专项合格审定计划
12	水上迫降专项合格审定计划
13	气动弹性设计原则
14	全机振动、冲击环境技术要求
15	主要结构强度计算方法汇总
16	结构损伤容限分析方法
17	PSE 项目的确定
18	结构适航限制项目专项合格审定计划

表 3 - 2　ARJ21 - 700 飞机强度设计依据的标准规范、适航条款

序　号	文　件　名　称
1	运输类飞机适航标准 CCAR - 25 - R3
2	操纵系统对结构的影响专用条件 SC - A002
3	发动机突然停车载荷专用条件 SC - A003
4	修订起落架减震试验要求 SC - A004
5	适航审定基础
6	符合性方法表
7	型号合格审定大纲
8	验证试验项目清单及计划
9	新支线飞机材料选用目录
10	标准件选用目录
11	紧固件强度数据表
12	金属材料性能发展与标准化

3.2　适航审定基础和符合性方法

3.2.1　审定基础

强度设计的审定基础包括 CCAR - 25 部相关条款及专用条件。

1) 适航条款

25.301、25.303、25.305、25.307、25.321、25.331、25.333、25.335、25.337、25.341、25.343、25.345、25.349、25.351、25.361、25.363、25.365、25.367、25.371、25.373、25.391、25.393、25.395、25.397、25.399、25.405、25.415、25.427、25.445、25.457、25.459、25.471、25.473、25.477、25.479、25.481、25.483、25.485、25.487、25.489、25.491、25.493、25.495、25.499、25.503、25.507、25.509、25.511、25.519、25.561、25.562、25.563、25.571、25.601、25.613、25.619、25.621、25.623、25.625、25.629、25.631、25.651、25.681、25.721、25.723、25.725、25.727、25.729(a)、25.801(b)(c)(e)、25.843、25.965、25.114 1(c)、25.119 3(a)。

2) 专用条件

除了满足适航条款外，还要执行下列专用条件：

(1) 操纵系统对结构的影响专用条件(SC - A002)。

在对活动面及和操纵系统连接部位进行操纵系统故障载荷下强度计算时，要根据故障发生的概率，从"操纵系统对结构的影响专用条件"规定的曲线中得到载荷系数进行强度计算。根据该专用条件要求，考虑飞机自动飞行系统、增稳系统、燃油管路系统等相关系统故障失效概率，确定系统故障失效状态下的气动弹性稳定性包线，并要求飞机颤振特性满足该包线要求。对于系统故障和 25.571 组合的情况,还要求飞机颤振特性必须满足组合失效状态下的相应要求。

（2）发动机突然停车载荷专用条件(SC-A003)。

在对吊挂和发动机、吊挂和机身连接部位进行风扇叶片脱落(fan blade out,FBO)载荷下强度计算时,要考虑《发动机突然停车载荷专用条件》规定的系数。

（3）修订起落架减震试验要求(SC-A004)　(相当于 FAR-25-103 修正案)。

3.2.2　符合性方法

强度专业涉及的条款如表3-3所示。

表3-3　强度专业符合性方法表

符　合　性　方　法　表	
飞机型号：ARJ21-700 ATA 章节：130 专业名称：强度	MOC0—简述和声明
	MOC1—设计说明
	MOC2—分析和计算
	MOC3—安全性评估
	MOC4—实验室试验
	MOC5—飞机地面试验
	MOC6—飞行试验
	MOC7—检查
	MOC8—模拟器试验
	MOC9—设备鉴定

CCAR-25 部条款	ATA 章节	符　合　性　方　法										备　注
		0	1	2	3	4	5	6	7	8	9	
301	130											
303	130											
305	130											
307	130											
321	130											
331	130											
333	130											
335	130											
337	130											
341	130											

（续表）

CCAR-25部条款	ATA章节	符合性方法										备注
		0	1	2	3	4	5	6	7	8	9	
343	130											
345	130											
349	130											
351	130											
361	130											
363	130											
365	130											
367	130											
371	130											
373	130											
391	130											
393	130											
395	130											
397	130											
399	130											
405	130											
415	130											
427	130											
445	130											
457	130											
459	130											
471	130											
473	130											
477	130											
479	130											
481	130											
483	130											
485	130											
487	130											
489	130											

（续表）

CCAR-25部条款	ATA章节	符合性方法										备注
		0	1	2	3	4	5	6	7	8	9	
491	130											
493	130											
495	130											
499	130											
503	130											
507	130											
509	130											
511	130											
519	130											
561	130											
563	130											
571	130											
601	130											
613	130											
619	130											
621	130											
623	130											
625	130											
629	130											
631	130											
651	130											
681	130											
721	130											
723	130											
725	130											
727	130											
729(a)	130											
801(b)(c)(e)	130											
843	130											
965	130											

（续表）

CCAR-25部条款		ATA章节	符 合 性 方 法										备　注
			0	1	2	3	4	5	6	7	8	9	
1141(c)		130											
1193(a)		130											
SCA002		130											
SCA003		130											
SCA004		130											

4 飞机研制过程强度技术工作

飞机结构安全是强度人的生命。强度专业从静强度、动强度、疲劳强度、损伤客限及颤振等几个方面进行分析、试验以及试飞工作，来确保飞机结构安全，同时这几方面的工作历程就是民用飞机强度设计工作的研制历程。载荷是强度设计的输入条件之一，强度专业还负责地面载荷和动载荷的计算。下面按不同专业的工作历程对 ARJ21 - 700 飞机强度设计工作进行总结。

4.1 载荷计算研制历程

作为强度设计输入条件之一的载荷分为飞行载荷、地面载荷、动载荷以及条款规定的其他局部载荷。其中，强度专业负责地面载荷和动载荷的计算工作。

4.1.1 地面载荷计算工作

ARJ21 飞机的地面载荷计算，并不是从零起步的。载荷专业继承了 Y10 飞机研制经验，建立了一套较为成熟的地面载荷分析软件，并在对国内某大型运输机适航符合性验证计算过程中，得到了实践的检验。正是在此基础之上，我们根据 ARJ21 的设计特点，参照联邦航空管理局（Federal Aviation Administration, FAA)最新咨询通报的规定对软件进行了必要的修改完善。软件是可信赖的，计算结果是准确可靠的。

为指导载荷计算工作的开展，在初步设计阶段，我们就编制了载荷计算相关的顶层文件《载荷计算原则》。根据该顶层文件及 CCAR - 25 - R3 C 分部中的地面载荷相关条款进行地面载荷的计算分析。

地面载荷计算工作包括起落架地面操纵载荷、起落架着陆载荷以及机体地面载荷的分析计算，其中起落架着陆载荷及机体地面载荷又分为刚性机体下的静载荷和弹性机体下的动响应载荷，与此同时还需考虑起落架和机体地面情况的疲劳载荷。

ARJ21 前、主起落架均由德国利勃海尔(LLI)公司负责设计和验证。所有用于地面载荷计算的起落架参数、起落架载荷由 LLI 提供，强度专业负责地面情况的机体静载荷和疲劳载荷计算；而用于起落架本身设计及试验验证的静载荷和疲劳载荷均由供应商负责计算。

4.1.1.1 静载荷

自 2001 年 ARJ21 - 700 飞机的设计工作开始以来,我们共进行了第 1 轮、第 2 轮、2.5 轮、第 3 轮、3.5 轮这 5 轮地面静载荷计算,包括了起落架地面操纵载荷、起落架地面着陆载荷、机体地面操纵载荷计算、机体地面着陆载荷、机体动力着陆响应载荷、机体动力滑行响应载荷计算、机体突风响应载荷计算等主要内容。

从打样设计阶段至详细设计阶段,起落架供应商 LLI 共完成了 7 轮起落架载荷计算。由于前期 LLI 设计进度相对滞后,无法及时提供机体载荷计算所需要的起落架载荷。为保证机体研制进度,专业总师决定起落架载荷由自编的起落架载荷计算程序计算得到,但其中起落架设计缓冲参数仍由 LLI 提供。直至发图后用于静力试验的最后一轮载荷即 3.5 轮机体地面载荷,直接采用了 LLI 提供的 2007版(D3 轮)载荷报告中的载荷结果。

在整个研制过程中,某些情况的载荷计算要求也发生了一定的变化。比如滑跑静载荷情况,在设计初期,我们还未对 AC25.491 - 1 开展过研究,两点起飞滑跑情况计算方法采用的仍是最大起飞重量下垂直载荷系数 2.0g,平尾配平气动力参与俯仰力矩平衡的方式。通过对咨询通报的研究,从 2.5 轮载荷计算起,我们完全按照 AC25.491 - 1 5(a)建议的符合性方法来进行滑跑载荷分析。采用 1.7 的垂直载荷系数,并分为考虑和不考虑发动机推力两种情况。

对于三点急刹车情况,前两轮都是按照 JAR ACJ 25.493(d)来计算的:前起落架垂直反作用力应与等于垂直反作用力 20% 的阻力载荷相结合,所以前起落架 y方向载荷系数 N_y=0.2。第 3 轮计算时,我们考虑到前起落架没有刹车装置,取消了前起落架的阻力载荷系数,结果符合 CCAR - 25 部的要求。

在完成 2.5 轮载荷计算后,我们根据决定[2004]16 号《关于在 SD714 后增加 2个框的决定》,针对 2.5 轮筛选出的中后机身地面载荷严重情况,补充计算了中后机身增加 2 个框后的地面载荷。由于飞机重量以及机身框位的增加,与 2.5 轮相比,机身载荷增大了 10%～20%,机翼载荷增加较小。总师系统决定,将第 3 轮载荷作为结构设计发图载荷。第 3 轮机体地面载荷计算采用的仍是强度专业自己计算的起落架载荷,全机共计算了 266 种地面操作情况和着陆情况。

结构发图后,重量专业发布了发图后的重量分布数据,经总师系统研究决定此轮直接采用供应商的起落架载荷,定义为"3.5 轮",3.5 轮载荷供全机静力试验使用。与第 3 轮相比:

(1) 3.5 轮的载荷计算所用重量、重心数据更接近于真实的最终状态,分布也更加细化。

(2) 3.5 轮载荷计算采用的气动数据取自最新的风洞试验。

(3) 起落架供应商更新了部分缓冲器的填充参数。

(4) 3.5 轮载荷计算中采用的起落架载荷为 LLI 计算结果。

这一轮地面静载荷计算情况涵盖了 CCAR - 25 - R3 所要求的全部地面载荷条

款。对于飞机的状态,考虑了最大起飞重量、最大着陆重量、最大停机坪重量;重心则根据重心包线,考虑了前、后不同的重心;同时还考虑了最大商载、最大油载、最大惯矩、最小惯矩;不同着陆速度、不同着陆机场高度等多种组合情况,计算报告于2008年5月4日得到了中国民用航空局(Civil Aviation Administration of China,CAAC)的预批准。

2008年8月3.5轮载荷计算通过了首飞前地面载荷和动载荷评审,评审认为采用3.5轮地面载荷和动载荷进行静力试验是可靠的,能满足首飞安全性要求,3.5轮载荷可以作为ARJ21-700飞机设计所采用的最终地面载荷和动载荷。

地面载荷计算分析基本告一段落,只待起落架着陆载荷通过起落架落震试验的验证。2007年6月起落架落震试验正式开试,随着主起落架落震试验的一波三折,最终总师系统决定采用H2F轮起落架载荷作为最终取证载荷,在经历了6轮机体载荷评估工作后,最终得到了CAAC的认可。按H2F轮起落架载荷,我们更新了机体地面载荷和动着陆、动滑行载荷。2013年9月报告获得了CAAC批准,这也是最终的取证载荷。

4.1.1.2 疲劳载荷

ARJ21-700飞机地面疲劳载荷共进行了5轮计算,分别是第1轮、第2轮、第3轮、发图后、H2F轮。第1轮至第3轮,我们计算了短、中、远3种典型飞行任务剖面,飞机在卸载、牵引、打地转、地面转弯、刹车滑行、发动机加力、起飞滑跑、接地、着陆滑跑情况下的起落架载荷和机体载荷。

发图后疲劳载荷分析,飞行任务剖面有所变化,增加了1 h任务剖面。所有载荷计算采用的重量数据均为发图后的重量,起落架载荷由强度专业自行计算,起落架参数取自LLI的第3轮起落架载荷报告。该轮载荷也是全机疲劳试验用的载荷,得到了局方的认可。

因H2F轮静载荷问题,疲劳载荷也发生相应变化,因此我们对起落架载荷和机体疲劳载荷进行了更新。

4.1.1.3 与乌克兰合作情况

1) 合作原因及背景

在初步设计阶段,我方还与乌克兰安东诺夫(ASTC Antonov)开展了有关起落架载荷和机翼载荷(包括飞行和地面情况的静载荷和动载荷)的技术合作,根据我方提供的原始数据,乌克兰安东诺夫于2002年3月至2003年12月完成了第1轮、第2轮和第3轮静强度载荷计算,(第2和第3轮中还包含增升装置、操纵面);我方每轮也同时进行了起落架地面载荷的计算,并与乌克兰安东诺夫的计算结果进行对比分析以及对乌克兰安东诺夫的结果进行评估。同时,乌克兰安东诺夫还完成了第1、2轮疲劳载荷谱推导(第2轮中还包含增升装置、操纵面的载荷谱)和全尺寸疲劳试验飞—续—飞试验谱的方案设计(含翼梢小翼试验谱的方案)。乌克兰安东诺夫在翼梢小翼、增升装置、操纵面和气动载荷分布的计算方面富有经验,弥补了我方的不足。

2）合作成果

前三轮的载荷合作中，通过双方载荷的相互对比及差异原因分析，我方采纳了乌方的一部分建议，双方的计算结果非常接近。通过合作，我们验证了强度专业的载荷计算方法，进一步增强了对载荷可靠性的信心。

4.1.2　动载荷计算工作

4.1.2.1　动突风载荷计算的几个阶段

ARJ21-700飞机整个设计过程中，动载荷共进行了第2轮、2.5轮、第3轮、发图后和地面振动试验（ground vibration test，GVT）后修正等5个轮次计算。按飞机设计的几个阶段大致对应如下：第2轮和2.5轮载荷对应于初步设计阶段的强度评估和设计；第3轮载荷则是用于详细设计阶段的发图载荷；发图后和GVT试验后的修正载荷则用于静力试验与验证。需要说明的是ARJ21-700飞机在设计过程中并没有进行第1轮的动载荷计算分析工作，原因是在ARJ21-700飞机立项之初，当时的设计单位上海飞机设计研究所并没有动载荷专业，也没有从事动载荷分析的人员；另一方面，考虑到影响动载荷的因素较多，而在方案定义阶段并没有较多可信的数据用于动载荷分析，因此当时的总师系统决定不开展第1轮动载荷计算工作，而只进行第1轮静载荷的分析。这个决定在今天的新型号研制中依然具有一定的借鉴意义。

1）动载荷起步

随着设计的不断深入，我们迫切需要启动ARJ21-700飞机的动载荷相关分析计算工作。强度专业领导决定返聘当时已退休多年的两位老专家着手组建动载荷专业。

在老专家的指导下，刚入职的大学毕业生们首先从动着陆载荷入手，并根据20世纪80—90年代与麦道合作时期留下的一些动着陆载荷计算程序文档整理整编了动着陆载荷计算程序。虽然这些用于麦道飞机动着陆载荷分析的程序不完整，也不能直接用于ARJ21-700飞机的动着陆载荷分析，但程序的理论手册等说明性文件比较齐全，有对整个分析过程的完整描述，因此在对程序整理和改编过程中，我们也逐渐了解和熟悉了飞机结构响应分析的方法。这些工作为后续地面滑跑响应载荷分析程序编制和突风响应分析建模等动载荷工作打下了良好的基础。

2）第2轮动载荷计算

第2轮动载荷计算是动载荷专业在ARJ21-700飞机设计过程中的第一次实战。由于前面并没有真正的分析经验，我们并不太清楚当时的计算资源能处理多大规模的问题，也就不清楚模型规模应该控制在多大范围内是合适的。因此建立的动载荷结构梁式模型是半模——即只建立了左侧飞机模型，右侧认为完全对称。半模结构梁式模型图如图4-1所示。

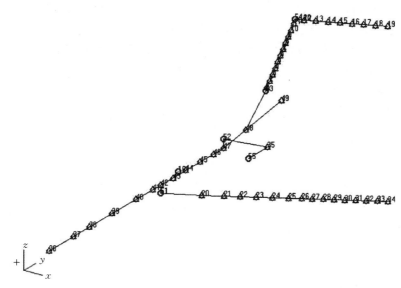

图 4 - 1　ARJ21 - 700 飞机第 2 轮动载荷分析结构有限元模型

　　半模在分析着陆、滑跑和垂直突风载荷中都没有问题，因为可以确定这些载荷是对称的。但在分析侧向突风时，却发现半模可能有问题，因为没有任何经验表明侧向突风载荷是否是反对称的。后来的分析中表明侧向突风载荷是反对称的，但在当时并不敢下这个结论，因此，第 2 轮没有进行侧向突风载荷分析。

　　在 ARJ21 - 700 飞机设计之初，中航商用飞机有限公司（AVIC Commercial Aircraft Co., Ltd., ACAC）与乌克兰安东诺夫公司开展了大量的联合设计工作，希望借助于国际上较为先进的设计经验助推 ARJ21 - 700 飞机的设计进程，优化设计参数。作为载荷联合工作的一部分，双方各自进行了第 2 轮动载荷分析。乌克兰安东诺夫公司完成了动着陆载荷分析、动滑跑载荷分析和垂直连续突风载荷分析。其中，在动着陆载荷的起落架载荷分析的一些细节问题处理上，安东诺夫与麦道的方法并不完全一致，他们各自都用了一些自己的经验或半经验公式。这一点告诉我们一个事实：国际上的飞机公司往往都有自己的一套基于经验的相对成熟的体系，但我们在这方面却是一片空白，因此，我们迫切需要建立自己的载荷分析体系。

　　通过与安东诺夫公司计算的突风载荷的对比发现，在输入参数一致，双方各自建模并用自己的方法分析得到的各自的结果高度吻合，这极大地提升了我们自己对动载荷分析的信心。

　　3) 第 3 轮动载荷分析

　　在第 3 轮载荷分析之前，我们进行过一个中间轮次的载荷分析，即 2.5 轮载荷分析。2.5 轮动载荷分析是载荷分析完善和细化过程中的一轮载荷，由于在此之后 ARJ21 - 700 飞机进行了较大的设计更改，即在后机身增加两个框，因此 2.5 轮载荷分析更多的作用是详细演练了一次发图载荷的分析过程。

第 3 轮载荷是 ARJ21 - 700 飞机真正的发图用载荷。经过前面的摸索和研究，第 3 轮动载荷的分析方法已较为成熟。第 3 轮动载荷也相对比较全面：分析了动着陆载荷,动滑跑载荷,垂直连续突风载荷,垂直离散突风载荷,侧向连续突风载荷和侧向离散突风载荷。载荷工况涵盖了 CCAR - 25 - R3 要求的各种状态。第 3 轮动载荷分析模型如图 4 - 2、图 4 - 3 和图 4 - 4 所示。

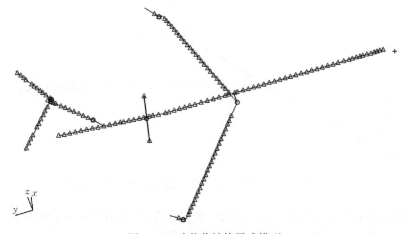

图 4 - 2　动载荷结构梁式模型

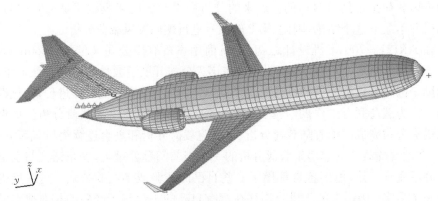

图 4 - 3　突风载荷细长体＋升力面气动模型

4) 发动机参考点动载荷参数

发动机和辅助动力装置(auxiliary power unit,APU)等高能旋转部件,除了考虑惯性载荷、气动载荷外,还需要考虑旋转部件引起的陀螺载荷。这要求动载荷专业不但要提供发动机重心处的最大过载,同时还需要提供与最大过载匹配的发动机重心处角速度和角加速度等数据。

虽然已经完成了第 3 轮的全机动载荷分析,但我们对于发动机参考点数据并没有经验,不清楚吊挂如何简化能得到更精确合理的结果。但有一点是明确的,受简单梁单元刚度矩阵限制,吊挂用梁模拟已经不适用于发动机参考点处 6 个方向

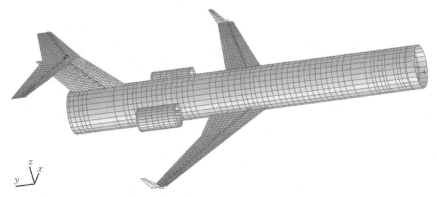

图 4-4 突风载荷干扰体＋升力面气动模型

动载荷参数的计算需求，我们需要更复杂的模型或刚度矩阵。

由于细节模型在分析中会占用非常多的计算机资源，因此，我们更倾向于刚度矩阵的方式。对于如何获得更精确的刚度矩阵，设计人员进行了大量的细节研究，并与发动机供应商进行过多轮沟通，最终确定如下方案：取机身吊挂前后梁框分别向前和向后延伸一个框距的细节有限元模型和吊挂细节有限元模型，约束模型的两个端框，在发动机参考点位置施加单位载荷，计算出柔度矩阵，求逆得到刚度矩阵。

由于机身和吊挂的刚度相对较大，在计算柔度矩阵时施加一个大的整数载荷，计算柔度矩阵，然后再转换到单位载荷对应的数值是比较合适的做法。此外，在实际操作过程中，我们发现另一个很重要的信息，就是对得到的柔度矩阵应尽量采用较高的数据有效位数进行记录，否则转换出的刚度矩阵可能会有较大的失真现象。

表 4-1 为这两个数据记录柔度矩阵分别转换出的各项数值比值，由表中各项数值可以看出，即使主对角线项也有近 5% 的差异，其他项的差异最大则超过了 80%。

表 4-1 两种记录柔度矩阵转换出的刚度矩阵对应项比值

T1	T2	T3	R1	R2	R3
横 向	轴 向	垂直方向	俯仰角	翻滚角	偏航角
1.004	1.037	1.030	0.998	0.901	0.995
1.037	**0.997**	1.221	0.954	1.573	0.992
1.030	1.220	**0.953**	0.950	0.952	0.867
0.998	0.954	0.950	**0.992**	0.958	1.057
0.901	1.572	0.952	0.958	**0.954**	1.824
0.995	0.992	0.867	1.057	1.822	**0.994**

5）疲劳动态响应系数

我们在做飞机载荷谱分析时在一些典型的使用情况下要求必须考虑动态应力，但由于在此之前国内并没有进行过类似工作，在实际分析中如何直接考虑动态应力成为动载荷专业和疲劳专业共同面临的难题。为此，两个专业开展了大量的研究讨论工作，最终确定采用静态应力乘以动态响应系数的方式获得动态应力，即对按典型飞行任务剖面定义的标准适用情况中需要考虑动态应力的使用情况进行动载荷分析和静载荷分析，将得到的动、静增量载荷之比作为动态响应系数。后来该方法在与安东诺夫公司的合作中得到了对方确认。

需要考虑动态效应的典型使用情况有以下几个：起飞滑跑、襟翼放下离场、初期爬升、后期爬升、巡航、初期下降、后期下降、襟翼放下进场、接地和着陆滑跑。其中起飞滑跑和着陆滑跑需要进行动滑跑响应分析，接地需要进行动着陆响应分析，其他段需要进行突风响应分析。

图 4 - 5 为 ARJ21 - 700 飞机起飞滑跑机翼动态效应系数。

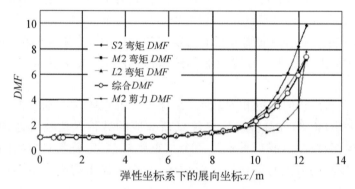

图 4 - 5　起飞滑跑机翼动态效应系数（DMF）

6）GVT 试验后的动载荷模型修正与分析

通常情况下，飞机结构动载荷分析的动力学有限元模型在地面共振试验后需进行修正，使其更加真实地反映飞机结构的动力学特性。

（1）修正原则。

当外激励载荷的频率等于或接近飞机结构的固有频率时，往往会因共振而引起结构较大量值的响应载荷。因此，在模型修正时应尽可能保证模型各部件的主要模态频率接近地面共振试验测得的真实频率，以确保动响应计算所得到的载荷能够模拟真实的载荷水平。

模型的模态特征值和特征向量跟其质量矩阵和刚度矩阵密切相关，因此模型修正可以通过修正质量矩阵或刚度矩阵的方式来实现。但无论是修改质量矩阵还是刚度矩阵，所作修正都应反映结构的真实动力学特性。对于飞机等较为复杂的结构，在结构理论惯性数据与实际惯性数据误差较小的情况下，动力学模型修正往往是通过修正刚度矩阵的方式来实现的。

无论是 ARJ21 - 700 飞机这种尾吊布局飞机还是其他一些翼吊布局飞机,机翼、机身、垂尾、平尾等各部件之间相互连接互相约束。因此,在修正某一部件时,不但该部件的模态频率会发生变化,其他部件的模态频率也会出现相应的变化。但针对某一部件的某一类模态进行修正时,所做修正通常不应影响该部件其他类模态频率。如修正机翼的弯曲模态时,所做修正可以影响机翼的对称一弯、反对称一弯、对称二弯和反对称二弯等,但不能对机翼的扭转模态频率产生较大影响。反之,亦然。

(2) 模型修正。

模型修正前首先要进行状态检查,保证模型反映的飞机构型状态与 GVT 试验时真实飞机构型状态一致。然后对与试验构型一致的模型进行模态分析,检查分析结果与试验结果的差别,针对差别找出原因,比如模型简化处理程度是否合适,然后进行修正。

根据 GVT 试验结果修正动力分析模型后,各部件主要模态频率与 GVT 试验测试结果相比,差异在 5% 以内,同时振型节点位置与试验结果一致,可以认为修正后的有限元模型较真实地反映了飞机的结构动力学特性。

7) 动载荷分析过程中的其他问题

在 ARJ21 - 700 飞机的动载荷分析过程中遇到的形形色色问题,有些是对条款和载荷的认知不到位,有些是技术不完备所致。

(1) 动滑跑起落架载荷不收敛。

ARJ21 - 700 飞机的动滑跑起落架载荷计算程序是根据动着陆的起落架载荷计算程序改编而来的,而动着陆计算程序则是根据早期与麦道合作期间编制的程序恢复修改而来。

在最初第 2 轮动载荷计算时分析了(1 - COS)小丘跑道的动滑跑起落架载荷,这时看不出起落架载荷有任何异常,而且跟安东诺夫进行对比也比较一致。但在进一步按旧金山 28R 跑道(重修前)进行分析时却发现起落架载荷出现严重的发散现象,针对这一问题我们进行了多种积分步长变更的尝试,并试着用变步长积分,但最终并没有对发散有多大改善。比较有意思的是,在我们发现不能分析旧金山跑道后,请安东诺夫按旧金山跑道提供我们一套起落架载荷,当然我们并没有告诉他们在这方面我们遇到了问题。最初安东诺夫表示不必进行该跑道的分析,我们坚持后,其工程师不得已表示他们的程序输入旧金山跑道后不能进行完整的计算,这个问题他们一直未能解决。

经过一段时间的细致的检查,我们发现所有的动力学方程和力学关系都是正确的,但是在某个初值的赋值上我们混淆了全局坐标系和局部坐标系,这个错误初值导致最终计算结果不收敛。而(1 - COS)小丘跑道分析输入的时间历程较短,错误初值的影响并未显现出来。

(2) 突风的减缩频率。

突风载荷分析中减缩频率的取值对突风载荷的计算精度和计算效率都有显著

的影响。因此,在保证计算效率的情况下如何选取减缩频率变得比较重要。在 ARJ21 - 700 飞机 3.5 轮突风响应分析之前,我们对减缩频率并没有太深刻的认识,所有减缩频率的值是基于 Nastran 帮助文件中突风算例给出的减缩频率稍做修改而得到的。这样带来的问题是所有突风情况均用同一组减缩频率,减缩频率数值做一定调整,分析结果就有一些变化。为解决这一问题,在发图后(即 3.5 轮)做突风载荷分析时我们做了大量的研究性对比分析,最终结合冯·卡门谱和结构响应频率并配以飞行速度作为系数,针对不同工况给出了不同的减缩频率。

(3) 斜突风。

ARJ21 飞机是"T"尾布置的飞机,即平尾支撑在垂尾上,因此,我们必须按 CCAR - 25 - R3 §25.427(c) 的要求进行斜突风——作用于与航迹成直角的任何方位的突风情况下的载荷分析。斜突风分析本身从技术上讲并没有太大的难度,只需要调整突风对应坐标系方向即可,但在 360°方位内即使以 30°为一个离散点,除去垂直与侧向突风,还要再分析 10 种方向,分析要求的时间周期将大大加长,按当前的硬件水平,分析加数据处理估计需要半年以上的时间,这在型号研制进度上很难接受。

建立一种快速有效的分析方法是必要的。我们认真研读美国联邦航空局 (FAA)关于突风条款咨询通报草案,并结合斜突风速度的矢量特征建立了如图 4 - 6 所示的斜突风分解模型示意图。同时,已知斜突风载荷与突风速度是线性关系,因此我们可以进一步建立速度与载荷的关系式。

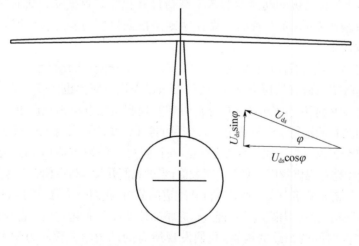

图 4 - 6 斜突风分解示意图

通过这些关系式可以很快求解出对应最大的斜突风载荷的突风角度,并能反算出最大的斜突风载荷。需要说明的是尽管斜突风载荷考核的重点部位为 ARJ21 飞机的水平尾翼翼面及其支撑结构,但垂尾作为平尾结构的支撑也需要进行斜突风载荷分析。尽管斜突风载荷仅用于考核飞机的局部结构,但分析模型必须是全机模型,以充分计及飞机整体响应对尾翼载荷的影响。

　　检查斜突风载荷是否构成设计情况,除了对比尾翼总载之外,还应对比平尾的非对称载荷,看这两者是否分别超出。图4-7为ARJ21-700飞机水平尾翼弯矩总载与垂直连续突风对比图。

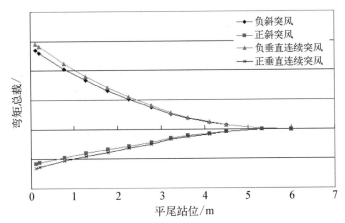

图4-7　ARJ21-700飞机水平尾翼弯矩总载与垂直连续突风对比图

4.1.2.2　抖振载荷

　　国内在ARJ21-700飞机之前,相关的抖振研究主要集中在抖振边界的预测和判定方面。而尾翼抖振的研究则是处于工程探索阶段,还未真正认识尾翼抖振载荷。试飞测试方面,我们针对某型双垂尾飞机进行了垂尾部件的加速度响应测试,摸索抖振发生时刻垂尾加速度响应与结构模态的关系,并对该型飞机垂尾抖振加速度响应与飞行速度和飞机迎角之间的关系进行了归纳[①]。上述研究均没有提到对抖振载荷的认识并上升到结构承载能力的验证层面上来。

　　从公开发行的研究论文看,国外的研究多以双垂尾军机的抖振研究为主,如CF-18和F22的尾翼抖振加速度测试以及压力测试。在这种背景下,我们获得对抖振载荷概念的途径竟来自FAA的审查要求,这对任何一个取证者来说,的确不是一个好消息!

　　当101架机在进行失速试飞时,我们收到了来自FAA的邮件,询问我们是否在失速试飞的时候进行了抖振载荷的监控,并发出了问题纪要(ISSUE PAPER)A-06"Unsymmetrical Tail Loads Due to Stall Buffet",指出失速抖振会在尾翼上产生严重的载荷,并建议对试飞进行载荷监控来确保试飞的安全。FAA提出:"失速试飞需要进行抖振载荷的实时监控,因为对于平尾来说,抖振载荷很可能是严重的载荷。所有进行试飞的飞机,如果进行试飞的科目可能发生低速或者高速抖振都需要进行抖振载荷的监控,以确保试飞过程中发生的抖振载荷没有超过平尾设

[①]　参见《实验流体力学》2014年第2期《飞机垂尾抖振响应的飞行试验研究》。

计承载能力。特别需要注意的是,在失速试飞或者进行载荷试飞过程中进行拉起或收敛转弯试飞动作时,抖振都有发生的可能。"随后,FAA 提出了 3 个问题:

(1) 在失速试飞时,有没有在相应的试飞飞机的平尾上安装载荷测量设备。

(2) 在试飞过程中哪些尾翼的载荷数据会被监控。

(3) 确认在载荷试飞过程中,是否会在驾驶舱内对平尾载荷数据进行实时监控,并说明那些会被监控的数据状态。

为回答 FAA 的问题,并完成相关条款的验证工作,我们对抖振载荷进行了重新梳理与研究,经过一段时间的攻关,终于确定哪些载荷量需要被重点关注并测试,测试这些载荷需要在什么部位布置载荷电桥,对这些数据如何实施实时监控。完成这些问题的研究后,我们的答复获得了 CAAC 和 FAA 的高度认可。

抖振发生时段典型的飞行参数和抖振载荷时间历程曲线如图 4-8 所示。抖振载荷监控科目中监控实测典型的抖振载荷——平尾中央翼滚转力矩和平尾总剪力,结果如图 4-9 所示。

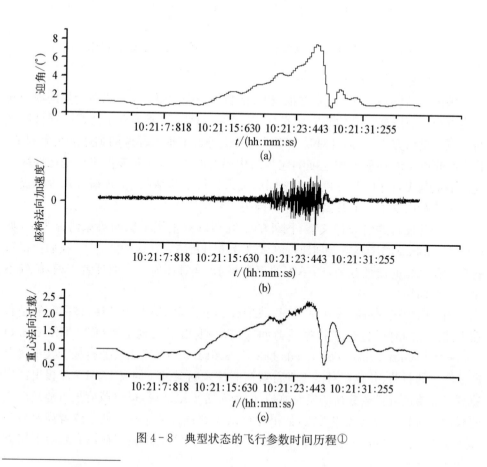

图 4-8　典型状态的飞行参数时间历程①

———————

① 为内容保密,横纵坐标不上单位。

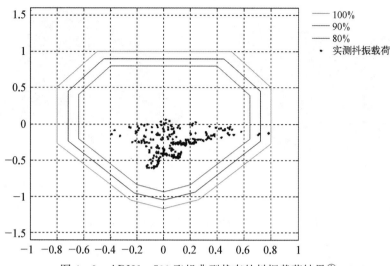

图 4 - 9　ARJ21 - 700 飞机典型状态的抖振载荷结果①

抖振载荷试飞报告和抖振载荷试飞分析报告于 2014 年 12 月 18 日获得 CAAC 批准。同时,在监控和测量过程中,FAA 对部分结果进行了查看,并给予高度认可,为后续 ARJ21 - 700 飞机载荷试飞和适航取证扫除了一大障碍。

4.1.2.3　风扇叶片脱落(FBO)和风车载荷

1) FBO 载荷和风车载荷分析模型

FBO 载荷和风车响应载荷采用相同的结构模型,不同之处在于机体载荷响应分析。FBO 机体载荷响应分析是瞬态响应分析,风车机体载荷响应分析是气动弹性响应分析,因此风车载荷分析模型还包括气动模型。

2) 弹性机体结构有限元模型

对于尾吊发动机的飞机,吊挂相连接的机身段应采用细节模型,其他部位的机体可以简化为相互连接的梁系结构;对于翼吊发动机的飞机,为保证吊挂界面载荷的正确加载,吊挂模型、机翼模型均采用细节模型,其他部分均可被简化为位于各部件刚轴上的弹性梁,并用若干梁单元来模拟。全机的质量离散化为若干集中质量,加载在梁单元相应的节点上。如图 4 - 10 和图 4 - 11 所示。

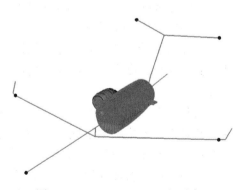

图 4 - 10　ARJ21 - 700 飞机风车/
FBO 有限元模型

---

① 为内容保密,横纵坐标不上名称和单位。

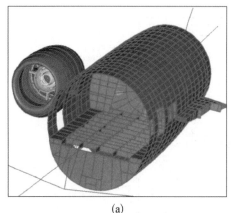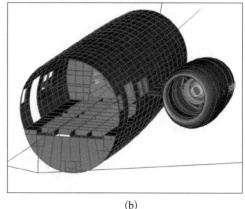

(a)   (b)

图 4-11　左发失效(a)和右发失效(b)有限元模型

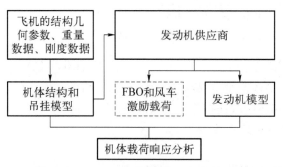

图 4-12　FBO 和风车激励载荷示意图

3) FBO 和风车激励函数

在发动机供应商不能提供发动机有限元模型情况下(仅提供发动机动力学模型矩阵),为完成 FBO 载荷以及风车机体响应载荷计算,载荷分析所使用的 FBO 和风车激励是发动机供应商提供的发动机—吊挂界面载荷或者吊挂—机翼界面载荷。界面载荷由发动机供应商计算包括机体结构、吊挂、发动机的三维整体有限元模型(IFEM)进行瞬态动力学分析得出。界面载荷可以是时域的,也可以是频域的,如图 4-12 所示。

4) 风车响应载荷分析

风车载荷计算的目标是计算供结构、系统和驾驶舱评估使用的过载和载荷数据。这是飞机强度设计中需要考虑的一个部分,是评估飞机能否安全转场飞行的依据。

飞机风车载荷计算的输入激励为发动机供应商提供的风车界面载荷,加载到弹性机体有限元模型中吊挂与发动机的界面点或是吊挂与机翼的界面点(根据实际情况选择),用 MSC/Nastran 的气动弹性响应分析模块求解弹性机体的动响应。

计算工况由机体和发动机的构型决定,包括发动机叶片飞出角度,左发或右发失效,各飞行阶段下的商载和油载,卸载螺栓完好或者失效等情况。风车载荷计算流程如图 4-13 所示。

4.1.3　水上迫降载荷

4.1.3.1　数值模拟仿真分析

传统的飞机水上迫降设计模式依赖大量的物理试验,费时费力,研制投入高,

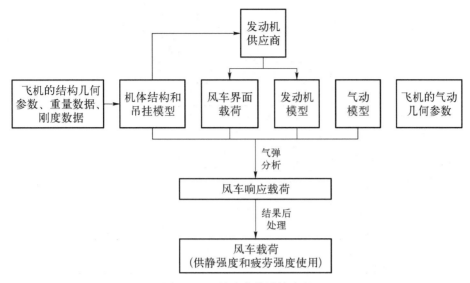

图 4 - 13　风车载荷计算流程

研制周期长。飞机水上迫降数值仿真技术可以突破传统设计模式,减少、简化或替代物理试验,实现设计、试验等各方面的根本性变革,最大限度地规避研制风险,缩短研制周期,节省研制经费,提高设计效率和质量,促进飞机水上迫降设计技术和手段的发展。伴随着仿真技术的发展,采用高度非线性瞬态冲击动力学软件模拟飞机水上迫降过程,是飞机水上迫降数值仿真技术的发展趋势。

　　基于国际通用商用软件平台 MSC. DYTRAN、LS - DYNA、PAM - CRASH 和 CFD 软件,FLUENT 进行了 ARJ21 - 700 飞机水上迫降数值仿真分析技术研究,并通过模型试验进行验证,获得了可靠的、准确的水上迫降动态载荷数据,最后通过动态载荷的等效静载荷处理获得用于飞机结构整体强度和着水底部局部强度分析计算的水载荷。具体的水上迫降水载荷预测技术/方法流程如图 4 - 14 所示。

　　影响民用飞机水上迫降结构强度性能的载荷主要包括:飞机水上迫降过程的总体惯性载荷系数、飞机水上迫降过程中的总体站位弯剪扭载荷和飞机水上迫降过程中的着水部位的局部峰值压力载荷。

　　水载荷模型试验和数值仿真计算可获得机身底部压力和机身加速度时间历程曲线。该动态响应载荷一般具有较高的、局部的瞬态峰值。影响该动态峰值的因素很多,主要包括飞机的重量、重心、襟翼构型、初始着水姿态、着水速度和水面状态等。该动态峰值水载荷一般具有较大的分散性,很难将某一动态峰值载荷用于飞机结构强度校核和设计中,因此需要对该动态水载荷进行等效静载荷处理,以方便进行飞机结构整体强度和着水底部局部强度分析计算。

　　通过对数值模拟计算结果与模型试验结果的对比分析,可以看出基于 MSC. DYTRAN 软件平台的数值模拟计算结果(机身俯仰姿态角和水冲击压力载荷)与

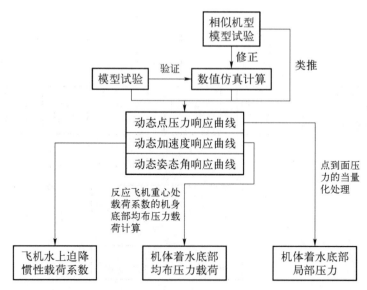

图 4-14　水上迫降水载荷的预测技术/方法流程

模型试验结果基本一致,且便于以后进一步考虑结构弹性和材料失效的仿真分析计算。

　　数值仿真有限元模型仅计算飞机在水上迫降过程中的运动姿态、机身底部着水压力和机身各站位加速度,机体结构为刚性材料,壳元属性飞机有限元模型的重量、重心、惯性矩、惯性积通过刚体属性参数卡片进行调配。飞机数模为全尺寸飞机模型,主要模拟飞机的结构外形,部件与部件之间的连接采用刚性体之间的"刚体捆绑约束"或者将整个飞机建成一个刚体模型。流固耦合采用一般快速耦合方法,要求流固耦合面为封闭的曲面,因此飞机有限元模型分成机身、尾翼、机翼、缝翼、襟翼、扰流板和副翼共 7 个独立的封闭曲面部件,最后赋予同一个刚体壳元属性。有限元模型如图 4-15 所示。

图 4-15　基于 MSC.DYTRAN 的飞机及流体有限元模型

　　水体有限元模型采用六面体网格,在机身底部可能耦合的地方进行局部加密网格,在水—气交界的地方进行局部加密。水体长度取机身长度的 5～6 倍,宽度为机翼翼展的 2～3 倍,高度为机身直径的 1.5～2 倍。用多项式状态方程来定义水域内的压力状态,其中压力是相对体积及比内能的多项式函数。

水体内的压力用 EOSPOL 卡定义多项式状态方程描述:

$$p = \begin{cases} a_1\mu + a_2\mu^2 + a_3\mu^3 + (b_0 + b_1\mu)\rho_0 e & \text{压缩状态}(\mu > 0) \\ a_1\mu + (b_0 + b_1\mu)\rho_0 e & \text{拉伸状态}(\mu < 0) \end{cases} \quad (4-1)$$

式中: p 为压力, e 为单位质量内能, $\mu = \dfrac{\rho_w}{\rho_0} - 1$, ρ_w 为水的密度, ρ_0 为参考密度, $a_1 = 2.2\,\text{GPa}$ 为水的体积弹性模量。

空气用可压缩理想气体本构关系的材料定义,空气网格长度取机身长度的 5～6 倍,宽度为机翼翼展的 2～3 倍,高度为机身直径的 3～4 倍。空气区域内的压力用 γ 律状态方程模型定义气体的状态方程,其中压力是密度、比内能和理想气体比热比 γ 的函数:

$$p = (\gamma - 1)\rho e \quad (4-2)$$

式中: ρ 为空气总体材料的密度, γ 为空气比热比(c_p/c_V), e 为空气单位质量的比内能。在标准状态下定义: $\rho = 1.08\,\text{kg/m}^3$, $\gamma = 1.4$, $e = 211\,401\,\text{J/kg}$ 。

流固耦合采用一般耦合边界条件,并且采用快速耦合方法,对整个有限元模型施加全局坐标系下的重力载荷边界条件。

从图 4-16 中可以看出,飞机以水平速度 60 m/s,下沉速度 3 m/s,初始姿态角 12°入水后,在 0.3 s 左右,飞机在水冲击载荷作用下有轻微的低头运动,同时重心距离水面位置降到最低值。随后,飞机在机身后体气穴效应吸力作用下,开始产生抬头运动,并在 1.3 s 后达到俯仰姿态角最大值 30°左右,同时重心距离水面位置达到入水后的最大值。随后由于飞机水平速度的降低,飞机在自身重力载荷和水冲击载荷作用下,出现低头运动,重心距离水面位置逐渐降低。该数值仿真计算结果与模型试验结果所获得的飞机入水后的运动姿态结果基本一致。水上迫降数值模拟计算的机身底部气穴效应压力载荷分布如图 4-17～图 4-19 所示。

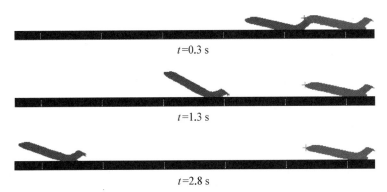

$t=0.3\,\text{s}$

$t=1.3\,\text{s}$

$t=2.8\,\text{s}$

图 4-16　数值仿真计算的不同时刻的水上迫降姿态角

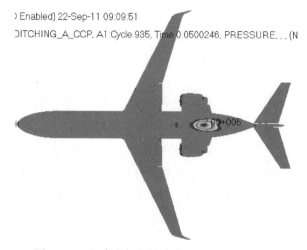

图 4-17 机身底部初始着水位置及压力分布图

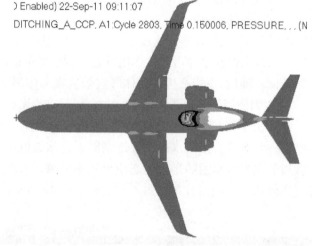

图 4-18 入水后 0.15 s 时的机身底部压力分布图

从图 4-17 可以看出,飞机在入水后的初始着水时刻,机身底部压力基本均为正压力。随后随着飞机机身后体沉入水中,机身后体的压力载荷出现了相对于大气压力 101 kPa 的负压载荷,负压载荷(白色部分)分布于机身后体底部沉入水面以下的部分,如图 4-18~图 4-19 所示。在此过程中,水作用于机身上的正冲击压力载荷主要分布于水平面与机身的截面位置,作用区域非常小,且呈"月牙状"分布,中心压力载荷大,压力载荷沿机身横向和纵向快速衰减。水上迫降数值模拟计算的局部压力载荷时间历程曲线如图 4-20 所示。

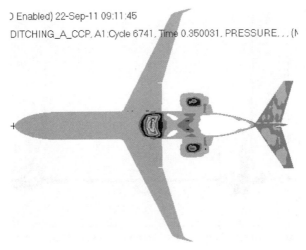

图 4-19 入水后 0.35 s 时的机身底部压力分布图

通过对比分析图 4-20 的数值模拟计算结果与图 4-21 的模型试验结果,数值模拟计算所获得的局部压力载荷时间历程曲线与模型试验所获得的局部压力载荷时间历程曲线基本一致。

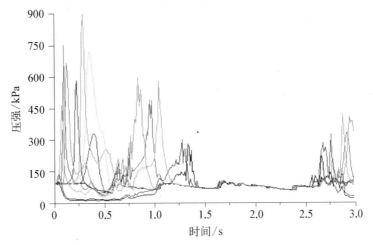

图 4-20 数值模拟计算的局部压力载荷时间历程曲线

基于 MSC. DYTRAN 的数值仿真分析的 ARJ21-700 飞机水上迫降水冲击峰值压力载荷为 900 kPa 左右,发生在着水初期,位于水平面与机身的横截面"迎水位置"。飞机在入水后,水冲击于机身底部的正压力载荷不断增大,且正压力载荷中心相对于机身底部不断前移,沉入水面下的机身底部负压载荷区域不断增大,于是飞机在机身后体吸力载荷作用下开始抬头运动。在飞机达到最大俯仰角过程中,飞机重心距离水面位置逐渐增大,机身后体下部承受水的二次冲击压力载

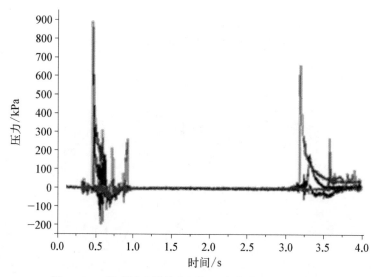

图 4-21　模型试验测量的局部压力载荷时间历程曲线

荷,一般二次冲击压力载荷较首次冲击压力载荷小。随后,随着飞机水平速度的
降低,飞机在自身重力载荷和水冲击载荷作用下产生低头运动,飞机重心距离水
面高度位置逐渐降低,在此过程中飞机机身下部由后至前,承受第三次水冲击
载荷。

4.1.3.2　模型试验

通过 ARJ21-700 飞机水上迫降载荷验证模型试验,测量了 ARJ21-700 飞机
在水上迫降过程中的水载荷,为 ARJ21-700 飞机水上迫降结构设计和强度分析提
供设计载荷。

ARJ21-700 飞机水上迫降载荷验证模型试验项目包括有计划水上迫降试验
和无计划水上迫降试验。受数据采集系统采集通道限制和配重限制,制造了两个
构型一致的试验模型,一个模型主要用于测量机身底部压力数据和机身加速度数
据,另外一个模型主要用于测量机翼、短舱底部压力数据和机身加速度数据。按试
验场地,试验可分为水池试验和开阔水域试验;按水面状况,试验可分为静水试验
和波浪试验。

水上迫降的模型都属于动力相似模型,进行动力学模型的设计首先要考虑动
力学的相似性,相似准则比例关系如表 4-2 所示。在动力学模型设计中,模型与真
实飞机必须严格满足相似条件要求:空间条件相似、物理条件相似、运动条件相似、
边界条件相似。

根据飞机水上迫降试验实际需求,研究了模型加工的工艺性,可将模型分为四
个大部件进行结构设计,包括机身、机翼、短舱和平尾。

利用模型的连接形式技术妥善地完成机身、机翼、短舱、平尾和模型大部件之

表 4 - 2　水上迫降模型相似准则比例关系

名　称	全尺寸值	比　例	模型值
长　度	L	λ	λL
力	F	λ^3	$\lambda^3 F$
惯性矩	I	λ^5	$\lambda^5 I$
质　量	m	λ^3	$\lambda^3 m$
时　间	t	$\sqrt{\lambda}$	$\sqrt{\lambda} t$
速　度	V	$\sqrt{\lambda}$	$\sqrt{\lambda} V$
线加速度	a	1	a
角加速度	α	λ^{-1}	$\lambda^{-1}\alpha$
压　力	P	λ	λP

间的连接,注意模型各部件的重量分配和模型强度,最终完成模型外形要求并着色,且通过了模型的制造符合性检查。

水上迫降模型试验需要在机身、机翼、短舱底部安装压力传感器,用于测量着水压力。为了测量水上迫降时各方向的过载,在需要测量的位置布置垂向加速度传感器和水平加速度传感器。采用垂直陀螺仪采集模型的横滚和俯仰角度。这些测量仪器布置的位置需要综合考虑,从以下几方面来确定:根据需要测量数据的位置和数量确定;选择重量尽量轻,且符合测量要求的仪器;确定的位置计算模型的重量、重心及惯量是否满足比例模型的要求,如不满足则要进行调整,如位置、数量的调整,保证相似性条件下满足测量要求。

模型制造完成后,根据测量要求安装测试仪器,然后就需要对模型的重量、重心与惯量进行测量,以验证满足动力学相似模型的要求。投放装置携带模型以一定的水平和垂直速度及一定的姿态将模型投入水面。投放装置有两种形式:一种是水池投放试验装置,如图 4 - 22 所示,用于静水面、逆浪和顺浪状态,采用造波机模拟不同的波浪级,可在水池拖车速度范围内的迫降速度下进行水上迫降模型试验;另一种是开阔水域自由发射投放试验装置,用于斜浪状态,以及超出水池拖车速度范围的静水面、逆浪和顺浪状态下的水上迫降模型试验。

水上迫降开阔水域模型试验投放装置完成了国内首次开阔水域的模型试验,设计制造了国内首个基于重量加速的水上迫降开阔水域试验投放装置。开阔水域水上迫降模型试验方法和技术,属于国内首次在该领域的尝试和研究,成功完成了斜波、侧滑角和无计划水上迫降模型试验。

根据模型试验结果,分析了不同襟翼构型、初始俯仰角、重心位置等因素对水上迫降运动姿态及载荷的影响,得出了 ARJ21 - 700 飞机在进行水上迫降时的最佳

(a) 水池模型试验装置

(b) 开阔水域模型试验装置

图 4-22　水上迫降载荷验证模型试验装置

着水姿态。

4.1.3.3　验证工作完成情况

通过水上迫降载荷验证模型试验获得了机身底部压力和机身加速度时间历程曲线。该动态峰值水载荷具有较大的分散性,很难将某一动态峰值载荷用于飞机结构强度校核和设计中。通过动态水载荷等效静载荷处理后,进行了飞机结构整体强度和着水底部局部静强度分析计算。经过强度分析,飞机结构满足静强度要求。

ARJ21-700 飞机水上迫降载荷验证模型试验报告及强度分析等报告均通过局方批准。此次水上迫降模型试验是国内首次全方面开展的试验,通过试验,掌握了水上迫降模型设计、试验实施、试验数据分析等方面的技术,为 ARJ21-700 飞机适航取证和后续机型的发展奠定了基础。

4.1.4　载荷试飞工作

ARJ21-700 飞机载荷试飞是国内首次严格按照 CCAR-25 部开展的民机载荷验证试飞项目,也是 FAA 现场目击项目之一,用以验证载荷分析方法的可靠性。

在载荷试飞试验中,通过在机翼、尾翼、起落架选定部位布置应变片以及过载传感器,并在飞行前进行载荷校准试验得到应变与外载荷的关系方程,试飞时通过完成一系列设计的机动动作,实测得到飞机载荷和飞行参数,再与此种状态的载荷计算结果进行对比,以此得到载荷大小、计算方法是否正确的结论。

前期,上飞院强度专业、总体飞行载荷专业与CAAC、试飞院进行了多轮次的沟通,确定了载荷试飞要求。机翼通过布置应变电桥来测弯、剪、扭,襟翼通过打孔测压,缝翼测量铰链力矩,其余活动面测量铰链力矩;机身测载由于标定试验的难度,作为研发试验。2011年1月载荷试飞大纲获得了CAAC的批准。

2012年初在载荷试飞的适航审查过程中,审查代表又提出了一些不同的验证要求,比如验证气动输入数据、缝翼测压等。考虑ARJ21-700飞机的实际特点和改装现状,有些要求实施难度很大,而载荷试飞又迫在眉睫。为了保证载荷试飞的顺利开展,ARJ21飞机总师系统积极寻求国外力量,希望为载荷试飞配备一名国外专家,用以支持载荷试飞大纲的编制和适航审查,为载荷校准试验、载荷试飞、试飞数据处理和分析提供技术支持。通过前期的精心筛选,最终确定了一位国外载荷专家作为载荷试飞的技术支持。

2012年8月至2013年5月期间,专家对载荷试飞大纲进行了评估,在载荷试飞目的、飞行载荷试飞点的选取、测载站位的布置、机动动作的实施、高升力测压、地面校准试验等方面提出了许多宝贵意见,为ARJ21-700飞机载荷试飞大纲的修改完善提供了很好的帮助。

随着试飞工作的逐步推进,申请人对各个地面载荷试飞科目如何进行试飞验证重新进行了考虑,经过仔细研究地面载荷相关条款,申请人认为地面载荷无须通过载荷试飞实测进行验证。为此,申请人计划取消地面载荷试飞科目。2012年11月,经过与CAAC的多轮沟通,CAAC同意取消转弯、前轮侧偏、刹车、回转科目,但是对于着陆和滑行科目,暂定继续保留。

2014年3月,FAA在审查了载荷试飞大纲后提出,要求增加发动机吊挂测载内容。由于此处结构复杂,地面标定试验的准确性无法保证,加上时间进度问题,申请人提出通过增加发动机、吊挂加速度测量,对比吊挂前、后梁上的应变来验证载荷。经过多轮沟通,此方案为CAAC和FAA所接受。大纲进行了升版,增加了发动机吊挂测载内容。

根据载荷试飞大纲,ARJ21-700飞机地面载荷试飞于2014年8月13日开始,9月4日结束。其间我们完成了两种重量、两种重心状态下的着陆和滑行载荷试飞科目,共计29架次试飞。在试飞数据的对比分析过程中,由于种种原因导致分析载荷无法与实测载荷进行直接比较。申请人将对比分析结果与原因分析向CAAC审查代表做了全面汇报,并表示地面载荷本身的验证工作已经充分且完整地表明了符合性,不需要再通过载荷试飞来进行验证。因此,申请人提出了将地面载荷验证试飞调整为研发试飞的申请。2014年11月,CAAC同意将地面载荷验证试飞调整为研发试飞,为 ARJ21 顺利取证扫清了障碍。

4.2　机体强度设计历程

4.2.1　有限元分析

4.2.1.1　全机有限元分析

有限元分析(finite element analysis,FEA)是利用数学近似的方法对真实物理系统(几何和载荷工况等)进行模拟。它通过各级分析模型代替复杂问题进行求解,得到与实际最相符合的近似解,具有计算精度高而且能适应各种复杂形状的特点,其方便性、实用性和有效性使其成为解决复杂工程问题行之有效的工程分析手段,广泛应用于航空航天、船舶、汽车、土木建筑、电子电器等领域。在现代的航空飞机结构设计中,离开有限元分析将寸步难行。

全机有限元分析是民用飞机结构强度分析中一个至关重要的环节,是飞机从机体结构、外载荷到飞机结构强度分析的桥梁。机体结构设计是一个复杂的系统工程,传力路线和材料类型的多样性,给全机结构强度有限元分析是巨大的挑战。ARJ21 - 700 飞机在型号设计过程中,通过型号实践,建立了完善的全机有限元分析体系,包括全机有限元模型建模、全机载荷筛选、全机有限元节点载荷生成和全机有限元内力计算等,使得全机有限元计算结果广泛用于飞机结构的静强度、疲劳强度等强度分析领域和全机强度试验领域。

4.2.1.2　全机有限元模型

1) 全机自然网格有限元模型

自然网格有限元模型以飞机结构骨架数模(机身按框、长桁,翼面按肋、长桁)作为网格划分基准,反映飞机结构主承力构件的传力特征,主要计算整体位移和单元内力,用于强度分析。全机自然网格有限元模型是民用飞机结构强度分析的基石,基于全机有限元模型的计算结果的精确性直接影响结构强度分析结论,进而影响飞机结构安全。全机自然网格有限元模型根据结构承载特性对机体结构进行大量的力学简化而来,具有悠久的使用历史,虽看似简单,但经过了大量的验证,故对于典型传力结构的典型部位,可以给出精确的数值解。而且由于模型规模较小,可以进行多工况快速分析。

全机自然网格有限元模型作为全机强度分析的重要基础之一,建模周期长,难度大,协作面多。为规范各部件全机有限元模型建模,确保全机有限元模型的标准化和准确性,避免重复工作,保证建模质量,我们必须编制统一的全机有限元建模规定。《ARJ21 - 700 飞机全机有限元模型建模规定》应运而生,并随着 ARJ21 - 700 飞机的全机有限元建模计算的进展逐步得到修改完善。文件规定的内容包括全机有限元模型的软件环境、总体定义、分块定义、编号定义、典型结构模型简化以及模型管理等内容。

统一的有限元分析软件环境是全机有限元分析的基础，ARJ21-700飞机沿用传统的有限元分析方法，选取航空业一贯使用的Nastran软件作为有限元内力计算软件。结合当时ARJ21-700飞机研制阶段软件供应商能够提供的软件版本，我们选取了MSC公司的Nastran软件最新版作为ARJ21-700飞机全机有限元内力计算软件，同时MSC公司的Patran软件作为前后处理推荐使用软件。当然，实际模型的前后处理过程中，Hyperworks或Femap等是重要的前后处理软件补充。前后处理软件仅作为工具，只要求输出满足Nastran格式要求，因此，对具体采用何种前后处理软件不必做硬性的要求。需要注意的是，随着时间的推移，MSC公司Nastran软件升级到更高的版本，我们必须认识到同一模型计算文件在不同的Nastran版本计算中可能存在差异。为了消除软件版本升级对内力计算结果的影响，在ARJ21-700飞机的内力计算中沿用了最初选择的Nastran版本。当然，随着计算操作系统的更新，原有的Nastran版本会面临无法安装运行的风险。在ARJ21-700飞机内力计算中，我们就Nastran软件版本更换对内力计算结果的影响进行过系统的评估，为软件版本更换做准备。

ARJ21飞机全机有限元模型采用统一全机坐标系。ARJ21飞机全机有限元模型规定了统一的单位制。统一的单位制可以使得不同设计师建立的模型可以方便地组装成全机模型，避免模型单位转换。ARJ21飞机全机有限元模型还规定了Nastran卡片的使用，包括允许使用的Nastran卡片，不推荐使用的Nastran卡片和禁止使用的Nastran卡片，避免后续计算分析问题。

ARJ21飞机全机有限元模型采用多人同时建模的方式，通过分段有限元模型建模再组装方式进行。由于涉及专业人员较多，在建模之前需对全机有限元模型进行总体定义，除以上涉及的软件、坐标系和单位制，我们必须对全机有限元模型进行分块。根据ARJ21-700飞机总体布局定义，ARJ21-700全机有限元模型划分为若干个子模型。在将全机有限元模型分块的同时，规定了子模型之间分工界面定义原则，方便后续全机有限元模型的组装。在ARJ21-700全机有限元模型中，子模型之间采用共节点方式组装。

全机有限元模型由多人同时建模，为确保模型的一致性，我们在建模过程中对模型简化方法、单元特性数据选取以及节点、单元和性质卡的编号以及模型单元节点的编号顺序进行了规定。建模时，对模型编号的每位数字进行详细的编号含义定义，因此，可通过编号识别模型所属部件。

全机有限元模型建模规定对模型节点选取位置、全机有限元网格划分、金属/复合材料机身典型结构（普通框、加强框、腹板框、长桁、蒙皮、龙骨梁、地板、观察窗窗框、加筋板等）简化方法、金属/复合材料翼面典型结构（蒙皮、长桁、肋、梁等）简化方法、活动面结构简化方法以及模型元素单元坐标系的指向规则和二维单元法向等都做了详细的规定。在建立活动面模型时，要注意考虑后续能够方便地进行活动面的偏转。在复合材料建模时，要特别注意材料性能的选择。

　　由于全机模型采用各段分别建模的方式,因此各子模型在提交前需要进行必要的检查,以减轻全机组装人员模型检查的负担。为规范检查,我们对检查项目做出了规定,包括:模型中没有多余的自由节点;确认局部坐标系;确认模型单元的单元坐标系方向;确认梁单元的弯曲平面和偏心方向的一致性;确认多点约束中主动点和被动点的关系;确认定义节点的参考坐标系和分析坐标系等。各子模型建立完成后必须使用子模型的典型载荷进行试算,给出试算结果。对于机身增压舱部分,还必须通过气密载荷试算,保证气密载荷是自相平衡的。需要给出的试算结果包括:总载荷(oload)、求解精度(epsilon)和约束反力(spcforce)。

　　模型以 Nastran 的 BDF 格式文件提交。子模型提交包括:模型文件,BDF 格式文件;说明文件,包括模型检查说明和模型更改的说明;建模报告,包括模型建立的数据来源;计算的载荷文件,对于机身增压舱部分,还包括气密载荷文件。所有提交的部段子模型将被总装成一个完整的全机有限元模型。经过调试计算,若发现子模型存在问题,需经子模型负责人员确认后将子模型返回,由子模型负责人员修改后重新提交。调试计算中,不能仅仅关注各个部件有限元模型单元的内力分布,应该充分注意各个部件有限元模型结合部位附近模型单元传力是否合理。全机有限元模型调试完成后需发出建模报告归档,模型文件以附件形式与建模报告统一归档;子模型的建模数据以报告形式分别归档。

　　2) 精细有限元模型

　　基于全机自然网格模型的结构强度工程校核方法,其计算分析的全面性和可靠性,在很大程度上取决于工程师对工程问题的认知水平和型号的实践经验。为弥补自然网格模型在复杂局部细节结构分析上的缺陷,工程分析采用局部细节模型作为补充。为了解决上述问题,ARJ21-700 飞机积极探索发展了基于精细有限元的全机级结构建模及分析技术。对于全机精细化模型,国内航空工业缺少精细化有限元建模的尺寸建议和建模方法,我们通过分析和研究,基于自身特点,有机地融入了其他航空公司和汽车公司的先进仿真理念与经验,最终确定了 ARJ21-700 飞机精细化模型网格尺寸以及细节结构的建模方法。

　　精细模型的计算结果能够直观地反映结构细节部位的应力应变,做到"所见即所得"。全机精细化有限元模型建模遵循结构的几何特征和连接特征,将结构件及连接件都包含在有限元模型当中,最大限度地避免使用刚度等效进行简化。网格划分以 shell 单元为主,局部复材蜂窝结构以三维体单元填充;所有连接件(铆钉、螺栓等)逐一建模。ARJ21-700 飞机建立了一个千万级的精细有限元模型,分析结果与试验结果符合性基本一致,达到了国际先进水平。需要重点关注的是精细模型在限制载荷作用下高应力区域的应力水平。高应力区域的模型单元与实际结构要进行仔细对比检查,确定模型和单元是否能代表结构中相应部位的真实应力状态,如拐角 R 区、厚垫板、斜坡过渡、台肩、凸台、开口、缺口、连接和刚度等。对于铝合金结构,应该重视的是有限元模型在极限载荷作用下,高应力区域进入塑性后,传递载荷的重新分配(包括壁板承受轴压情况)。

结构细节设计直接决定飞机结构疲劳寿命和使用可靠性,随着 ARJ21 - 700 飞机全机地面结构强度试验和高强度试飞活动的开展,多个棘手而又复杂的结构细节设计问题暴露了出来,而全机自然网格有限元模型的特点使其不适用于这些细节问题的分析,精细有限元模型成为解决问题最有效和最高效的技术途径。在型号研制后期才建立的 ARJ21 - 700 飞机全机级精细有限元模型,成功地应用于型号的全机疲劳试验,在全机疲劳试验故障攻关分析中起到了关键性作用。通过精细模型分析,我们可以发现结构设计中的不合理部位,复现试验和试飞过程中的各项结构故障,优化结构布置及细节设计,解决全机结构强度试验和飞行试验中的各项故障问题。

借助精细模型,有限元仿真计算辅助试验的作用日益明显,工程师们已能较准确地预测试验机上可能出现的危险部位,从而为全机试验保驾护航。

4.2.1.3　全机载荷处理

在飞机型号设计工作中,载荷计算会进行不停的迭代。在 ARJ21 飞机的研制过程中,我们进行了不少于 5 轮的载荷计算工作。将各轮的载荷快速处理到对应的有限元模型,是有限元分析工作的重要组成部分。

ARJ21 飞机载荷处理从载荷筛选到有限元节点载荷生成,是一个不断提高、不断完善的过程,经过对几轮静载荷及疲劳载荷的处理,载荷处理方法不断地完善,逐步建立了一套较为完善较为成熟的载荷筛选程序和有限元节点载荷生成程序。

1) 载荷筛选

根据民用飞机设计规范的要求,全机设计载荷需对重量、重心、惯性矩、速度和高度等多种组合进行载荷计算,形成的全机设计载荷包括飞行载荷、地面载荷、动载荷等成千上万种载荷工况。为了减少计算工作量,提高工作效率,我们必须对原始载荷进行必要的筛选,以减少全机内力计算的载荷工况数。

载荷筛选工作的目的是从上千甚至上万个载荷工况中筛选出机身、机翼和尾翼各站位的严重载荷工况,载荷筛选遵循以下两条原则:载荷筛选方法能够保证不遗漏严重载荷情况;载荷筛选能够涵盖所有严重部位。

ARJ21 飞机静强度设计用载荷主要包括飞行静载荷、地面静载荷和动载荷(包含动着陆、动突风、动滑行),载荷形式分为离散点载荷、站位载荷、气动分布载荷和站位累积载荷等。由于站位累积载荷能够反映站位剖面传递的总载荷,在机身、机翼和尾翼整体载荷筛选中,主要采用站位累积载荷的形式。载荷筛选方法分为单值包线法和组合包线法。单值包线法即取站位上单一力素(如剪力、弯矩或扭矩)极值的对应载荷工况为严重工况。组合包线法即考虑站位上两个力素复合。通过全机载荷筛选,全机载荷计算工况减少到几百种,大大提高了工作效率。

机身载荷筛选使用的原始载荷形式为 6 个力素(F_x、F_y、F_z、M_x、M_y、M_z)在机身各载荷筛选站位的累积净载荷,机身累积净载荷给出机身各站位(中央翼前后梁区间除外)传递的总载荷大小。通常取机身框站位为机身载荷筛选站位,取机体坐标系的航向坐标轴为机身载荷累积参考轴。机身累积净载荷需包含传递到机身上的前起落架、尾翼等载荷。一般情况下,机身前部载荷从机头开始向后逐步累积到各站位直至中央翼前梁位置,机身后部载荷从尾锥开始向前逐渐累积到各机身站位直至中央翼后梁位置。一般情况下,机身航向轴力引起的机身拉压应力较小,在单值包线筛选时,可以忽略轴力的影响;中央翼前后梁之间的机身累积载荷不能准确反映中机身的真实传载,在载荷筛选中不采用;中机身载荷严重情况取前机身、中后机身和机翼靠近中机身部位的严重载荷情况;飞行载荷没有考虑客舱增压的影响,因此需要在最终的结果汇总中保留飞行载荷单值包线筛选结果,叠加客舱增压载荷。

翼面的严重载荷筛选包含单值严重载荷筛选和组合严重载荷筛选。载荷的筛选步骤包括:确定筛选剖面、筛选点;载荷等效至筛选点,得到累积载荷;绘制机翼的弯、剪、扭单值包线,得到机翼单值严重工况;按弯剪、弯扭、剪扭组合筛选严重工况。由于 ARJ21 - 700 飞机为 T 型尾翼,因此,垂尾载荷筛选时我们同时考虑平尾的影响。

舵面载荷对其自身的铰链轴线求扭矩,筛选舵面的严重载荷工况。

起落架连接区严重工况筛选时,按起落架交点载荷方向一维、二维和三维分别进行筛选。

2) 有限元节点载荷生成

筛选出严重的原始载荷工况后,外载荷须转化为有限元节点载荷才能用作有限元计算。载荷分配总体上必须保证分配后的加载站位力或加载节点力的总和、作用点及方向同原给出的分布载荷或累积载荷一样。结构所受载荷向有限元模型上施加时,应在保证总载和总压心的前提下应尽可能地向受载结构有限元模型上所有节点分配,以保证有限元分析结果的准确性。在分配载荷前,需详细了解结构设计的载荷传递路径,确认所有载荷作用点,确保主要受力结构。特别是对于惯性载荷起主要作用的机身结构,在大开口或集中质量分布的部位,在同一载荷剖面上,我们需要保证这些惯性质量在机身结构上的载荷分布权重。主要分配原则包括:静力等效原则;保持真实的传力路线;不可跨过主要的传力构件;避免局部结构分配载荷过大;对于机身惯性载荷保证各节点载荷权重与真实结构一致。

全机精细化有限元模型节点载荷生成依照与全机有限元模型节点生成相同的原则进行精细化模型节点载荷生成;同时,为提高计算效率,在进行迭代分析计算时,对节点载荷进行简化处理。因此,我们根据载荷施加需求开发了系列工具,成功地将全机自然网格模型载荷施加过渡到全机精细网格模型载荷施加,保持了载荷施加的一致性。对于局部子模型,通过局部子模型批量边界位移插值方法,制订流程并自主开发软件工具,可以同时实施多个工况多个局部子模型的边界位移插值。

4.2.1.4　全机内力计算

全机有限元内力计算使用 Nastran 软件,输入为全机有限元模型和有限元节点载荷,主要计算整体位移和单元内力,用于飞机结构的静力疲劳强度分析。根据用途不同,全机内力计算可分为静载荷、疲劳强度载荷和剩余强度载荷内力计算。

全机静载荷内力计算结果适用于全机主承力结构的静强度分析,包括机身、机翼盒段和尾翼盒段。其他部段如起落架连接、活动面及其连接等单独进行内力计算。计算工况主要包括筛选得到的全机飞行静载荷、飞行动载荷、地面静载荷、地面动载荷、气密载荷及温度场载荷等。采用静定约束。计算结果需检查计算精度、外载、约束总反力、单点约束力等。

机身计算时,各段模型负责人必须通过对气密载荷内力计算结果的检查,确认气密载荷施加的正确性。缺少部段及部件载荷检查时,在全机计算时往往会出现问题。动载荷所给方式为累积载荷,将尾翼载荷也累积至机身站位,分析时应加以注意,以免重复施加。

机翼活动面计算需要考虑不同的活动面偏角。缝翼、副翼、扰流板进行内力计算时需要考虑机翼盒段的协调变形的影响。缝翼、襟翼进行内力计算时需要考虑航向载荷的影响。缝翼需要考虑缝翼作动器作用在相应结构上的载荷,包括最大操纵力矩、扭矩限制器设定的最大力矩、故障状态下的断开力矩、作动器卡住时的有效限制力矩和作动器作用在结构上的极限力矩。副翼结构需要进行"破损—安全"分析,即在限制载荷下任意一个悬挂接头破损后,副翼剩余结构继续承载的能力。副翼结构还需要考虑故障情况,包括作动器断开模式、作动器卡阻模式、操纵面卡阻模式和作动器控制阀失效模式。故障安全系数按故障概率查 SC-A002 专用条件中的曲线得到。固定后缘、襟翼和扰流板需要计算相互变形,保证变形后互不干涉。

尾翼前后缘与安定面盒段一般采用托板螺母连接,由于游动间隙较大,不完全参与总体受力,前缘和后缘将自身气动载荷传递给安定面翼盒结构。因此,平尾和垂尾的主要受力结构是前梁与后梁之间的翼盒结构。为了获得偏于保守的安定面主要结构内力,在计算尾翼的有限元模型内力时,安定面前后梁间的结构内力采用不考虑前缘和后缘的有限元模型,将前后缘的载荷等效到安定面上,安定面前后缘的结构内力用包含前缘和后缘的有限元模型。

全机疲劳载荷内力计算结果适用于全机主承力结构疲劳强度分析,包括机身、机翼盒段和尾翼盒段。其他部段如吊挂及其连接、活动面及其连接单独进行内力计算。全机疲劳内力计算中的载荷工况采用规定的典型飞行任务剖面各任务段的载荷使用工况。其他计算要求同静载荷。

全机剩余强度载荷内力计算结果适用于全机主承力结构损伤容限强度分析,包括机身、机翼盒段和尾翼盒段。其他部段如吊挂及其连接、活动面及其连接单独进行内力计算。全机剩余强度载荷计算的载荷包括非离散源剩余强度载荷和离散源剩余强度载荷。其他计算要求同静载荷。

ARJ21飞机全机疲劳载荷谱为当量载荷谱,分为短、中、远3个使用任务剖面,后来增加了1小时剖面。全机疲劳求解完毕后要先检查作用载荷平衡、支反力平衡、支反力是否正确、求解精度是否可接受。全机疲劳内力计算中,不同飞行阶段采用不同的有限元模型(活动面位置、起落架位置不同)。全机疲劳内力计算完成后,各部段可能会发现部件模型有问题,模型修改后需要重新求解,这样导致ARJ21-700飞机疲劳内力反复计算。针对这种问题,我们要制订合理的模型管理制度,既避免全机内力重复计算,又能保证能够实现局部模型必要的修改。

全机求解需要读取大规模的 force 卡数据,导致求解速度缓慢,需要配置高性能计算机。在全机求解过程中由于计算机资源限制,导致求解速度过慢,影响进度。

试验状态的全机有限元内力计算采用刚性元模拟胶布带进行加载,求解的内力与试验数据对比良好;采用刚性元模拟全机试验真实加载情况进行内力求解,须认真检查作用载荷平衡、支反力平衡、支反力等是否正确,EPS 值是否合理。由于胶布带粘贴密度大于有限元节点密度,在采用刚性元模拟胶布带加载时,将多片胶布带合力加载到同一个片上得到的单元内力未出现应力集中等明显的不合理情况。采用模拟胶布带时,自由度选择要保证能传递加载方向的载荷,并不出现奇异。

4.2.1.5　有限元模型验证

只有通过验证的全机有限元模型,才可以用于静强度、疲劳强度分析。国内航空结构强度设计关于模型与试验对比的验证,在 ARJ21-700 飞机之前,从未有过明确标准,也没有可依据的参考资料。该问题给 ARJ21-700 飞机适航验证工作带来了巨大困难。通过国内外型号设计资料研究和国际技术咨询,结合 ARJ 强度分析方法,我们确定了模型验证的标准,包括:进行对比的典型试验工况,有限元结果与试验结果的误差标准。在模型验证过程中,面对民用飞机全机试验过程中的飞机整体转动(或平动)影响分析结果的问题,我们首次提出了消除刚体位移后进行位移对比分析的概念,研究确定了刚体位移的消除方法,并形成了技术规范。ARJ21-700 飞机在国内首次提出了大型民用飞机全机有限元模型验证方案,确立了大型民用飞机全机有限元模型验证标准,提出了大型民用飞机全机有限元模型验证方法并成功应用到型号模型验证的适航审定中。通过与全机静力试验机身、机翼、尾翼部段的位移、应变数据的比较,全机有限元模型的精确性进一步被证实,经试验验证的全机有限元模型获得了 CAAC 的批准认可。

根据局方提出的有限元模型验证要求,强度部组建了全机有限元模型验证团队。初期双方对模型验证的内容和标准都没有清晰的认识。团队积极准备材料,根据自己的理解给出了模型验证的初步报告,与局方进行沟通,但双方无法达成一致。局方对有限元模型验证提出了一系列的问题。团队通过咨询海外专家,经过多次沟通,最终与局方就全机有限元模型验证标准达成了一致。全机有限元模型验证团队根据局方的意见修改模型验证报告,前后共修改了5次形成了F版报告,试验结果与全机有限元模型分析结果吻合较好,静力试验结果与有限元分析结果对比情况表明全机有限元模型能够很好地模拟飞机结构的真实传力情况,模型简化合理,可以作为强度分析的依据。最终,全机有限元模型验证报告顺利获得局方批准。

4.2.2　机体结构静强度验证工作

为了满足CCAR-25部中关于机体结构静强度的条款要求,需要进行相关的MOC2强度分析工作,以及开展相关的MOC4强度试验验证工作,并根据需要开展一些必要的研发试验,以支持条款的验证工作。

在型号研制初期,依据CCAR-25部的条款要求,编制了《强度专项合格审定计划》,用于指导强度专业的验证工作;同时,制定了强度专业的顶层文件,包括《强度计算原则》《有限元建模规定》和《主要结构强度校核方法汇总》,这些文件规定了强度专业的建模原则及强度分析方法。

4.2.2.1　机体静强度分析

ARJ21-700飞机静强度分析工作按结构部件分为机身结构、机翼结构、尾翼结构、吊挂结构和系统相关结构,系统结构相关强度和供应商关系比较大,放在供应商工作中。

ARJ21-700飞机的强度分析工作是按载荷轮次和结构方案不断迭代的过程。强度分析根据第1轮、第2轮、2.5轮、第3轮和3.5轮载荷进行强度分析,中央翼中间还有2.75轮载荷的强度分析。通过强度分析,对结构方案中不满足强度要求,或者结构设计不太合理的部分提出更改,由结构专业进行完善。最终,ARJ21-700飞机根据第3轮载荷进行结构图纸发放,在发图前,完成了强度分析,后续整理完成了强度签图报告。

在这之后,又计算了3.5轮载荷,强度专业按3.5轮载荷对机体结构进行了强度分析,这一轮的报告作为最终支持取证的MOC2报告,共完成报告166份,经过分析表明机体、舱门、吊挂及系统支架结构满足静强度要求。同时,这一轮的报告也用于支持全机静力试验。

1) 结构发图静强度分析

ARJ21-700飞机在2004年12月底完成了90%的结构图纸发放,完成了50%的系统图纸发放,即"9050发图",其余图纸后续完成发放。

(1) 舱门结构发图静强度分析。

首先完成了协调关系较少的前货舱门、登机门机构发图,其强度分析输入条件单一,并且不需要全机解。在登机门发图过程中,我们还针对机构强度的分析进行了研究,采用Nastran运用静力的方法,对机构传动过程中的受力状态进行了初步分析。

ARJ21-700 飞机的舱门原设计均为内开式舱门,在后机身应急门发图过程中,我们尝试性地选择了外开式舱门,舱门机构的运动虽然实现了设计意图,但是由于气密线的变化,舱门刚度却不能满足要求,在对 101 架机进行出厂增压淋雨试验时,刚刚增压至 2.0 psi(1 psi=6.895 kPa),舱门蒙皮边缘的变形已经使机体严重漏气。

该问题对 01 架机(全机静力试验机)全机气密充压静力试验也带来了影响,为了保证机身的密封性,我们被迫放弃对应急门处结构的考核,直至方案更改后,在 2009 年开展的气密充压极限载荷试验过程中,对该部位强度进行了重新验证。

(2)机头部分框结构发图。

在后续进行的机头部分框发图过程中,由于机头结构主要承受气密载荷,机头部件单独进行内力求解便可完成大部分结构强度内力计算,因此我们在型号设计初期便完成了机头加强框的结构发图。

在发图初期由于经验不足,并未意识到上述框与内饰系统如厨房、盥洗室的协调关系。导致试制过程中发生部分结构图纸的更改,影响型号研制进度,因此,结构各界面的关系在发图过程中务必要充分协调。

某框框腹板设计时,由于各专业之间协调问题,我们并未考虑某框框腹板承受航向载荷的能力,因此腹板仅在框平面内有支持结构。在后续验证过程中,发现某框还需承受货物冲击载荷,为了满足功能要求,结构强度专业又针对此结构进行了更改。

在结构设计初期,各专业之间的协调十分重要,待飞机构型确定,特别是静力试验完成之后,再进行结构更改,首先会对在制品造成影响;其次,对于已完成的静力试验也要重新进行有效性评估;最后,结构之间的协调关系本身就十分复杂,构型确定后再重新进行更改,支持结构的布置十分困难,无法通过合理的设计来传递后续增加的载荷,这样势必会增加结构重量。

类似问题,给 ARJ21-700 飞机的设计带来诸多困难。机头后壁板厨房接头,前机身壁板行李箱航向接头等,在设计初期,机体结构并未考虑壁板结构要传递系统设备的载荷,当壁板设计构型完成后,在仅能传递面内载荷的蒙皮和长桁上增加传递面外载荷的系统接头,其设计十分困难,引起了接头和支持结构重量的增加。

在飞机设计初期,应该梳理清楚机体结构对哪些系统设备提供支持。无论结构、系统、总体应该首先明确各系统件的布置及系统与结构之间的安装关系,然后综合考虑结构设计和布置。

(3)前机身结构发图静强度分析。

前机身结构发图是 ARJ21-700 飞机机身结构第一次按大部段进行的发

图,强度分析采用2.5轮静载荷。前机身发图过程中,强度分析结果暴露出前机身与中机身对接处部分结构强度不满足要求,所以进行了选择性加强,在后续进行的全机静力试验也印证了当时结构加强的必要性和强度分析方法的正确性。

前机身发图过程中,机身强度专业通过分析还发现,前机身壁板在限制载荷情况下会出现失稳,虽然前机身薄壁板失稳后,还有较大的承载能力,但是飞机在飞行服役期间反复出现失稳现象,无疑会降低结构的疲劳寿命。针对该问题,强度专业对顶层文件进行了完善。与此同时,机身强度专业开展的疲劳强度分析过程中包含了卫星孔疲劳细节强度分析,通过分析我们提出细节优化设计方案,并通过卫星孔疲劳品质试验对优化方案进行了验证。

(4) 尾翼金属结构强度分析。

有限元模型中把有限元节点取在了结构外形面上,因此,壁板(蒙皮加长桁)结构的实际型心位置与有限元模型的型心位置存在差异,但在有限元建模时做了等效处理,这在强度分析校核取内力时需特别注意。

蒙皮极限剪切许用值一般由试验确定,它取决于蒙皮对角张力场系数 K,以及蒙皮与长桁(梁)和蒙皮与肋连接细节设计。

壁板结构连接拉脱强度应充分注意的是气动拉脱蒙皮与轴压载荷作用下产生的蒙皮与长桁拉脱的联合作用下的铆钉拉脱强度。

壁板结构强度应十分注意翼根高应力区域,蒙皮膜单元节点处最大剪应力和最大主应力。

因翼盒结构是一个单封闭室结构,长桁与梁凸缘基本上是在单封闭室结构内,长桁与梁凸缘板不易检测到初始裂缝,所以翼盒壁板结构应是"损伤容限"结构,即有多路相互独立的传力路线。壁板结构强度校核时应该考虑:翼根附近长桁损伤(破损)或梁凸缘损伤(破损)或梁腹板损伤(破损)不能传递拉伸载荷或剪切载荷时,壁板结构在该损伤(破损)区域附近的蒙皮和长桁的拉伸强度安全裕度;确保飞机在有任何一个主要结构件损伤(破损)时能连续安全飞行。对不能实施多路传力的壁板结构,应将该损伤区域的应力水平控制在很低的程度,以限制裂纹的增长速率,保证在规定检查间隔内没有危险的裂纹出现。

壁板结构连接强度校核应注意如下问题。① 壁板连接强度应通过设计并经过试验来验证连接强度至少等于或大于非连接结构;② 壁板连接强度应使在规定检查间隔内其初始裂纹不出现在连接处,并能易于检测;③ 凡可能的部位,连接处应局部增加厚度,以降低连接的紧固件附近应力水平;④ 凡可能的部位,连接处应采用干涉配合紧固件;⑤ 连接处厚度应是均匀增加,而不采用小半径圆弧;⑥ 凡可能的部位,连接处以双剪形式受载。

(5) 复合材料方向舵结构强度分析。

由于复合材料的特殊性,采用各式应力失效准则均存在一定的不确定性,并且很多的计算参数与材料及工艺密切相关,为此我们通过多次讨论,最终决定方向舵复合材料结构强度失效准则,用设计许用应变进行强度分析。

方向舵为疏肋结构形式,整个方向舵仅由上下壁板、前梁、后缘对穿螺栓及上下端肋组成。对于壁板的强度,除了进行应变分析之外,我们还进行了总体及局部屈曲的强度分析。

(6) 吊挂结构静强度分析。

在初步设计阶段,吊挂的设计经过了多轮方案及不同轮次载荷的强度分析,根据强度分析结论,吊挂大致经历过下述 3 个主要方案的讨论。

最初,吊挂的设计方案如图 4-23 所示,与吊挂最终的设计构型相比,主要差别是没有辅助梁的结构。根据强度分析结果,最初的吊挂方案中后梁及封闭肋无法满足强度要求,原因是 FBO 及应急着陆载荷工况下,从发动机后安装节传递过来的航向力(向前)很大,设计方案无法满足传载要求。

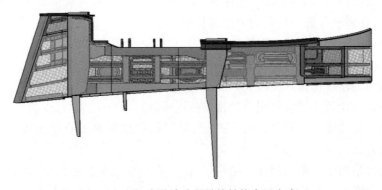

图 4-23　初步设计阶段吊挂结构布置方案 1

根据上述结论,吊挂又做了第 2 轮结构方案:在后梁的封闭肋交界处与前梁的机身交界处布置一根斜梁,形成一个三角撑结构,以便高效地传递从发动机后安装节传递过来的航向载荷。斜梁的布置如图 4-24 粗实心线所示。

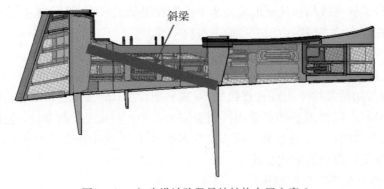

图 4-24　初步设计阶段吊挂结构布置方案 2

经过强度分析，该方案能满足载荷传递的要求，各个主要构件也都满足强度要求。然而，斜梁的布置造成斜梁与前后梁连接处的结构过于复杂，结构件布置困难，同时制造及装配也非常复杂，因此该方案最终被否决。

其后，吊挂开始第3轮方案的设计。我们考虑将吊挂后缘后移一个框距，增加一个辅助梁，与后梁构成一个整体，使后梁处的航向力从后梁后部传入机身，而不从后梁前部传入机身。

该方案虽然没有前两个方案效率高，但可以实现载荷传载，能够满足强度要求，且在制造和装配方面也比较容易实现。综合各种因素，我们最终确定吊挂采用第3方案进行详细设计。吊挂最终构型的结构形式如图4-25所示。

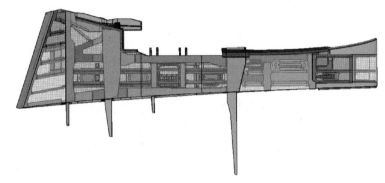

图4-25　初步设计阶段吊挂结构布置方案3

在初步设计阶段，还有一个小插曲值得一提：发动机供应商提交 FBO 载荷计算结果后，强度老专家发现，吊挂前后梁上的载荷大得异常，于是自己做了大量复算，最终发现供应商在做有限元动态分析得出的载荷数据中，把力分离体弄错了，导致作用到吊挂上的载荷偏大。老专家立即将这一情况告诉了供应商，并通过电话会议进行讨论。很快，供应商就提交了新载荷，结果比上一轮载荷降低了1/3。

这个经历充分说明：第一，任何时候，对供应商的监控工作都必须足够的细致，并且要有一支具有相当水平的工程师团队；第二，选择一个有实力的供应商固然非常重要，但也不能迷信供应商。

在详细设计阶段，我们主要是做了多轮的强度分析工作，对吊挂的结构进行细化，并做了大量的细节结构设计方案的对比分析。

① 球面框处连接 bush 单元模拟分析。

在吊挂和球面框连接的部位，结构设计中为了降低吊挂传到机身的力，做了连接的弱化设计：吊挂与机身的连接角材增加了一个下陷。图4-26中"球面框站位"箭头所指的四边形框包围的区域就是下陷区；下陷区的截面图如图4-27所示。在有限元模型中，该处用了一个 bush 单元来模拟连接刚度。

② 吊挂前后梁与发动机安装节连接部位细节应力分析。

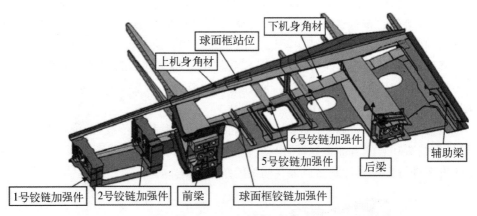

图 4-26 球面框连接

图 4-27 球面框连接处
机身角材

吊挂前后梁与发动机安装节连接细节的强度分析方法相同,下面以吊挂前梁与发动机安装节的连接细节分析为例介绍分析情况。

前梁作为一个块体结构与发动机安装节相连的端头部位非常复杂,校核时采用了基于体元有限元模型进行分析的方法,计算模型如图 4-28 所示。约束加在和框连接的螺栓处,加载点在梁和发动机架连接的端部。

其中,剪力均分到两个剪切销上。销钉以三段梁元模拟,沿其纵向在梁的孔内 3 个站位处与相关孔壁节点(接触范围约 120°内的节点)以刚性元相连。

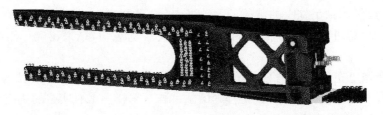

图 4-28 计算模型总图

螺栓拉力作用在螺栓上,并靠桶形螺母与梁接触面之间的挤压传走;螺栓"压力"则是通过发动机安装节端面与前梁端面之间的挤压来传递(见图 4-29)。

③ 小插曲。

在这一阶段的分析中,还发生过一个小插曲:在一轮大的强度分析完成后,一次在和供应商的工程讨论会中,发现强度分析使用的 FBO 载荷不是最新版本的。这是一个非常严重的问题,如果新的 FBO 载荷计算不能满足强度要求,则将影响结构发图评审。强度部立即开展了原因查找工作。

当时，ARJ21-700飞机与供应商之间协调文件是通过人工分发的，没有任何平台可用。而当时负责ECM内部分发的同事，在供应商发来的ECM中有明确的强度部接收人员信息的情况下，居然忘记分发了这一份关键节点的FBO载荷的ECM。

该教训体现了随后ECM管理平台的重要性，可以避免很多人为的遗漏；而且在使用任何一份重要节点的输入数据前，必须做好仔细检查。

图4-29　螺栓加载模型详图

2）试制批跟产

ARJ21-700飞机试制批跟产是强度专业的设计人员第一次参与飞机制造，试制批跟产让广大设计人员能够近距离参与飞机制造过程。在制造偏离的处理过程中，进一步加深了对强度分析工作的认识，掌握了更多的强度分析方法和飞机结构设计经验。

试制批跟产期间，经历了惨痛的教训，使设计人员深刻地认识到设计问题会给制造带来巨大的损失。ARJ21-700飞机大部分框都是钣弯成型或挤压型材二次成型，需要单独制造模具以进行零件成型。由于设计更改，制造商初期投入的模具部分需要报废重新制造，给制造商带来了经济和进度上的损失。而由于设计对操作空间估计的不足，也导致闭角区结构残余厚度无法去除，不但带来了制造偏离也增加了结构重量。

在此过程中，设计人员也得到了锻炼，不但逐步加快了制造偏离处理的速度，提高了制造偏离处理方案的质量，而且将这些经验也成功地反馈到后续型号的设计过程中，提高了飞机的可制造性，降低了制造成本。同时，总结经验形成的制造偏离处理流程，如图4-30所示。根据制造偏离处理的流程，可以保证设计人员从静力、疲劳与损伤容限、动强度以及颤振多方面对偏离进行分析，同时采用逐级把关的制度，根据偏离的严重程度决定具体分析工作的内容及审批。该流程不但应用于ARJ21-700飞机跟产过程中制造偏离的处理过程，也在后续型号中得以应用，保证后续型号制造偏离处理的完整性和规范性。

4.2.2.2　静力试验

全机及部件静力试验是飞机取证的关键试验。ARJ21-700飞机全机静力试验分首飞前和首飞后两个阶段实施，首飞前的阶段主要为部分机体结构限制载荷试验和部分系统结构限制（极限）载荷试验，首飞后的阶段主要为机体结构极限载荷试验和剩余部分系统结构限制（极限）载荷试验。全机静力试验共完成了近30项。2008年10月21日前完成了14项共计120多个情况的限制载荷试验和部分

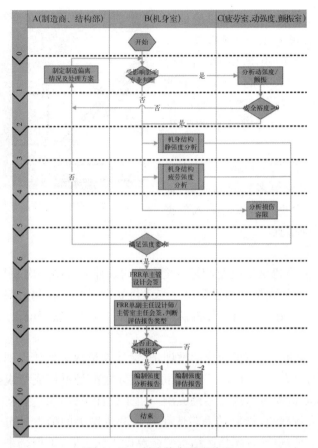

图 4-30　制造偏离处理流程

极限载荷试验,有力地保证了 ARJ21-700 飞机于 2008 年 11 月 28 日成功实现首飞。2011 年 4 月 9 日我们最终完成了所有限制载荷和极限载荷试验。

1) 首飞前静力试验情况

全机静力试验首飞前我们进行了 5 个工况的限制载荷试验,首飞前的静力试验进行得较为顺利,除在最大垂直力着陆情况限制载荷试验中内襟翼舱发生故障外,其他试验均顺利进行。

首飞前静力试验过程中出现的问题是,2008 年 4 月 10 日,内襟翼舱辅助梁结构在全机最大垂直力着陆试验限制载荷试验过程中出现断裂,后经设计分析发现是因为内襟翼舱辅助梁结构与主起落架结构连接过强,构成了一条机身与机翼之间新的传力通路,而在原分析计算过程中,认为此处结构为非传力通路。因此该部位连接做弱化设计后,限制载荷试验顺利通过,究其原因是设计意图与实际设计结果不符,但该处错误对全机构型适航验证并无太大影响。

2) 首飞后静力试验情况

全机静力试验首飞后我们进行了 4 个工况的极限载荷试验,首飞后的静力试验进行得颇为坎坷,其间发生了全机稳定俯仰(2.5g)情况龙骨梁后延伸段断裂导致试验中止的重大事故,后经过结构更改和设计完善,我们于2011年6月28日完成了2.5g极限载荷试验。关于龙骨梁后延伸段断裂的事故,我们在后续重要技术问题攻关中将会详细介绍。

此外,在ARJ21-700飞机01架机完成稳定俯仰(2.5g)情况73%+操纵检查限制载荷静力试验后,我们检查发现后机身尾锥出现凹坑,经分析认为,凹坑是在试验过程中方向舵与尾锥发生干涉造成的。

强度专业根据试验加载载荷对01架机的变形进行了计算分析,结果表明按照当时的设计图纸要求,确实尾锥与方向舵之间间隙不够,在限制载荷情况下两者会出现干涉,因此导致尾锥被压出凹坑。

为使方向舵与尾锥在限制载荷时不发生干涉,满足间隙要求,总体专业根据强度专业提供的理论分析结果对方向舵外形给出了修改方案,增大方向舵与尾锥之间的间隙,保证在限制载荷情况时方向舵与尾锥不发生干涉;随后发出修切方向舵要求的图纸,在01静力试验机上完成了实施。

至2011年4月9日,我们最终完成了所有情况的极限载荷试验和部分限制载荷试验。

3)部件静力试验

(1)机翼油箱充压试验。

ARJ21-700飞机机翼油箱分左右2个油箱,分别以0肋和17肋为油箱端肋,机翼油箱充压试验主要用于验证油箱结构的强度符合性,检查其工艺质量和验证理论分析的正确性。

根据油箱的使用情况和条款要求,油箱承受一系列的油压载荷,其中最大载荷为地面压力加油故障载荷,考虑故障载荷发生在地面加油时刻,且概率较低,不会影响飞机的飞行安全,我们可通过理论分析来说明结构的符合性,无须通过试验验证,故油箱冲压试验选择了油箱正常使用的油压载荷和条款要求的设计载荷中的较大值作为试验载荷。机翼油箱结构是飞机的主传力部件,根据试验和理论分析的结果可知,油压载荷相对飞机正常使用的各项外载荷而言是个小值,不会成为油箱结构的设计工况,从结构静强度的符合性验证方面来说,机翼油箱舱冲压试验完全可以取消,如为检查油箱的密封性,此试验完全可以在外场机上进行,无须进行单独的试验。

(2)小翼静力试验。

ARJ21-700飞机翼梢小翼静力试验考核部位为翼梢小翼、机翼24号肋以及连接结构和小翼R区的结构。试验对象为左侧翼梢小翼。该项试验为适航验证试验,从试验设计到试验件的制造及试验过程都得到适航审查代表的审查和批准。

2008年8月12日我们在中国飞机强度研究所完成了ARJ21-700飞机翼梢小

翼 OT0105012VD1E＋工况限制载荷试验及翼梢小翼 PH010501152S 工况限制载荷试验。试验加载过程平稳，载荷协调，加载到限制载荷后保载 30 s，试验过程中无异常；试验后检查，未发现可见残余变形。

2010 年 9 月 26 日我们在中国飞机强度研究所完成翼梢小翼 OT0105012VD1E＋工况极限载荷试验；2010 年 9 月 29 日完成翼梢小翼 PH010501152S 工况极限载荷试验。试验加载过程平稳，载荷协调，加载到极限载荷后保载 3 s 后，结构没有破坏。

此试验的成功，证明了 ARJ21‐700 飞机翼梢小翼结构及与机翼在 24 号肋处连接区具有承受 OT0105012VD1E＋工况、PH010501152S 工况极限载荷的能力，试验满足《中国民用航空规章》(CCAR‐25‐R3)中有关条款的要求。ARJ21‐700 飞机翼梢小翼静力试验数据可靠，精度满足要求，为 ARJ21‐700 飞机翼梢小翼的强度分析提供了可靠的试验依据。

但试验成功的背后，也有些细节问题在后续的数据处理及分析中显露了出来。

① 位移传感器与测量点的初始距离不能太近。

ARJ21‐700 飞机翼梢小翼静力试验除了要测垂向的位移外，还要测展向的位移，如图 4‐31 所示。

图 4‐31　翼梢小翼 PH010501152S 工况试验照片

因为翼梢小翼的变形较大，如图 4‐32 所示，当位移传感器与测量点的初始距离较近时，测出来的位移就会有偏差，而当初始距离达到一定值时，这种偏差可以忽略。而 ARJ21‐700 飞机翼梢小翼静力试验位移传感器与测量点的初始距离仅为 1 m，导致偏差较大，需要进行角度折算。

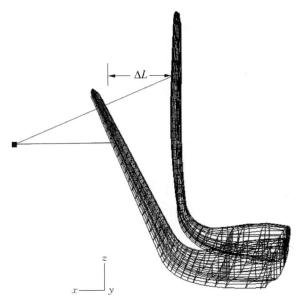

图 4-32　翼梢小翼 PH010501152S 工况变形图（黑色为变形后）

② 应变片实际粘贴位置需要有记录。

在试验任务书及大纲中都会有应变片粘贴位置的说明，但在实际粘贴中，该位置可能会与胶布带的位置冲突，工人就会错开些位置粘贴。如果在第一时间记录应变片的真实位置，就不需要在后续分析时，遇到问题再去现场重新测量，节省了时间和精力。因此建议，试验承担方应在完成试验后的试验报告里，把真实的应变片位置列成图表，供分析使用。

（3）尾翼（平尾、垂尾）静力试验。

尾翼部件静力试验主要考核平尾、垂尾主盒段，但是我们对方向舵和升降舵单独进行了部件静力试验。ARJ21-700 飞机是高平尾布局，因此，平尾的严重情况同样也是垂尾的严重情况。

经过载荷筛选，尾翼静力试验工况如表 4-3 所示。其中，SP0102112VD3E 稳定俯仰工况和全机严重工况一致，在全机静力试验中进行，EF050001183E 工况和方向舵严重工况一致，在方向舵部件静力试验中进行。

表 4-3　尾翼部件静力试验工况表

载荷序号	载荷情况代号	载荷大小		备　　注
1	PH060001262E	67%	首飞前	检查方向舵活动情况
2	RL0812011VC1E1	67%	首飞前	——
3	SP0102112VD3E	67%	首飞前	检查升降舵活动情况
4	EF050001183E	67%	首飞前	

（续表）

载荷序号	载荷情况代号	载荷大小		备　注
5	PH060001262E	100％	首飞后	——
6	RL0812011VC1E1	100％	首飞后	——
7	SP0102112VD3E	100％	首飞后	
8	EF050001183E	100％	首飞后	

① 试验工况筛选。

载荷筛选时考虑了以下载荷：飞行载荷、地面载荷、动载荷、条款规定的局部载荷。我们首先根据飞行载荷、地面载荷及动载荷的弯剪扭进行筛选，筛选出严重载荷工况。筛选在强度分析时已进行，但工况较多，有几十种甚至上百种，由于全尺寸静力试验工况不宜太多，因此，在载荷筛选的基础上，我们再对每个工况进行具体分析。对于翼尖个别站位极值较大而累积弯剪扭载荷都较小的载荷工况，直接通过分析来表明符合性，不选做全尺寸静力试验工况；对同种载荷类型且累积弯矩、累积剪力以及累积扭矩相差不大的载荷工况不能轻易取舍，而是仔细分析这几种工况的强度分析结果，根据有限元内力解及强度校核的裕度情况，按关键部位的强度裕度大小最终确定需要进行静力试验的载荷工况。同时，考虑 CCAR - 25 部条款的要求，我们确保在能够验证整个尾翼结构强度的情况下静力试验工况最少。

② 胶布带选取及试验载荷处理。

ARJ21 - 700 飞机全机静力试验时，尾翼结构采用的是胶布带加载的方式。我们通过在胶布带上施加拉载，来模拟飞机所承受的载荷。

a. 胶布带粘贴位置的确定以及胶布带规格的选取。

在每个加载胶布带上，加的是集中载荷，为了避免胶布带加载处发生局部破坏，选取合适的胶布带粘贴位置非常重要。尾翼翼面结构（平尾安定面、垂尾安定面）的胶布带粘贴位置选取在梁、长桁与肋的交点位置上，这样能够有效地避免集中力只作用在蒙皮上可能引起的局部破坏。

胶布带规格的选取也是非常重要的。由于尾翼翼面结构为铆接结构，且蒙皮比较薄，如果单个胶布带上的集中载荷太大，同样会引起局部结构的破坏。ARJ21 - 700 飞机尾翼翼面结构加载选取的胶布带底部尺寸为 210 mm×110 mm，使用载荷为 410 kg，在进行胶布带载荷分配时，在满足力等效和矩等效的情况下，每个胶布带上的载荷应尽量小，载荷分布应尽量均匀。ARJ21 - 700 飞机全机极限载荷静力试验中，分配尾翼翼面上胶布带的载荷时，我们对胶布带粘贴区域进行局部强度评估，确保不会发生局部破坏。

b. 胶布带载荷的处理。

试验载荷处理是根据杠杆原理，按照力等效和矩等效的原则进行的。我们将平尾/垂尾安定面的气动分布载荷进行处理，最终以集中力的形式施加到胶布带上。安定面的胶布带主要分布在前后梁以及部分长桁和翼肋的交点上。

尾翼部件静力试验限制载荷和极限载荷试验时，胶布带载荷的处理略有不同。对于需要进行活动面检查的工况，根据试验要求，在进行限制载荷试验时，当加载至 67% 时，我们需要检查活动面的活动情况，确保在限制载荷下活动面仍可以正常操纵。因此，在进行尾翼限制载荷试验时，要保证加载不影响检查。极限载荷静力试验时则不考虑此问题。

为检查胶布带载荷分配的正确性，除了在分配时检查总剪力、总弯矩和总扭矩外，我们重新将胶布带载荷按原始载荷的站位进行累积，计算出各站位弯剪扭的累积载荷，并与气动专业提供的原始气动累积载荷进行比较。这样处理除保证胶布带载荷的总载与原始载荷一致外，还保证了载荷的分布情况与原始载荷的分布情况一致。

尾翼全尺寸静力试验在 01 架机上进行，起落架 3 点静定支持，我们在尾翼进行试验加载，尾翼结构上施加分布载荷；同时，为使飞机保持平衡需要在机身、起落架以及吊挂等其他部位施加平衡载荷。平衡载荷计算时需要注意以下两点：在满足平衡状态的情况下，施加的力相对较小；对施加平衡载荷的部位应进行强度评估，确保该部位的结构安全。

③ 试验测量准备。

a. 应变片位置确定。

ARJ21-700 飞机静力试验时，全机贴片比较多，内部片和外部片共计 10 000 多片。由于经验不足，我们当时没有详细标注应变片粘贴的具体位置尺寸，只是在示意图上给出应变片的位置，对于比较规则的壁板结构，应变片位于两根长桁和两个翼肋的中间，位置相对比较容易确定；但对于形状不太规则的结构，在实际贴片的过程中应变片的位置就比较难确定，而且有些受力较大的不规则结构，其应力应变变化梯度较大，如果我们不清楚应变片的具体位置的话，在后续的试验结果与分析结果对比中，就无法在有限元模型中找到对应位置的分析结果，导致分析结果与试验结果误差较大。

b. 位移测量点的布置。

尾翼安定面结构的位移测量点均布置在主盒段的前后梁上，沿前梁或者后梁展向有不少于 3 个位移测量点，这样便于得到试验载荷下前后梁的挠度曲线。同样，位移测量点的具体位置一定要标注准确，位移测量点实际布置过程中如有位置调整，需详细记录实际位移测量点位置，便于与分析结果进行对比。

④ 试验前准备。

a. 试验载荷尾翼强度计算。有限元模型中，加载位置按实际胶布带载荷的加载位置进行加载，全机按配平载荷进行加载，我们按起落架 3 点静定支持进行约束，求出有限元内力解，并对尾翼强度进行分析计算。同时，我们对胶布带加载处的局部强度进行评估，避免集中载荷导致的局部破坏。

　　b. 一图一表。试验前,我们对关键部位、安全裕度小的部位以及主传力路线上的结构危险部位进行梳理,找出强度分析中该部位的安全裕度、应力应变值,制成一图一表,以便在试验时进行实时监控,降低试验失败的风险。

　　(4) 复合材料方向舵静力试验。

　　① 试验载荷工况确定。

　　方向舵静力试验载荷工况设计主要考虑以下几个方面:

　　a. 方向舵载荷按照舵面气动载荷的剪力及铰链弯矩的极值进行筛选,选出试验工况 EF050001183E;

　　b. 按照 CCAR - 25.393 条款要求,方向舵需要承受平行于方向舵铰链轴线 24 倍(限制载荷)方向舵重量的惯性载荷;

　　c. 方向舵结构主要由左右蜂窝壁板和前梁组成,中间没有翼肋,由于载荷传递的特殊性,我们考虑气动载荷两侧对拉载荷,选出 PH011201182E 工况。

　　由于 ARJ21 - 700 飞机方向舵铰链轴线不在方向舵对称面上,因此,左偏航和右偏航时方向舵结构的受力情况并不完全对称,考虑此因素的影响,我们选择了方向舵的验证工况 EF050001183E,除按原始气动载荷的方向进行加载、试验外,还将气动载荷对称地加到舵面的另一侧壁板上进行试验,以对比铰链轴线偏置带来的影响。

　　② 胶布带载荷处理。

　　方向舵结构主要由壁板和前梁组成,中间没有翼肋。壁板为蜂窝夹层结构,为避免胶布带集中载荷将蜂窝壁板拉脱,单点胶布带载荷按照蜂窝芯的拉脱载荷进行设计,壁板上布置尽量多的胶布带。

　　③ 试验载荷实施。

　　a. 环境影响考虑方法的确定。

　　方向舵为复合材料结构,由于复合材料对于环境的影响比较敏感,所以在全尺寸试验中必须考虑环境的影响。通常复合材料对于环境的影响可以采用以下 3 种方式进行考虑:环境箱试验、加热试验、载荷系数法。

　　第 1 种方式是环境箱试验。将试验件置于要求的环境箱里面进行预处理,当试验件湿度及温度处理至试验要求后,进行加载,以此来验证环境下方向舵结构强度能否满足要求。这种方法是最直接的,考核最充分的,最能表征方向舵结构的强度。但是这种方法实施起来难度比较高,要求准备一个足够大的环境箱,实施成本也比较高。

　　第 2 种方式是加热试验。由于试验中温度比较好控制,实施起来也比较容易,不用环境箱也可以实现,而湿度则必须通过环境箱处理,且处理周期也比较长,实现难度比较大。这种方法就是通过试样、元件及组合件试验得到湿度对强度性能的影响,将其影响系数在试验中进行考虑,同时试验要考虑严酷环境。这种办法相对于第 1 种方式实施难度要低很多,但需要明确湿度对复合材料性能的影响,同时还需要表明湿和热的影响是可以分开单独考虑的。

第 3 种方式是载荷系数法。这种方法依赖于试样、元件和组合件试验,通过充分的低级别试验得到严酷环境对材料性能的影响系数,在全尺寸试验中将此系数表征至试验载荷中,以此来验证结构满足强度要求。这种方法实施是最简单的,这是该方法的优势,目前国内外大多都采用此种方法。其劣势是,目前的复合材料结构设计往往不是全复合材料,在很多的关键位置仍采用更加可靠的金属结构,这种使用载荷放大的方法需要金属结构有足够的强度裕度,以保证试验能正常进行,通常这类金属结构很难进行单独的试验加强,这可能会给飞机结构设计带来重量的代价。

通过对比上述 3 种环境影响的处理方法,考虑到方向舵实际结构情况,其金属结构主要是操纵接头和铰链接头,强度分析表明接头的安全裕度可以承受考虑方向舵环境影响的放大载荷。因此,方向舵全尺寸静力试验采用了第 3 种环境处理方式。

b. 环境因子计算。

确定环境因子的计算基于许用值试验结果。环境因子的确定方法有两种:选取所有部位对应各种失效模式的最大环境影响系数;综合考虑危险部位及重点考核位置对应的失效模式环境影响系数。

第 1 种方法比较简单,关键就是相关的结构属于过考核,需要具有足够的强度裕度;第 2 种方法则需要对所确定的环境因子进行分析,并且对于没有考核完全的部位进行外推强度分析,用分析表明其在环境影响下仍能满足强度要求。经过综合考虑,针对方向舵结构我们分析了重点考核部位开孔拉伸、开孔压缩、充填孔压缩、连接等失效模式对应的强度裕度及环境影响系数,通过综合分析计算得到一个值作为全尺寸试验的环境因子,在试验中采用了试验载荷放大进行验证。

c. 试验载荷施加。

由于方向舵为复合材料结构,全尺寸试验中需要将载荷放大进行验证。试验工况 EF050001183E 同时也是垂尾的严重工况。如果都按照方向舵的载荷放大系数进行垂尾与方向舵同步加载将对垂尾结构进行过考核,对垂尾结构将带来极大风险,可能会影响后续试验进行。为此在试验加载实施过程中,我们通过计算分析设计了一个加载程序,保证能考核到垂尾和方向舵,同时也不会对垂尾造成太大的影响。

（5）吊挂静力试验。

总体而言,吊挂的静力试验进展较为顺利,但试验中值得一提的有以下两件事情。

① 关于静力试验中是否需要考虑 FBO 载荷及温度场。

在试验方案讨论的初期,局方强烈要求静力试验必须考虑 FBO 载荷工况及温度场的影响,强度专业吊挂团队认为在吊挂静力试验中不需要考虑FBO载荷考核要求及温度场。为此,强度设计人员查阅大量的资料,通过详细的工程分析,最终征得了局方的同意。

② 吊挂后缘角材与机身连接的紧固件钉头被破坏。

在吊挂极限载荷静力试验(向前9g工况)中,吊挂后缘角材与机身连接的最后一颗紧固件被破坏(左侧吊挂钉被拉脱,右侧吊挂的钉头出现裂纹)。产生该问题的主要原因是由于设计不合理,在试验载荷作用下(主要是航向载荷和侧向载荷作用下),吊挂后缘与机身有分离的趋势。由于角材与机身蒙皮通过铆钉连接,限制了吊挂与机身的分离,使得角材与机身连接的端部铆钉承受拉伸载荷,而铆钉承拉能力很低,导致紧固件被破坏。但试验进行到100%保载3 s完成试验,试验结果有效。由于该紧固件破坏部位是次承力结构,因此,并不影响试验符合性。根据试验结果该问题通过分析及设计优化解决。

4.2.2.3 研发试验

1) 中央翼研发试验

(1) 中央翼上壁板长桁及前后梁上缘条压损试验。

① 试验目的。

根据中央翼的受力特点,中央翼上壁板主要受压,按压缩稳定性设计,在材料选用上中央翼壁板长桁和梁上缘条均采用高强度的铝合金挤压型材,这种材料的最大特点就是强度值高,特别是屈服极限强度与拉伸极限强度相当。由于这种材料性能与常规的7000系列铝合金性能上存在较大差异,利用原有的一些经验曲线或试验数据来计算中央翼上壁板和梁的压缩强度,会存在较大误差,因此我们规划了此试验项目,以支持中央翼上翼面结构的静强度分析结论。

② 试验件。

我们采用上壁板长桁与梁缘条的典型剖面设计试验件,试验主要是测定长桁剖面的压损载荷。

③ 试验加载要求。

压损试验件放置在试验机平台中心处,试验机上下平台平面平行,平台平面垂直于试验机轴向力作用线。试验件母线垂直于试验机平台平面,试验件初始施加5%载荷,检查上下两端平面的平行情况,当试验件母线垂直于上下端平面,符合试验条件时再进行试验。整个试验过程中上下两端平面始终保持平行移动,直至试验件丧失承受载荷的能力。

④ 试验结论。

a. 试验机压损破坏过程:在持续加载过程中,较宽较薄的一端自由板元首先发生失稳;继续加载,较窄较厚的一端自由板元发生失稳;最后试验件母线发生失稳,载荷无法继续增加,试验件压损破坏。图4-33为长桁压损试验件破坏状态。

b. 在短柱范围内,对于截面相同的试验件,试验件长度较长的试验要比较短

的试验件实测得到的压损极限载荷
小,说明即使在短柱范围内试验件的
长度对压损极限载荷仍有影响,但影
响不大。

c. 整个试验过程中上下两端平
面要始终保持平行移动,不适合在
MTS 等标准试验件上进行。由于
MTS 标准试验件的加载头上使用球
铰,当桁条有一板元发生失稳后,由
于试验件上下端面不再平行,导致加
载端跟随试验件发生偏转,无法继续
加载。

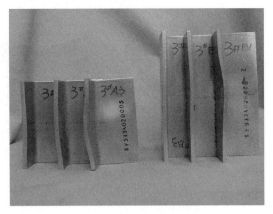

图 4 - 33 长桁压损试验件破坏状态

d. 试验结果表明,采用现有的经验曲线计算铝合金型材的压损强度,偏保守,
计算精度待提高。

(2) 中央翼加筋壁板轴压和气密载荷联合作用下稳定性试验。

① 试验目的。

中央翼上壁板蒙皮和长桁均采用高强度铝合金,这种材料与常规 7000 系列铝
合金相比,最大的特点是强度值高,特别是屈服极限强度值与拉伸极限强度值相
当。在上壁板压缩稳定性分析计算过程中我们会使用一系列的经验曲线对计算结
果进行修正,而这些经验曲线都是依据以往材料的试验获得的,直接使用可能存在
风险。此外,由于上壁板在承压的同时还承受气密载荷的作用,对于壁板在轴压
和气密载荷联合作用下的强度问题,我们未找到可作为强度校核的参考和借鉴
的资料。我们使用的计算壁板在轴压和气密载荷联合作用下强度的方法缺少试
验支持,方法的安全性和准确性无法保证,故规划了此试验项目。通过试验测定
ARJ21 - 700 飞机中央翼上壁板分别在轴压、轴压和气密载荷联合作用下的破坏
载荷,为中央翼壁板强度计算提供可靠的试验依据,为中央翼壁板的适航合格审
定提供依据。

② 试验件。

试验件有两种结构共 12 件,其中 1 号试验件(简化中央翼上壁板前梁处结构)6
件,2 号试验件(简化中央翼上壁板后梁处结构)6 件,各取 3 件用于纯轴压试验,另
外 3 件用于轴压和气密载荷联合作用的试验。试验件结构示意图如图 4 - 34 所示。

③ 试验方案。

a. 试验件支持和加载。

试验件的支持和加载要求:试验件夹持段和加载接头不允许强迫装配。试验
装置及其安装要保证施加的载荷轴线通过试验件试验段截面的形心,载荷通过夹
具要均匀地作用在试件上。

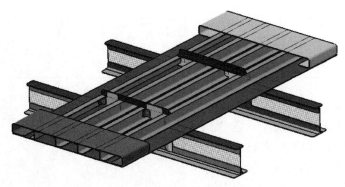

图 4 - 34   中央翼壁板稳定性试验结构

为了满足试验加载要求,我们设计了专门的加载装置。该装置使试件、作动筒和加载框架在面内形成一个自成平衡的承力系统。

b. 试验步骤。

(a) 系统调试。重复加载两次,考核系统工作能力。

(b) 预试。检查应变测量结果是否符合试验条件。如果符合,卸载后做正式试验。

(c) 正式试验。逐级加载至试验件破坏。

每级载荷加载完毕均要记录下各应变片和位移传感器的测量值。若试件在某级载荷下破坏,则记录破坏载荷和破坏形式。

c. 支持系数调试。

采用长、宽尺寸与试验件一样大小的 40 mm 厚的铝板进行支持系数的调试,如图 4 - 35 所示。调试件两端夹持与试验件基本一致,试验设备与正式试验一致,如图 4 - 36 所示。

d. 试验件安装姿态调试。

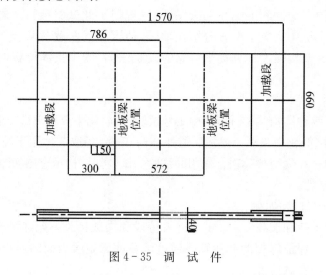

图 4 - 35   调 试 件

图 4 - 36 压缩加载设备

通过壁板上下、左右、内外应变的比较,我们微调试验件的夹持状态,在载荷较小、蒙皮尚未屈曲的情况下,外载荷通过壁板的形心位置,试验件各位置应均匀受载,各位置应变值接近(见图 4 - 37)。

图 4 - 37 试验件屈曲形式

e. 试验结果。

(a) 试验件破坏历程:随载荷的增加,蒙皮皱褶,促使部分铆钉拉脱,进而导致长桁下缘条折裂或与蒙皮分离;随着载荷继续增加,长桁扭曲、压损或长桁腹板压塌,长桁腹板和长桁下缘条的连接处撕裂,试验件整体失稳破坏,如图 4 - 38 和图 4 - 39 所示。

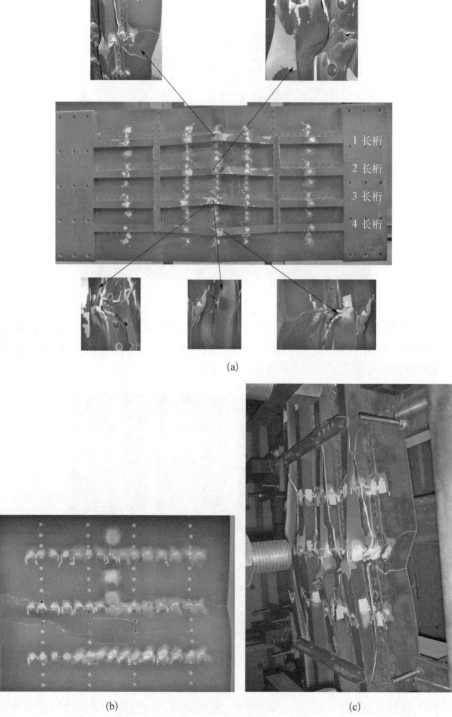

图 4-38 试验件 1#-1 破坏形式(轴压)

(a)试验件长桁面 (b)试验件蒙皮面 (c)试验件侧视图

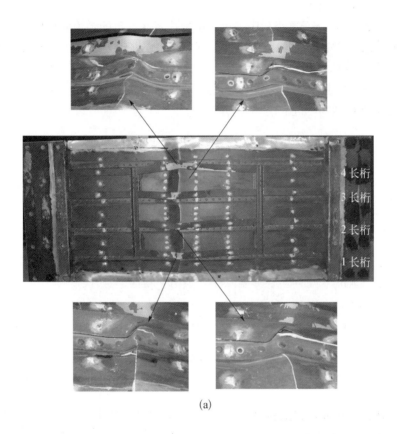

(a)

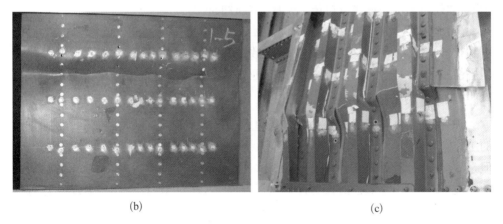

(b)　　　　　　　　　　　　　　　　　　(c)

图 4 - 39　试验件 1#-5 破坏形式(轴压—气密)

(a) 试验件长桁面　(b) 试验件蒙皮面　(c) 试验件侧视图

（b）气密载荷使壁板承弯，蒙皮侧受压；气密载荷使壁板承压能力降低，但对蒙皮屈曲载荷的影响很小。

（c）用于 ARJ21 - 700 飞机中央翼上壁板稳定性分析的经验曲线偏保守，特别是长桁较弱的前梁区结构，理论分析结果与试验结果误差较大，静强度分析结果偏保守。

f. 试验经验总结和问题分析。

（a）蒙皮的屈曲状态无法通过目视进行观测，主要通过在蒙皮内外表面应变片的测量数据进行判断，如图 4 - 40 所示。

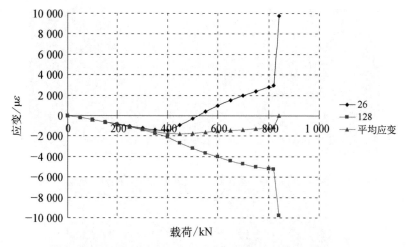

图 4 - 40　试验件 1♯ - 2 试验段中截面 3♯～4♯ 长桁间蒙皮内外表面载荷—应变曲线

（b）试验件从失效到试验停止，虽然试验有过载保护系统，但无法在试验件失效瞬间卸载，我们所看到的都是二次破坏以后的一个状态，影响对壁板失效模式的判断，建议可利用高速摄像机记录壁板失效时的状态。

（c）地板纵梁的支持系数在试验中无法测量，理论分析可以通过壁板受力状态下的变形情况来反推地板纵梁的支持系数，实际中无法操作，试验中可以做的就是尽可能使地板纵梁假件的支持接近真实地板纵梁的支持。

4.2.3　疲劳损伤容限验证工作

ARJ21 - 700 飞机是按照损伤容限理念设计的一款喷气式支线客机，根据正常的工作流程，初步设计阶段需要对主要的结构细节进行疲劳分析和损伤容限分析。但是我国疲劳和损伤容限分析起步较晚，我们在初步设计阶段时，尚处于方法研究的阶段，仅对三四个部位的疲劳品质进行了评估，而对于损伤容限，则没有进行任何工作。

4.2.3.1　疲劳损伤容限分析

1）疲劳分析方法

疲劳分析方法参照《民用飞机金属结构耐久性与损伤容限设计（上册）》的要求

进行,使用的载荷谱为当量载荷谱,从 2002 年开始,疲劳强度室根据手册中推荐的方法,仔细研究每一个表格,编制出计算表格,对每一个载荷情况、应力计算、损伤累积计算、主循环计算、疲劳裕度计算在 Excel 里进行了集成,分为短、中、远 3 个使用任务剖面,结构细节疲劳分析人员根据集成后的表格,参照手册中规定的方法对所有细节部位进行了疲劳分析,编制适航符合性报告 130 份,并根据分析过程中遇到的实际问题,对计算程序进行了迭代和完善。

2) 损伤容限分析和试验载荷谱

损伤容限分析及疲劳试验采用的应力谱为飞—续—飞疲劳载荷谱,可借鉴的资料很少,公开发表的 TWIST 编谱技术只提供了原理性准则,就如同适航条例一样,如何实现准则的要求是 TWIST 编谱技术的核心,每个飞机制造商都有自己的方法去实现,并对外严格保密。强度部组织了当时国内最权威、具有几十年研究载荷谱经验的几位专家开始进行 TWIST 编谱技术的研究。经过 3 年多艰辛的探索,最终攻克了全部核心技术,最终完成了《飞—续—飞疲劳载荷谱编制方案及其实现方法》。为后续的损伤容限评定和全尺寸疲劳试验奠定了坚实基础,飞—续—飞疲劳载荷谱编制的总流程如图 4-41 所示。

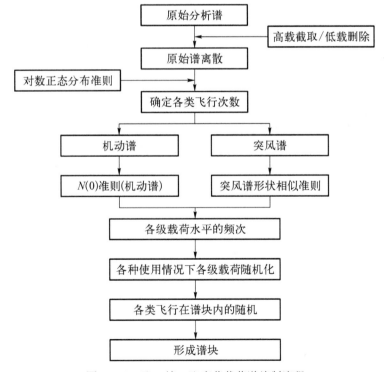

图 4-41 飞—续—飞疲劳载荷谱编制流程

ARJ21-700 飞机飞—续—飞疲劳载荷谱采用了 5×5 谱形式,即按照飞行的严重程度,分为 A、B、C、D、E 5 类飞行,按照载荷的严重程度,又分为 5 级载荷水平,同时将整个设计服役目标分成 10 块,块谱重复 10 次完成一倍设计服役目标。

TWIST 编谱技术研究的主要内容如下:

(1) 制定试验用的典型任务剖面及设计服役目标。

ARJ21-700 飞机用于疲劳计算的典型任务剖面有短程、中程、远程 3 个,我们分别计算了每个剖面的疲劳裕度,并要求所有的疲劳裕度大于 0,这样就涵盖了所有营运情况。而在全机疲劳试验中,我们不可能也没有必要将所有的剖面都进行试验,而是选定一个合适的典型试验剖面。试验剖面选取得是否合理,将直接关系到试验结果的合理性,甚至试验的成败。上飞院组织国内外专家,认真听取各方意见和建议,针对民机结构的疲劳损伤主要由地空地损伤构成以及起落次数是主要考核目标的特点,同时又参考国外先进民机全尺寸疲劳试验剖面选取的经验,综合短、中、远 3 个任务剖面的参数,我们最终确定使用新的 1 h 剖面为疲劳试验剖面,损伤容限分析采用的剖面也是 1 h 任务剖面。

(2) 确定谱块数、载荷级数、飞行类型数。

1 h 任务剖面的飞行时间为 1 h,飞行次数为 50 000 次起落。根据任务剖面参数和 5×5 谱原理,我们将整个寿命期分为 10 块,每块代表 5 000 次飞行,整个寿命期内载荷由该谱块重复 10 次来模拟。按照飞行的严重程度分,一共有 5 类飞行,从最强到最弱依次为 A、B、C、D、E 谱,同时按照载荷的严重程度,我们将载荷分为 5 级水平。

(3) 确定高载截取及低载删除的载荷水平。

高载截取的目的是避免使用中极少出现的高载造成的高载迟滞效应导致试验给出偏危险的结论,低载删除的目的是去除大量对机体结构不产生损伤的小载荷,以此来缩短试验周期,降低试验成本。对于 ARJ21-700 飞机,高载截取是取在整个寿命期内累计出现 10 次的载荷级定为高载截取水平,即 5 000 次飞行出现 1 次的载荷。低载删除水平是通过试验确定、选取机翼根部下壁板最大应力部位的应力谱和材料,对同样的试验件施加不同级别的载荷,通过各级载荷对裂纹扩展试验结果的影响程度确定低载删除水平,最终将其确定。

(4) 连续分析谱离散。

建立了连续谱离散方法、离散区间边界载荷和代表载荷计算公式,我们得到的连续谱离散如图 4-42 所示。

(5) 突风极值载荷对数正态分布准则建立。

根据 TWIST 编谱原则要求,每类飞行突风载荷增量的最大极值应大致呈对数正态分布。因此,依据概率论与统计学知识,我们建立了一个正态分布的概率密度函数,经过一系列的数学推导,建立相应的求解目标函数,并提出了使用拉网式搜索算法计算均值和方差的方法,最后通过"分配次数的等三角形法",求得了各类飞行的出现概率和一个谱块内的出现次数,其流程如图 4-43 所示。确定各类飞行次数的等三角形法示意如图 4-44 所示,极值载荷满足对数正态分布示意如图 4-45 所示。

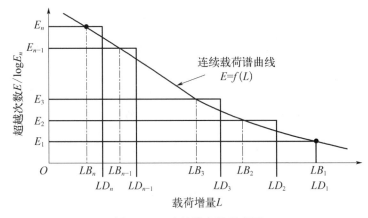

图 4-42 连续谱离散示意图

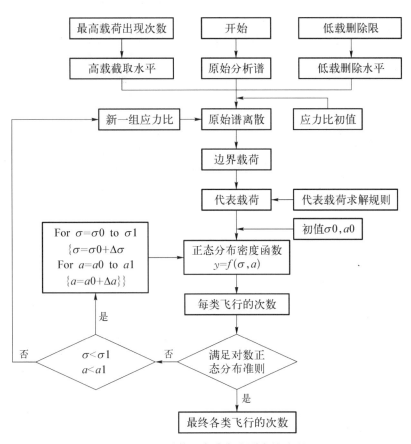

图 4-43 对数正态分布准则实施流程

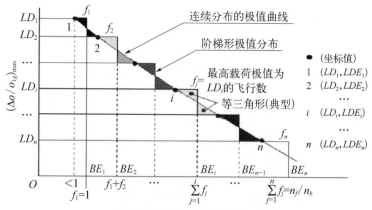

图 4-44 确定各类飞行次数的等三角形法示意图

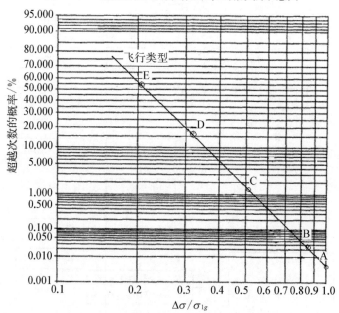

图 4-45 极值载荷满足对数正态分布示意图

（6）突风谱形状相似准则建立。

根据 TWIST 编谱原则要求，虽然不同飞行类型的突风谱的强度随气候条件而变化，但具有大致形状相似的特点，即不同飞行类型的突风谱曲线形状大致相似。根据这一要求，我们提出了连续谱与其离散后的阶梯形连续谱的外包线或内包线具有相似性的原理，解决了突风谱形状相似的要求。我们通过数学推导建立了一套突风载荷谱形状相似方程，通过相似比例系数法，按照适当的比例系数，可方便、快捷地实现突风谱形状相似，进而得到每类飞行每级载荷的频数。其流程如图4-46所示，谱包线法如图 4-47 所示，谱形状相似如图 4-48 所示。

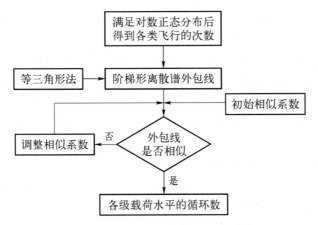

图 4-46 突风谱形状相似准则实施流程

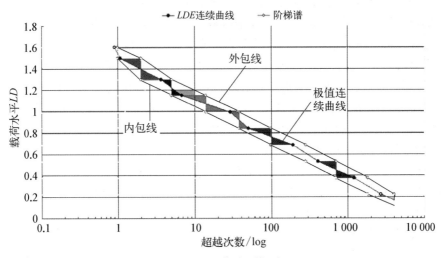

图 4-47 谱 包 线 法

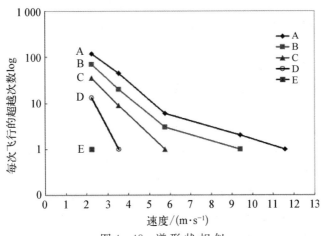

图 4-48 谱 形 状 相 似

(7) 每次飞行机动谱循环数近似相等准则建立。

根据实际编谱特点，一旦我们根据任务剖面中的某个使用情况确定了各类飞行次数，则该次数直接适用于其他使用情况的突风谱和机动谱。同时我们又根据飞机在航线运营时的机动情况，规定了各类飞行每次飞行的机动循环数近似相等准则。如对于地面机动段，各类飞行每次飞行的循环数处于同一量级，对于空中机动段各类飞行每次飞行的循环数大致在两个数量级之内，从而确定了各类飞行每次飞行机动载荷的频数。

(8) 编制相应计算程序和随机程序等。

在实现"突风极值载荷对数正态分布准则""突风谱形状相似准则"以及在载荷和飞行类型随机处理过程中，需要处理大量的数据。使用 Fortran 语言和 Excel 中的 VBA 语言编程实现了上述过程中的算法，大大提高了编谱效率。

详细设计阶段时，我们对结构细节的疲劳分析是边研究方法边进行分析，而且很多部位分析不够充分，第一次正式编制疲劳分析报告时，就是第 3 轮疲劳载荷；第 3 轮疲劳报告编制接近尾声时，最终的疲劳载荷出炉，也就是 3.5 轮疲劳载荷，疲劳强度分析的要求是对细节部位进行分析，由于大家对细节部位的理解有差异，所以最终总师系统决定，对所有的连接、过渡区域和开口区域均要进行疲劳分析。但中后机身和外翼结构原由中航工业第一飞机设计研究院（一飞院）负责，2010 年交接的时候，一飞院只提供了部分细节部位的疲劳品质计算，没有相应的疲劳计算结果。由于疲劳分析不够充分，在完成 01、02、101、102、103、104、105 等飞机组装后，我们发现相关细节部位出现疲劳强度不满足要求的情况，需要进行结构更改，给型号取证进度带来很大影响，同时由于受到结构更改空间及构型控制的限制，新的更改方案并不是最优的设计方案。

3) 损伤容限分析

ARJ21‐700 飞机是按损伤容限的设计理念进行设计的，国内用于工程应用的研究较少，按照正常的设计程序，从初步设计开始，研究人员就要同步进行损伤容限分析，分析和设计同步进行。2003 年至 2007 年，根据《民机结构耐久性与损伤容限设计手册（下册）》中的相关要求，我们对手册中相关应力强度因子计算进行了研究，并对飞机机身产生两条跨裂纹情况下的剩余强度进行了分析，损伤容限分析工作没有实质性开展。损伤容限分析工作实际开展的时间是 2007 年，通过国外专家在院内的讲座，强度部发现，其提供的方法、思路可以推动 ARJ21‐700 飞机的损伤容限分析工作的开展。在国外专家的帮助下，我们引进了分析软件 NASGRO，并对飞机上具体结构的模型简化和分析计算进行了实战演示，最终总师系统决定用 NASGRO 软件进行 ARJ21‐700 飞机结构的损伤容限分析；但时间有点晚，2007年 12 月，第 1 架飞机下线时，仅完成了前机身 10 个部位的损伤容限分析。由于真正分析时，飞机已经设计完成，并完成了相关试验机、试飞机的制造，构型已基本冻结，不能大改，也就是分析和设计已不具备迭代的关系。2012 年，强度部完成了全机所有 PSE 结构的损伤容限分析,共 114 份,并和国外专家对每一个部位的分析思路进行了讨论;根据分析结果,有些部位的检查门槛值和检查间隔相对较低,尤其是中央翼和外翼的一些结构细节,虽然不影响飞机的取证,也不影响飞机的安全,但影响了经济性,较频繁的检查会导致航空公司成本的增加。

在具体的损伤容限分析过程中,我们总结出 ARJ21 - 700 飞机金属结构的损伤容限分析实施方法,包括损伤容限分析对象、分析的部位、典型结构的开裂模式、初始裂纹的假设、可检裂纹尺寸的确定、损伤容限分析的步骤、分散系数的确定及分析结果等。

4) 损伤容限分析流程

在分析的过程中,我们总结出一套损伤容限的分析流程,损伤容限的分析流程如图 4 - 49 所示。

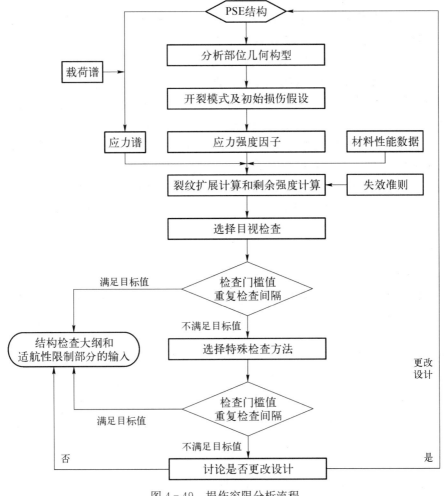

图 4 - 49 损伤容限分析流程

确定分析流程后,根据 NASGRO 软件,我们确定每个分析对象的分析步骤。

(1) 我们选择合适的裂纹开裂模式,对具体结构进行简化,最终简化成 NASGRO 的分析几何模型。

(2) 从软件自带的材料数据库中选用需分析的结构材料性能,并考虑材料的纤维方向。对于易腐蚀部位要选用腐蚀环境下的裂纹扩展性能数据。

(3) 根据全机有限元的疲劳载荷内力解计算细节部位的应力,并编成 5×5 谱,输入到软件中,进行雨流处理。

(4) 计算各应力 S_i 的系数,输入到分析几何模型的相关参数栏内。

(5) 根据全机有限元剩余强度载荷内力解计算细节部位的剩余强度应力,并输入到软件中。

(6) 执行软件计算功能,输出裂纹长度—裂纹扩展次数曲线、临界裂纹长度—临界裂纹扩展寿命曲线。

(7) 根据裂纹扩展寿命、可检裂纹长度以及分析对象的实际位置,选择合适的检查方法,计算检查门槛值和重复检查间隔。

2012 年 8 月份开始,局方开始对损伤容限分析方法进行适航审查,申请人先向局方介绍了 NASGRO 软件的情况、分析的思路、分析结果的研发试验验证及可靠性程度、具体的算例等;紧接着,局方要求对申请人编制的损伤容限分析方法进行具体的审查,给出了相应的审查意见,内容包括剩余强度分析的具体实施、框剪切角片在损伤容限分析中的考虑、材料数据库中材料性能的替代、分散系数的取值、检查中漏检的考虑、最小缺陷的考虑等。申请人在进行了具体的分析,并向国外专家咨询、查阅了具体的资料后,给予了回答和解释。经过近一年的多次审查,2013 年 7 月份,局方同意正式开始损伤容限报告的审查。2014 年 9 月,全机共 114 份损伤容限分析报告得到了局方的批准。

4.2.3.2　疲劳损伤容限试验

1) 疲劳研发试验

为验证相关典型结构设计的疲劳品质,我们进行了一些研发试验,验证疲劳分析的方法。研发试验的主要试验项目有:机身典型长桁接头疲劳品质及长桁排水孔疲劳寿命试验、机身壁板对接疲劳品质试验、机身典型开孔疲劳品质试验、中央翼油泵开口疲劳品质试验等。

ARJ21 - 700 飞机疲劳分析方法研发试验相对较少,但基本达到了目的,验证了分析方法是保守的、可靠的。

其中,机身典型长桁接头疲劳品质及长桁排水孔疲劳寿命试验,是强度部承担的第一个疲劳研发试验,具有重要的意义。试验件共 42 件,7 组。试验件设计时,研究人员没有对夹持端进行细化、定量的分析,只是定性地认为,夹持端的疲劳性能比试验段好,不会提前破坏;实际试验时,夹持端提前破坏。后经细化有限元模型分析、试验件设计时,设计人员仅根据静强度等效的原则对夹持端进行设计,没有考虑平缓过渡,导致细节部位应力集中过大,疲劳强度不满足要求。后来经过分析,我们对试验件夹持端进行重新设计,并对所有的试验件进行补充加工,保证了试验的顺利进行;所以后续的疲劳研发试验,在试验件设计时,试验件均被要求进行细化有限元模型分析,确保试验件的设计满足要求。

2)全机疲劳试验

根据 CCAR-25.571 条款的要求,我们需进行全尺寸疲劳试验,以验证飞机主结构在设计服役目标内不发生广布疲劳损伤、暴露机体细节结构的设计缺陷,同时验证疲劳分析方法。全尺寸疲劳试验包括全机疲劳试验和部件疲劳试验。

2010 年 6 月底,静力试验全部完成,疲劳试验机 02 架机正式交付,疲劳试验开试迫在眉睫,受到了公司和院级领导的高度关注。申请人梳理了试验前需要进行的工作,逐项进行清理和攻关。

(1)试验机制造偏离的评估及适航符合性。

疲劳试验机生产过程中产生了 1 000 多份代料单和 1 000 多份超差单,申请人在专业副总师领导下,多次与局方进行沟通和交流,充分表达自己的观点,接受局方审查代表的意见,局方的适航代表就超差和代料的评估要求和思路先后发生了多次改变,申请人就局方的要求和意见进行了反复多次的超差和代料的分类和分析工作。最终,申请人和局方就如何表明 02 架机的制造偏离符合构型要求达成一致,即一方面对所有的超差和代料进行分析评估,另一方面对典型超差和代料类型规划相关补充试验,以验证分析方法。完成这些工作后,试验机的构型于 2010 年 8 月中旬得到了局方的批准,这项工作从开始分析审查到最终批准总共历时 1 年多。

(2)试验前工作的梳理和统计。

① 编制和提交适航符合性文件。

为了按照计划顺利开试,疲劳试验攻关队梳理出试验前需编制和提交适航审批的文件和报告,共 76 份。文件和报告严格按照符合性报告要求编制,在预备DER 的建议下更改完善后提交局方批准,并设专人及时汇总文件的适航批准情况和督促需修改文件的重新提交,对于审查代表提出的合理要求逐一落实,并做到举一反三,减少适航审查次数。

② 机上准备工作。

开试前机上的准备工作繁多,每项工作都会影响试验的正常进行,因此,我们必须对机上的准备工作进行梳理,做到无一遗漏。攻关队对开试前需要在飞机上实施的工作进行了逐一清理,汇总出 23 项需实施的工作,如表 4-4 所示,并协同试验负责单位中航工业飞机强度研究所(623 所)逐项落实。

(3)试验加载方案。

为了使试验加载更为合理,减少加载点,便于全机加载点的协调加载和杜绝加载设备在试验周期内发生故障,在进行充分的分析后,我们在机身地板横梁加载和机翼、尾翼的加载方案上提出了独特的方法。

表 4 - 4　全机疲劳试验机上实施工作

序　号	名　称	序　号	名　称
1	机翼卡板安装	13	作动筒油路安装
2	平尾卡板安装	14	扣重点安装
3	垂尾卡板安装	15	应变片粘贴、应变片电缆焊接
4	襟翼拉压垫安装	16	位移传感器安装
5	副翼拉压垫安装	17	位移、应变测量系统测试
6	升降舵拉压垫安装	18	控制系统测试
7	方向舵拉压垫安装	19	加载点联点
8	机身杠杆安装	20	加载点单点调试
9	作动筒调试	21	全机联调
10	机翼、机身作动筒固定座安装	22	全机静态调试
11	检查平台安装	23	全机疲劳谱调试
12	作动筒安装		

① 机身地板横梁的加载。

疲劳试验机的不同部位由于载荷情况的差异,采用了不同的加载方式。其中机身地板横梁的加载情况特殊,如果采用国际上通用的做法,直接在地板横梁上施加客载,需要在机身下部开口来实现,大量开口将会影响到壁板本身以及周围连接结构的传载和应力分布。为此,攻关队通过多方调研和咨询专家,最终决定采取直接加载和间接加载相结合的方法来实施。

在试验机加载装置已经搭建好的状态下,机身共 8 个框站位的客载通过机身下部开口直接施加到地板横梁上;其余部位的客载与气动载荷、惯性载荷合并后使用胶布带—杠杆系统间接施加。并且我们通过分析和试验表明了这些部位的加载满足整体设计要求。

② 机翼和尾翼的加载问题。

对于机翼和尾翼的加载,全机静力试验采用胶布带加载,疲劳试验考虑到周期长,胶布带的疲劳性能可能承受不了反复的加载,同时,胶布带加载时,不能正反两个方向加载,导致加载点偏多,协调加载的难度增大。我们通过反复研究和讨论,最终决定机翼和尾翼采用卡板和拉压垫加载的方式,同时分析加载的位置,协调卡板加载需要打孔的空间,确保确定的控制剖面的弯矩、剪力和扭矩,最终保证机翼和尾翼的加载问题得以解决。

(4) 符合性文件的适航审查。

在众多的符合性文件中,疲劳试验载荷谱方面文件的审批最为困难。

ARJ21 - 700 飞机全机疲劳试验为适航符合性验证试验,试验载荷谱对整个试验至关重要。试验前,局方对试验载荷谱提出了种种质疑,包括对动态放大因子的考虑、对离散突风问题的考虑、对最小气密压差的考虑、对谱中各级载荷下平衡机翼重量的考虑、对发动机推力的考虑等。

申请人一方面搜集国内外相关疲劳试验的资料，另一方面咨询受 FAA 信任的专家，在国外专家的帮助下，给予了相应的解释和回答，使试验载荷谱顺利地通过了适航的审查。

（5）CAAC 和 FAA 的现场审查。

02 架机试验前的准备工作于 2010 年 10 月份集中展开。攻关队深入阎良试验现场，积极准备材料，现场集中办公，迎接适航审查。除了准备和编制试验文件外，我们还考虑 CAAC 和 FAA 在审查中可能要问到的问题，提前准备资料和报告。

中、英文版试验大纲的适航审查中，根据局方的修改意见，我们前后共修改了 7 版，最终提交的为 G 版。

2010 年 11 月 10 日，CAAC 进行现场集中审查。2010 年 12 月 5 日，疲劳试验机进入可以开试状态。该准备的、该想到的都一一到位。

2010 年 12 月 6 日，FAA 专家到达阎良，对全机疲劳试验进行影子审查。FAA 专家审查了全机疲劳试验大纲、参观了疲劳试验机，并向申请人提出相关问题，申请人根据先前准备的材料及时做出回答。通过观察 CAAC 的审查过程，FAA 对疲劳试验的技术水平、材料准备和适航审查给予了很高的评价。

（6）试验中的数据处理。

试验开试后，现场需分析和处理来自试验过程中产生的大量数据，包括位移测量数据、静态测量应变片数据、动态测量应变片数据、试验支反力、试验载荷反馈值等。

这些数据的分析结果是试验能否继续进行的判据，分析速度直接影响试验的进度。申请人根据现场数据的生成方式，编制了相应的处理程序，大大减少数据比较的工作量，间接提高了试验的速度。

（7）试验故障处理。

全机疲劳试验的目的之一就是暴露机体结构的设计缺陷，为细节部位的设计更改提供依据。ARJ21 - 700 飞机作为全新设计的飞机，部分细节部位的设计缺陷不可避免地在试验中予以暴露。

经过多次故障的处理，我们对现场故障问题的处理总结出一套处理的流程和办法。根据故障的类型、特点以及重要程度将其进行分类，重点关注关键结构的问题，尤其是影响较大的问题。

2011 年 5 月 21 日，ARJ21 - 700 飞机 02 架机全机疲劳试验进行到 2 684 次起落时，巡检人员听见试验机发出较大响声，经检查发现左机翼主起收放作动筒接头底板断裂，试验中止，同时适航发出通报，外场试飞机停止飞行，试验故障问题影响较大。

现场指挥部紧急召开会议，并成立攻关组（521 专题攻关组）对裂纹问题原因进行调查,根据任务的轻重缓急,首先对超过试验次数规定的连接接头进行了更换,同时给出了试飞机的飞行限制报告,讨论编制了全机疲劳试验后续的验证思路和验证计划。

经过3个多月(从5月21日至9月7日)的攻关,全机疲劳试验得以恢复。其间,攻关组队员对机翼主起收放作动筒接头故障进行了充分的分析,解决了主起收放作动筒接头及其连接区域的疲劳问题,并开展举一反三的复查工作,对其他有风险的部位都有了充分的防备或预案,为后续试验试飞的顺利进行提供了保障。

攻关期间,2011年7月11日,FAA审查代表来到西安,听取了申请人对试验开试以来的过程控制和对试验故障的处理情况汇报,并在现场查看了疲劳试验机后,给出了很高的评价,认为申请人的工作细致,严格按照适航程序进行了相应的工作,试验结果真实有效。

主起收放作动筒接头故障虽仅为一个接头,但涉及的面广,有外商LLI、载荷、结构、强度、液压等几个专业,不仅影响02架机的疲劳试验,还影响101～104架机的试飞安全和后续架次的生产制造。根据试飞进度的安排,现场指挥部果断决策,更换101和102架机的主起收放作动筒接头,同时发出各架试飞机的限制飞行。新接头生产完毕后,103和104架机的接头立即进行更换,确保试飞的安全,保证了试飞取证正常进行。

ARJ21-700飞机主起收放作动筒接头裂纹故障是102架机遇到的第1个主结构出现裂纹的故障,521专题攻关组队员在领导班子的指导和关心下,采用现场集中办公的方式集智攻关,攻关队员精诚团结,从各个方面考虑问题,以团队的力量确保了新接头方案设计的如期完成,为后续类似的试验故障和技术攻关积累了宝贵的经验。

2014年12月31日,全机疲劳试验共完成20 000次起落循环,已达到适航取证的要求,申请人编制了阶段性的试验报告和试验分析报告,并根据试验结果对航线飞机进行了6 000飞行起落/fh的限制,得到了局方的批准。

(8) 全机疲劳试验载荷谱优化。

ARJ21-700飞机02架机全机疲劳试验在2010年12月20日正式开试,截至2014年12月31号,已经过4年,累计完成20 000次起落,试验进展较慢,试验进展过慢会造成以下问题:① 延迟设计缺陷暴露时间,对飞行安全造成隐患。② 增加后期结构更改成本及航空公司运营成本。③ 增加全机疲劳试验成本。④ 影响型号及公司的声誉,甚至影响型号的市场份额等。

造成试验进度过慢的原因主要有两条:① 试验故障处理造成的停机时间过长,4年里,有效的试验时间只占35%;② 疲劳载荷谱过于复杂,公开的资料显示,波音公司的B767全机疲劳试验谱中载荷循环数平均为52个/飞行起落,而ARJ21-700飞机平均为284个/飞行起落。

为加快ARJ21-700飞机全机疲劳试验进度,COMAC对影响试验进度的两条主要原因进行了仔细分析,制定以下方案:① 公司成立专门的 IPT 团队,团队成员包括设计人员、分析人员、工艺人员和试验人员,每一部段有专人负责,一旦出现试验故障,将投入 100% 的力量立即进行分析和处理,确保以相对短的时间完成试验故障的处理;② 对试验载荷谱进行简化,通过删除谱中对试验机各结构细节的疲劳累积损伤贡献可忽略不计的载荷循环来减少谱中载荷循环数,以此达到加速试验的目的。

关于试验载荷谱简化,申请人在飞机取证前已开展相应的工作,包括载荷谱简化原则确定、载荷谱简化分析、研发试验方案确定、研发试验结果分析,最终形成简化分析报告,并及时与局方代表进行了沟通和交流。

2015 年 9 月底,申请人完成了载荷谱简化的全部工作,认为在 02 架机全机疲劳试验中实施简化后的试验载荷谱的时机已经成熟,特向审查组正式提出申请。2015 年 11 月,审查组接受了该申请,并批准了修改后的试验载荷谱和试验大纲。2016 年 1 月,02 架机实施了优化后的载荷谱,相比优化前,试验速度提高 1 倍,每天可完成 90～100 次飞行起落的试验。

通过全机疲劳试验项目的实施,我们摸索出全机疲劳试验的适航符合性验证思路和方法;掌握了全机疲劳试验技术,为后续机型的全机疲劳试验奠定了基础;掌握了全机疲劳试验飞—续—飞载荷谱编制技术;培养和锻炼了一批疲劳和损伤容限专业人才。

3) 损伤容限试验

CCAR-25.571(a)、(b) 条款对结构的损伤容限评定进行了要求,并指出"判明其破坏会导致飞机灾难性破坏的主要结构元件和细节设计点"对其"进行有试验依据的分析"。AC-25.571-1D 以及《ARJ21 飞机耐久性和损伤容限设计原则》和《ARJ21 飞机结构损伤容限分析方法》中明确指出,损伤容限评定主要是分析性的,但必须做充分的试验,以验证分析方法,包括剩余强度分析方法和基本的裂纹扩展分析方法。

也就是说,损伤容限试验并非完全验证实际结构,而是为分析提供依据和支持,结构的损伤容限评定主要依赖分析。因此,损伤容限试验中采用经过简化的主结构元件或模拟件作为试件。

ARJ21-700 飞机在进行疲劳和损伤容限试验规划时,全机疲劳和损伤容限试验拟进行以下两项试验:2 倍设计服役目标的疲劳试验和 0.5～1.0 倍设计服役目标的裂纹扩展试验。其中,损伤容限试验中的剩余强度试验,规划了相应的部件试验。

2010 年 FAA 颁布了 FAR25-132 修正案,需要追溯到已经取证的飞机和未取证的飞机,ARJ21-700 飞机要取得 FAA 证,就需要符合此条款,即使目前暂不取FAA 证,将来某一天,CAAC 将此内容纳入适航条款中,也需要对 ARJ21-700 飞机进行追溯,所以需提前一并考虑。通过对条款内容的理解,结合 AC-25.571-1D 的指导意见,ARJ21-700 飞机 02 架机拟进行 3 倍设计服役目标的疲劳试验,疲劳试验后,需要在全机上进行剩余强度试验或者拆毁检查以验证机体结构不发生广布疲劳损伤。由于进行过剩余强度试验或者拆毁的 02 架机已不能继续进行裂纹扩展试验,且 02 架机不再进行人工预制裂纹,所以部件试验件需要另外规划以进行裂纹扩展和剩余强度试验。根据我们和适航局方的多次交流,2012 年 12 月双方达成了一致意见,进行下列 4 项损伤容限试验:机身壁板、外翼壁板、框对接接头、前起收放作动筒接头。

适航审查过程中,局方提出对襟缝翼滑轨类似的接头要安排相应的损伤容限试验,申请人考虑到滑轨试验的试验件设计难度较大,且后续如果需要,可以在襟缝翼疲劳试验完成后,在襟缝翼试验件上预制裂纹进行裂纹扩展试验,局方表示同意。下面是具体对外翼壁板和机身壁板试验的方案简介。

(1) 外翼壁板损伤容限试验。

根据 ARJ21 - 700 飞机发图后全机疲劳有限元解,外翼上壁板主要承受压缩载荷,下壁板主要承受拉伸载荷,压—压载荷对损伤容限无影响,因此,以外翼下壁板作为本试验的验证对象。

外翼下壁板结构形式复杂,蒙皮沿展向和弦向均有曲率,且蒙皮厚度从前梁到后梁逐渐增加,从翼根到翼梢先增加后减小;长桁截面在不同的肋站位之间也有差异,给试验考核部位的选取和试验件形式的确定带来一定的困难。

首先,根据 ARJ21 - 700 飞机外翼下壁板 3.5 轮损伤容限报告中的损伤容限关键部位,我们参考 AC - 25.571 - 1D 中给出的机翼 PSE 的典型实例,选取下壁板蒙皮和长桁典型连接结构进行考察。并选定外翼下壁板 2~3 肋靠近后梁的高应力区为试验考核部位(见图 4 - 50),试验件选定蒙皮为等厚度平板,长桁截面形状相同。

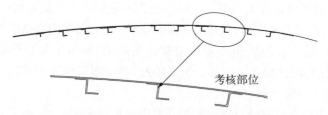

考核部位

图 4 - 50　外翼下壁板 2~3 肋之间截面

同时按以下原则对试验件进行简化,以确定具体形式和尺寸: ① 蒙皮和长桁几何参数取典型尺寸,蒙皮为平板,长桁截面相同;② 保证蒙皮和长桁的加强比 R_s ($R_s = A_{str}/A_{skin}$)与实际结构一致;③ 选取可能开裂模式中较危险的形式确定初始损伤。

试验件由 5 根长桁和 1 块蒙皮组成,长桁为"Z"字形截面,与考核部位典型尺寸相同(见图 4 - 51)。为了保证考核段应力均匀且加载段不出现裂纹,根据 GB/T 6398—2000 和 ASTM E561 - 10 的建议,试验件长度取宽度的 3 倍左右。

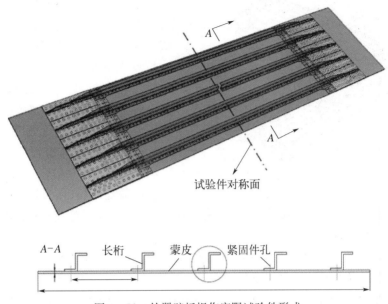

图4-51 外翼壁板损伤容限试验件形式

（2）机身壁板损伤容限试验。

机身壁板损伤容限试验包括纵向裂纹和环向裂纹两类试验，试验件为蒙皮、长桁和框组成的曲板结构，试验布置了7根长桁、5个部分框段，纵向裂纹试验件设计成中间的框断裂，环向裂纹试验件设计成中间的长桁断裂，在蒙皮上预制初始中心穿透裂纹，以验证机身壁板的损伤容限分析方法。

① 纵向裂纹试验。

试验件如图4-52所示。

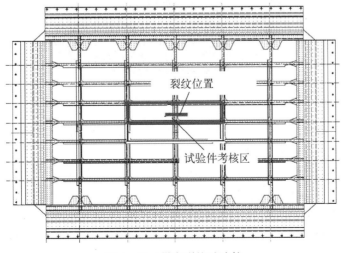

图4-52 纵向裂纹试验件

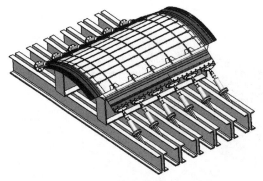

图 4 - 53　卧式、自平衡试验加载装置

考虑到试验件的受载形式,我们设计了卧式、自平衡试验加载装置对试验件进行加载,如图 4 - 53 所示。试验装置主要包括:压力盒、充压系统、均载器、杠杆系统、加载框架等。试验前将已经黏结有气囊的试验件放在压力盒上,通过给气囊充压来施加增压载荷。气囊两端各留有一个接口,一个与充压系统连接,另一个与过压保护系统连接,在过压保护系统管路的合适位置接入压力传感器和压力表。其中压力传感器与控制系统相接,压力表只用于试验现场观察。

根据研发试验结果表明,在充压载荷作用下蒙皮应力水平明显高于 ARJ21 - 700 飞机全机静力试验测量值及全机有限元分析结果。经分析,导致这两组试验蒙皮应力水平过高的原因是:受试验装置的限制,试验中不能实现对框约束(试验件形式见图 4 - 54),导致充压载荷完全由蒙皮承受。

框端头斜削

图 4 - 54　试　验　件

载荷由蒙皮承受,由于载荷偏心而产生了附加弯矩,此附加弯矩使框受压,如图 4 - 55 所示。

如果框参与承受充压载荷,那么图 4 - 55 中作用力 F 作用在截面 A - A 的形心上,没有附加弯矩,蒙皮和框都只有拉应力。

考虑到国内机身壁板损伤容限试验的试验能力,申请人建议采用如下方案进行 ARJ21 飞机机身壁板适航验证试验:试验件形式和试验装置不变,在进行纵向裂纹扩展试验时,降低增压载荷,使试验件蒙皮环向应力水平与全机静力试验机身

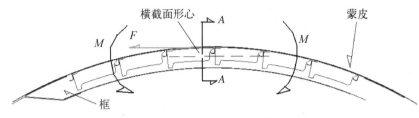

图 4-55 试 验 件

等直段蒙皮环向最大应力相当。此方案得到了局方的认可。

② 环向裂纹试验。

试验件如图 4-56 所示。

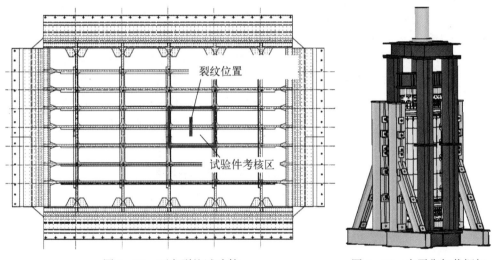

图 4-56 环向裂纹试验件　　　图 4-57 自平衡加载框架

根据试验载荷情况及边界条件要求,我们设计立式自平衡加载框架进行试验,如图 4-57 所示。具体加载系统主要包括:加载作动筒、测力传感器、均载器、杠杆系统、加载框架。加载框架与地轨相连。试验件下两端用杠杆系统连接均载器,均载器固定在试验台架上;上端用杠杆系统连接均载器,再连接作动筒,主动加载,用控制系统保证所施加载荷的准确性。试验过程中需扣除上端杠杆、上端杠杆所连接的均载器和试验件的重量,其重量使用加载作动筒扣除。

4) 部件疲劳损伤容限试验

(1) 复合材料方向舵疲劳损伤容限试验。

ARJ21-700 飞机方向舵为复合材料结构,复合材料结构与金属结构的疲劳损伤容限特性不同,因此,方向舵的疲劳和损伤容限试验是作为部件疲劳试验单独进行试验考核的。由于民机复合材料结构设计起步较晚,还没有一套完整的复合材料结构的适航验证程序,因此,在本试验中许多工作是边摸索边前进。

① 验证内容和验证程序。

ARJ21-700 飞机对于方向舵复合材料结构是按照损伤无扩展的设计概念进行设计的,按照 AC-20-107B 对于复合材料结构疲劳损伤容限的要求,我们需要对方向舵复合材料结构在制造、使用过程中所能碰到的各类损伤进行验证。AC-20-107B 明确给出了 BVID、VID、大 VID 及离散源损伤的损伤容限验证要求。对于几类损伤的要求如下。

BVID 损伤:对于这类在制造和使用中存在的允许缺陷和损伤,要求能满足全寿命而不扩展,并且其剩余强度需满足极限载荷的要求。

VID 损伤:对于这类可检的损伤,要求必须在相应的检查间隔内不扩展,并且其剩余强度需满足极限载荷的要求。

大 VID 损伤:对于这类明显可见的损伤,要求在发生后的几个架次内被发现,并且该损伤下的结构需满足限制载荷静强度的要求。

离散源损伤:这类损伤要求损伤发生时能即刻被感知,并要求该损伤发生后飞机能满足返航载荷的静强度要求。

基于 AC-20-107B 对复合材料结构损伤容限的要求,通过查阅大量资料,我们确定了方向舵复合材料结构疲劳和损伤容限试验的验证程序,如表 4-5、表 4-6 和图 4-61 所示。

表 4-5　方向舵疲劳和损伤容限验证程序

第1阶段		小损伤的疲劳损伤特性试验	
1	引入第1阶段损伤	对损伤部位进行超声检查,给出损伤情况	
2	进行两个工况的限制载荷静力试验	载荷工况为 PH011201182ER 和 EF050001183E	考虑环境因子
3	进行 1 倍目标寿命的疲劳试验	试验后对损伤部位进行超声检查,给出损伤情况	考虑载荷放大系数
4	进行限制载荷静力试验	载荷工况为 PH011201182ER 和 EF050001183E	考虑环境因子
5	进行 1 倍目标寿命的疲劳试验	试验后对损伤部位进行超声检查,给出损伤情况	考虑载荷放大系数
6	极限载荷静力试验	载荷工况为 PH011201182ER 和 EF050001183E	考虑环境因子
第2阶段		可检损伤的疲劳损伤特性试验	
1	引入第2阶段损伤	对损伤部位进行超声检查,给出损伤情况	
2	2 倍检查间隔的疲劳试验	试验后对损伤部位进行超声检查,给出损伤情况	考虑载荷放大系数

（续表）

第2阶段		可检损伤的疲劳损伤特性试验	
	3	限制载荷静力试验	载荷工况为 PH011201182ER 和 EF050001183E　考虑环境因子
第3阶段		大损伤及离散源的疲劳损伤特性试验	
	1	引入大损伤	对损伤部位进行超声检查,给出损伤情况
	2	引入离散源损伤	对损伤部位进行超声检查,给出损伤情况
	3	限制载荷试验	载荷工况为 PH011201182ER 和 EF050001183E　考虑环境因子
第4阶段		损伤修理验证	
	1	损伤修理	修理 VID、大损伤及离散源损伤
	2	极限载荷试验	载荷工况为 PH011201182ER 和 EF050001183E　考虑环境因子
	3	2倍检查间隔的疲劳试验	试验后对损伤部位进行超声检查,给出损伤情况
	4	限制载荷试验	载荷工况为 PH011201182ER 和 EF050001183E　考虑环境因子

注:第4阶段损伤修理验证,由于当初修理方案不成熟,同时对于方向舵疲劳和损伤容限的验证通过前3阶段已经比较充分,所以与局方讨论后决定该阶段的验证暂不在此项试验中进行执行,待后续修理方案完成后再进行验证。

表 4-6　试 验 损 伤 表

	损伤编号	损 伤 尺 寸	损 伤 位 置	引入时间
第1阶段引入 BVID 损伤	1#	根据回弹后损伤的凹坑深度确定	方向舵右侧壁板	第1阶段试验开始前
	5#		方向舵左侧壁板	
	9#		方向舵左侧壁板	
	12#		方向舵前梁腹板	
	7#	根据损伤面积确定	方向舵右侧壁板	
第2阶段引入 VID 损伤	2#	根据回弹后损伤的凹坑深度确定	方向舵右侧壁板	第2阶段试验开始前
	4#		方向舵右侧壁板	
	6#	根据回弹后损伤的凹坑深度确定	方向舵左侧壁板	
	8#	划伤	方向舵右侧壁板	
	11#	划伤	前梁腹板	

	损伤编号	损 伤 尺 寸	损 伤 位 置	引入时间
第 3 阶段引入损伤	10#	壁板面板冲击分层损伤（大 VID 损伤）	左侧壁板	第 3 阶段试验开始前
	3#	离散源损伤	右侧壁板	

② 方向舵疲劳试验载荷谱的设计。

作为疲劳试验首要的输入条件之一，载荷谱的确定决定了试验是否能够真正地达到考核复合材料结构疲劳特性的目的；而复合材料结构的疲劳特性又与金属结构有很大的差异，因此无法将全机疲劳试验的方向舵载荷谱直接用于方向舵疲劳验证试验。

方向舵疲劳试验载荷谱沿用全机疲劳分析谱的 5×5 编谱方法，以 1/10 设计服役目标寿命（5 000 次飞行）所对应的载荷谱为一个谱块，一个寿命期的疲劳试验分析谱由 10 个谱块构成。我们结合复合材料结构疲劳对于低载不敏感的方法进行设计方向舵疲劳损伤容限试验载荷谱。具体为如下步骤。

将全机疲劳谱中各任务段 1 个寿命期内超越次数在 10 次～1 次之间的载荷谱段离散成 4 级高载循环，共 10 次。1 个寿命期内第 1 级高载循环次数为 1 次，第 2 级高载循环次数为 2 次，第 3 级高载循环次数为 3 次，其载荷水平均大于同任务段内 A 类飞行的最高载。第 4 级高载循环次数为 4 次，其载荷水平与同任务段内 A 类飞行的最高载相同。分别使用各任务段的第 1 级、第 2 级、第 3 级高载循环来替换全机疲劳试验载荷谱（5×5 谱）中 A 类飞行中相同任务段的最高级载荷，即可分别形成 A1、A2、A3 飞行类型。经高载替换后，一个寿命期内即可形成 A1 高载飞行 1 次，A2 高载飞行 2 次，A3 高载飞行 3 次。分别将 A1、A2 和 A3 高载飞行替换全机疲劳试验载荷谱（5×5 谱）1/10 寿命谱块中的 A 类飞行，即可形成引入高载的方向舵 1/10 寿命谱块。引入高载的 1/10 寿命谱块（共 6 个）与 4 个全机试验载荷谱 1/10 寿命谱块共同构成方向舵 1 倍寿命的疲劳试验分析谱。

A、B、C、D、E 类飞行类型使用情况排序及一个循环块内 5 类飞行排序仍然沿用全机飞—续—飞疲劳载荷谱进行编制。每类飞行按照各个任务段相同等级严重程度的随机谱与定态谱、等幅循环谱组合构成一个完整的飞行起落载荷谱。

③ 载荷谱的简化。

方向舵主要结构为复合材料，其金属结构主要为操纵及铰链接头，这些金属接头的疲劳性能在全机疲劳试验中进行考核，方向舵疲劳和损伤容限试验所验证的仅是方向舵复合材料结构，为此方向舵疲劳载荷谱的简化考虑的是复合材料结构本身的疲劳和损伤容限性能。

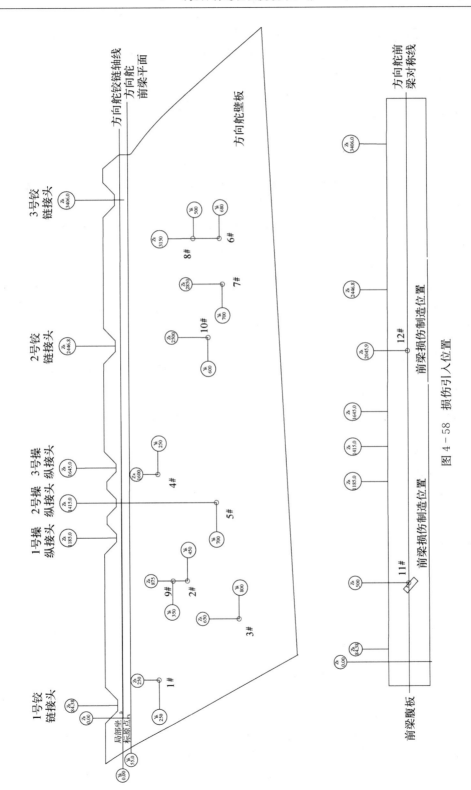

图 4 - 58　损伤引入位置

方向舵疲劳载荷工况包括基本型与组合型共有 373 种载荷工况。每个载荷工况涉及 x(侧向)、y(航向)、z(垂向)3 个方向的载荷。考虑到方向舵疏肋结构形式,在载荷的实施中采用左右壁板分别加载的形式。如果 3 个方向同时施加载荷,对于试验实施将带来很大的难度,并且会严重影响试验进度。为此需要先对 3 个方向的载荷进行简化。

a. 载荷方向简化。

采用模型分别计算疲劳工况 x、y、z 3 个方向载荷作用下方向舵结构的受载情况。通过计算得到 y、z 方向单独载荷作用下,方向舵复合材料结构的最大应变远远小于方向舵的疲劳门槛值,该载荷作用对于方向舵疲劳性能的影响很小,载荷工况中 x 方向的载荷是影响方向舵疲劳性能的决定性因素,在实际的方向舵疲劳试验中,可以忽略 y、z 方向载荷的影响,只需加载 x 方向的载荷。

b. 载荷工况简化。

目前,对于复合材料结构试验的谱截除还没有一般的指导原则,在实践中,这个截除水平通常定为疲劳门槛值的某个百分比。从舵面载荷分布来看,舵面 x 向载荷既有压力,又有拉力,因此舵面加载采用多点拉、压加载的方式。

通过对方向舵疲劳载荷谱载荷水平及工况载荷下的压缩应变水平的整体分析,我们分两步来对疲劳载荷分析谱进行简化。第 1 步:对单侧的拉、压载荷绝对值之和小于 100 N 的载荷工况进行截除。第 2 步:以 10%门槛值为截除水平对初次截除后的载荷工况进行截除。由于载荷截除水平较低,不会将影响方向舵疲劳寿命的高应力(应变)循环截除掉。

最终通过简化将方向舵疲劳载荷工况由最初的 373 种工况简化为 87 种,大大缩短了试验周期。

④ 试验过渡段设计

方向舵疲劳损伤容限试验作为部件试验,需要设计过渡段来模拟垂尾安定面对方向舵的支持,完成方向舵疲劳损伤容限试验。

a. 过渡段方案确定。

在过渡段设计中,需要考虑的是以下几个方面:首先,过渡段不能先于试验件破坏,要有足够的强度和刚度,以满足试验的要求;其次,过渡段要能够真实模拟垂尾安定面后缘舱对方向舵的支持情况;最后,在满足上述两个条件的基础上,尽量简化过渡段的设计,以节约成本。

根据上述过渡段的设计原则,结合方向舵的结构形式,我们初步确定了 3 种过渡段设计方案:第 1 种是整个垂尾安定面支持;第 2 种是垂尾后缘舱接头支座支持;第 3 种是方向舵铰链接头支持。

我们采用有限元分析,对 3 种方案进行加载,与全机模型计算得到的结果进行接头支反力、考核部位应力分布、应力大小等方面比较。

通过 3 种过渡段设计方案中方向舵接头支反力、试验考核部位复合材料结构应变计算结果与理论支持的比较发现：方向舵铰链接头支持误差比较大，不能满足试验要求；垂尾安定面支持的分析结果与后缘舱接头支座支持的分析结果非常相近，但垂尾安定面的制造成本比后缘舱支座的制造成本大得多，且如果采用垂尾安定面支持的话还需要设计夹具对垂尾安定面进行支持。

综合考虑后我们认为，采用后缘舱接头支座支持的过渡段设计方案是有效可行的，能够满足方向舵疲劳损伤容限试验的要求，因此，本试验中采用了后缘舱接头支座支持。其试验支持如图 4-59 所示。

b. 支持方案对试验的影响分析。

方向舵实际结构通过 6 个金属接头支持在垂尾安定面的后梁上，在方向舵上施加载荷，垂尾安定面会有一定的位移，而采用后缘舱接头支座支持方式，将垂尾后梁进行固定，这样就考核不到垂尾后梁变形对方向

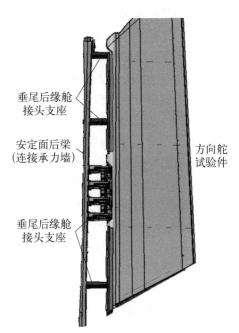

图 4-59　方向舵疲劳损伤容限试验支持示意图（后缘舱接头支座支持）

舵的影响，为此我们需要对垂尾后梁变形对试验影响进行分析。如果分析结果表明垂尾后梁变形对方向舵强度几乎无影响，则可以忽略；反之，则需要采取适当的措施消除该影响。

在垂尾后缘舱接头支座支持方案的分析模型中对支持约束点分别考虑有垂尾后梁的初始位移和不考虑初始位移的两种情况，对两种分析模型计算得到的方向舵接头支反力、考核部位的应力分布等情况进行比较。

分析表明垂尾安定面后梁在舵面载荷作用下其侧向弯曲变形很小。方向舵在考虑垂尾后梁初始位移及没有考虑垂尾后梁初始位移两种约束情况下的铰链点及作动筒的支反力差别不大，应力应变分布也没有改变，由此可以认为垂尾后梁初始位移对方向舵铰链点及作动筒支反力的影响很小，在试验中不考虑垂尾后梁初始位移是可行的。

为进一步验证分析的正确性，我们将选定的试验支持方式的模型结果与全尺寸方向舵静力试验结果进行比较，确定支持方案选择的准确性及合理性。通过对方向舵限制载荷静力试验两种工况的试验结果与有限元计算结果的分析，试验结果与有限元计算基本吻合，尤其是试验重点监测部位，模型分析结果略偏保守，该过渡段支持方案可以用于试验。

c. 过渡段支持方案的强度分析。

方向舵疲劳试验主要考核 ARJ21-700 飞机方向舵本身复合材料结构，在试验

时垂尾后梁的接头支座均为支持结构,不作为试验考核,但为了试验顺利进行,所有的支持结构必须能满足方向舵试验载荷的要求。

为了保证试验实施方便,我们设计了一个长厚板当作垂尾后梁,将后缘舱各接头支座通过其组合成一个整体后缘舱,并通过这个厚板连接在承力机构上进行试验。

我们按照方向舵疲劳损伤容限试验需要实施的静力和疲劳载荷对方向舵金属接头、垂尾后缘舱接头支座分别进行静强度和疲劳强度分析。分析结果表明,在试验载荷作用下,支持段及方向舵金属接头具有足够的静强度和疲劳强度,完全可以满足方向舵疲劳和损伤容限试验的要求。

通过上述多方面的分析,我们最终确认该支持方案对于方向舵疲劳和损伤容限试验是可行的,并通过了局方审批。

d. 载荷放大系数。

根据复合材料结构的验证要求,方向舵疲劳和损伤容限试验需要考虑环境及疲劳分散性的影响。

环境的影响:ARJ21-700 飞机方向舵的试验在常温环境条件下进行,环境的影响按照方向舵静力试验一样的方式在试验载荷中放大,在静力工况试验时考虑环境因子,将载荷放大后进行考核。

疲劳载荷放大系数:复合材料结构的分散性比金属大得多,通常其分散性达到 14 左右。按照国外研究的结果,同时在 MIL-HDBK-17F 给出的数据表明,如果使用一个试验件进行试验,载荷不放大的话,需要进行 13.558 倍的疲劳试验才足以表明复合材料结构的疲劳性能,而金属仅需进行 2.093 倍疲劳试验就能表明相关性能,如表 4-7 所示。

表 4-7　复合材料与金属的 B 基准寿命因子比较

	$n=1$	$n=5$	$n=15$
复合材料,$\alpha=1.25$	13.558	9.143	7.625
金属,$\alpha=4.0$	2.093	1.851	1.749

为了降低复合材料结构疲劳试验的成本和时间,国外研究发展了一种载荷系数和寿命系数的复合方法。这种方法的目的是通过增大疲劳试验时施加的载荷,以便用较短的试验周期获得同样的可靠性水平。目前国外进行复合材料结构的疲劳试验通常采用的也是这种方式,而所需的载荷放大倍数和试验寿命,取决于基准疲劳寿命和剩余强度两者的统计分布。这些数据与实际结构形式、结构选材、工艺方式、工艺水平、质量控制等密切相关,需要通过代表真实结构工艺水平的元件及细节件试验得到。载荷放大系数 LEF 计算公式为

$$LEF = \left[\Gamma(1+1/\alpha_{\mathrm{L}}) \right]^{\alpha_{\mathrm{L}}/\alpha_{\mathrm{R}}} \Big/ \left[\frac{-\ln(l)N^{\alpha_{\mathrm{L}}}}{\chi_{\gamma}^{2}(2n)/(2n)} \right]^{1/\alpha_{\mathrm{R}}}$$

式中：α_R 为剩余强度分布的 Weibull 形状参数；α_L 为疲劳寿命分布的 Weibull 形状参数；l 为可靠性，对 B 基准为 0.9，对 A 基准为 0.99；γ 为置信度水平；N 为试验持续时间；n 为样本尺寸；Γ 为伽马函数；χ^2 为 χ^2 的分布值。

同时，在应用 *LEF* 的方式时一个非常重要的问题就是要保证其疲劳破坏的模式不变。在 MIL‑HDBK‑17F 中给出了典型的复合材料结构疲劳寿命试验 *LEF* 表（见表 4‑8）。

表 4‑8　典型的 1 倍和 3 倍疲劳寿命试验的 *LEF*

样本规模 /	1 倍寿命试验		2 倍寿命试验	
	A 基准	B 基准	A 基准	B 基准
1	1.324	1.177	1.268	1.127
2	1.308	1.163	1.253	1.114
5	1.291	1.148	1.237	1.100
10	1.282	1.140	1.227	1.091
15	1.277	1.135	1.223	1.087
30	1.270	1.130	1.217	1.082

由于我们在此之前没有进行过这方面的基础研究，因此根据 MIL‑HDBK‑17F 提供的相关数据并结合国外相关复合材料结构的疲劳试验的 *LEF* 来确定 ARJ21‑700 飞机方向舵疲劳试验的 *LEF*。

按照 MIL‑HDBK‑17F 给出的数据，采用一个试验件，按照 2 倍疲劳寿命进行试验，其 *LEF* 可取为 1.127。由于我们没有进行过前期的研究，并且没有考虑环境对复合材料结构疲劳性能的影响，因此与局方交流最终确定方向舵疲劳试验采用的 *LEF* 参考了国外飞机的 *LEF*。

用同批次的试验件分别在湿热环境条件和常温环境条件下施加相同的疲劳谱进行疲劳试验，完成 10^6 次循环试验后，将这两种试验的试验件处理至相同的环境条件进行剩余强度试验。试验结果表明，在方向舵结构的最严重疲劳载荷（最大限制载荷应变为等幅谱载荷峰谷值）作用下，环境对其疲劳性能的影响很小。

e. 加载方案。

方向舵为疏肋结构，载荷分左右壁板单独施加，左右壁板均布置加载点。同时任一侧壁板均有拉载及压载，考虑任意加载点都需要完成拉载及压载的实施，试验中采用拉压垫的加载方式。

f. 损伤的引入。

复合材料结构疲劳及损伤容限试验的一个关键环节是引入损伤。引入损伤的形式主要需要考虑两个方面：第一，损伤的大小、损伤类型具有一定的代表性及全面性；第二，损伤位置的选择具有验证性。

（a）引入损伤的大小、类型确定。

试验中引入损伤的大小、类型的确定，可以按照以下几步进行。

第1步：确定基本允许损伤。

根据结构的设计形式、制造工艺以及实际制造水平，分析可能存在的制造缺陷。这个方面主要可以依据结构验收技术条件结合零部件制造的情况决定。

结构验收技术条件中给出的各类允许缺陷尺寸就是构件制造允许的缺陷损伤，这类缺陷损伤可以当作BVID中的一类最小允许损伤尺寸。

这些制造允许的缺陷损伤在引入损伤中必须进行考虑。

第2步：对实际制造情况分析。

对已经制造完成的零部件的缺陷情况进行分析，ARJ21-700飞机方向舵前期提交的超差单显示，方向舵复合材料结构发生超差比较多地集中在方向舵前梁缘条分层，方向舵端肋腹板、缘条分层；方向舵面板蜂窝的塌陷，方向舵后缘连接处灌封料，方向舵前梁R角的厚度不够，方向舵端肋R角过厚；另外还有两类：一类是在铺贴固化成型过程中产生的，如孔隙率高、分层、脱胶、夹杂、贫脂或富脂、树脂固化不完全、纤维方向偏离（或纤维弯曲）、铺层顺序错误、纤维间有空隙等，另一类是在机械加工和装配时产生的，如刻痕、擦伤、撞击脱落、纤维断裂、钻孔不当、拧紧力矩过大等。

复合材料结构在出厂之前均须经过严格的无损检测，所以制造中存在的缺陷都可以视作允许缺陷，按照BVID进行验证。

通过上述各项分析，我们罗列出方向舵结构制造中可能会存在的各类缺陷，用作疲劳损伤容限试验损伤引入依据。

第3步：结构位置损伤分析。

我们考虑验证结构在飞机中所处的位置，分析在交付运营及后续维护中可能会发生的损伤。

ARJ21-700飞机方向舵垂直安装于飞机尾部，位于垂尾安定面后面，在机身尾椎的上方，方向舵正上方是平尾安定面及升降舵。

使用过程中的损伤主要为飞机飞行受到的损伤和维修过程造成的损伤。由于方向舵是垂直安装在飞机尾部，所以在一般飞机上的检修过程中很难会有工具掉落之类造成的大损伤，仅在方向舵拆卸下来进行大修的时候才可能造成意外的大损伤。另外需要考虑的就是方向舵在起飞和着陆时遇到沙石溅射引起的损伤，以及飞行过程中的冰雹斜向打击及雷击损伤。从方向舵安装位置来看，方向舵不会受到发动机叶片破裂、鸟撞、轮胎爆裂和严重的飞行中冰雹等这类离散源损伤，所有ARJ21-700飞机方向舵的离散源损伤仅需考虑雷击损伤。

第4步：使用损伤的确定。

上述分析可以确定结构在使用过程中可能碰到的各类损伤，通过试验、分析及统计比较确定其损伤的尺寸，制造损伤的能量等。

目前几乎没有能够详细描述特定复合材料结构严重损伤威胁的工业标准,这些需要根据结构的形式,通过试验进行确定。我们分析了许用值试验、门槛值试验、损伤特性验证试验、雷击试验中各项损伤测定情况,并选择方向舵盒段及完成静力试验后的方向舵部件,按照不同能量、不同冲击方式及不同的工具,进行冲击,统计各项试验结果(见图4-60)。

图 4-60　损伤研究测定图

同时我们分析各部位的能量截止值,对于有些部位采用损伤不能完全表征的,需要按照能量截止值进行确定。

对各型号的应用情况及研究资料的分析结果显示:飞机在生产和使用过程中,螺丝刀、扳手、铆枪、手电钻及工具箱等常用的工具掉落在制件上造成损伤,其掉落能量大体如图4-64所示。按照图4-61中显示,一般工具的能量截止值为13.6 J。跑道碎石直径一般为12.7 mm,冲击速度为70.1 m/s,形成的冲击能量为7.9 J。

低能冲击(工具掉落)的可见损伤能量为 6 ft·lbs[①](8.13 J);不可见损伤能量为 4 ft·lbs(5.42 J);冰雹的能量约为与冰等密度的直径为 0.8 in[②] 的物体以

————————

①　1 ft·lbs=1.355 N·m。

②　1 in=0.025 4 m。

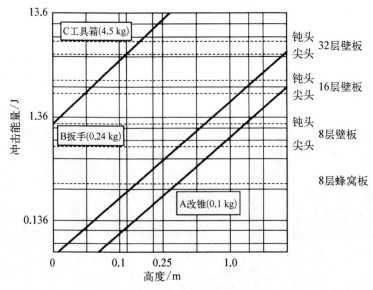

图 4-61　工具掉落能量图

90 ft/s 速度砸向构件表面(垂直平面考虑 45°的斜角),计算出能量约为 11.3 J。

按照上述统计及分析,ARJ21-700 飞机方向舵考虑的冲击能量取各种资料描述的最大值进行模拟,按照最大冲击能量进行试验得到的损伤来确定方向舵疲劳和损伤容限试验的最大损伤。冲击能量范围为 0~14.7 J。

第 5 步:损伤威胁评估。

根据上述分析,在验证结构中会有各式各样的制造缺陷及使用损伤,而在同一个试验件中是不可能对所有的损伤都进行模拟和验证的,为此我们需要对所有损伤进行归类,分析各自对结构疲劳性能的影响程度,所以复合材料结构疲劳损伤容限验证试验的另一个关键就是损伤威胁评估。通过对各类损伤进行评估,我们确定引入一种或几种典型的损伤在试验中进行验证,以此对其他损伤进行覆盖。损伤威胁评估通常依据之前的试验研究及相关研究文献报告展开,在 MIL-HDBK-17F 中给出部分相关研究结果。

第 6 步:确定验证试验引入损伤(见图 4-62 和图 4-63)。

通过对各类缺陷和损伤的统计、分析及研究,我们最终确定在该项验证试验中引入的损伤及引入时间。

BVID 损伤为回弹后的凹坑深度不小于 0.3 mm 的冲击损伤。

VID 损伤为回弹后的凹坑深度大于 1.0 mm 的冲击损伤。同时在疲劳和损伤容限试验中我们还需要考虑维修中壁板表面受到的划伤、刻痕等损伤。

方向舵的大 VID 损伤包括两种:雷击损伤和大的意外损伤(工具掉落、沙石溅射、大冰雹打击等)。

(b) 损伤位置确定。

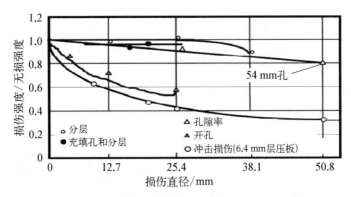

图 4-62 缺陷损伤对于静压缩强度的相对影响

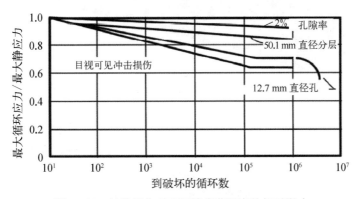

图 4-63 缺陷损伤对于压缩疲劳强度的相对影响

在损伤容限试验确定缺陷及损伤引入的位置时,我们应着重考虑下列区域:应力集中严重和安全裕度较小的区域;层间应力较高的区域;由于存在损伤会使相邻构件的应变大大增加的构件和部位;在使用维护过程中易引起损伤的部位。

(2)襟缝翼疲劳试验。

ARJ21-700飞机襟缝翼及其悬挂系统疲劳及损伤容限试验(以下简称襟缝翼疲劳试验)是验证飞机襟缝翼及其悬挂系统的疲劳寿命特征和损伤容限特性的适航验证试验。

① 试验目的。

a. 验证襟缝翼及其悬挂结构是否满足 25.571(a)(b)条款要求;

b. 暴露襟缝翼及其悬挂结构的疲劳薄弱部位,为结构设计和制造工艺的改进提供试验依据;

c. 验证结构裂纹的检测方法和结构修理手册中适用的修理方案,为制订飞机结构的维护大纲提供试验依据;

d. 验证疲劳评定方法。

② 试验件及支持状态。

a. 试验件。

襟缝翼疲劳试验的考核试验件包括如下部件：左侧内襟翼 1 件(不含内子翼)、内襟翼摇臂和支臂、内襟翼滑轨、滑轮架、滑轮架与机身连接接头，左侧外襟翼 1 件(不含子翼)及其摇臂和支臂，前缘缝翼(包含内段、中段和外段)1 件及其滑轨。试验件考核部位结构示意图如图 4-64～图 4-66 所示。

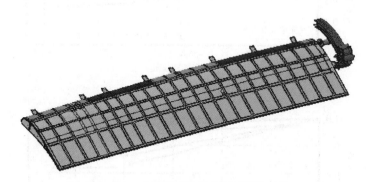

图 4-64　内襟翼试验件(不含子翼)结构

图 4-65　外襟翼试验件(不含子翼)结构

图 4-66　前缘缝翼试验件结构

b. 试验件支持状态。

为了真实模拟机翼和机身对襟缝翼的支持,保证内、外襟翼和前缘缝翼及其悬挂支臂的相对变形与全机状态下一致,襟缝翼疲劳试验支持段选择了真实的左侧外翼盒段(含固定前缘和固定后缘)和中央翼盒段。内、外襟翼及前缘缝翼安装在左外翼盒段上,左外翼盒段与中央翼盒段按照装机安装关系装配。中央翼盒段 4 个边角上保留了机身中的部分框段,并向下延伸。这些框段下部都带有支架结构,并通过支架与地面形成固支。另外,为模拟机身对内襟翼滑轮架的边界影响,我们设计了带有两个框的盒段,盒段宽度约为机身宽度的 1/3,盒段通过焊接的框架结构与地面形成固支,试验时试验件支持高度为 3 543 mm(飞机水平基准面)。如图 4-67 和图 4-68 所示。

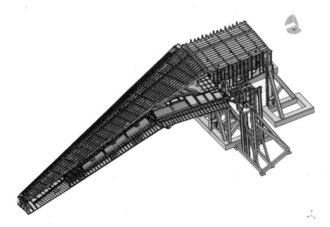 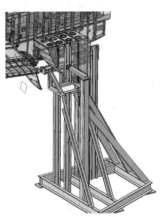

图 4-67　试验件安装　　　　　　　图 4-68　机身模拟段对
　　　　　　　　　　　　　　　　　　　　　　试验件支持

③ 试验技术方案及内容。

a. 前缘缝翼和襟翼疲劳试验的难点。

(a) 如何确定试验方案,使前缘缝翼和襟翼及其悬挂结构等运动部件同时得到高精度的疲劳考核。

前缘缝翼和襟翼的载荷大小和方向随任务段的变化而改变,由于活动面和悬挂结构在运动中受载,载荷方向、大小和压心都在变化,采用固定支持,载荷方向恒定的加载方式试验,必然要求各个部件的载荷经过简化或等效处理,必然会引起较大的误差,常常导致考核较为保守。

(b) 如何形成兼顾试验周期和试验考核效果的活动面飞—续—飞疲劳载荷谱的编制方法。

前缘缝翼和襟翼活动面飞—续—飞疲劳载荷谱的编制方法通常是国内外各飞机制造商的保密资料,其技术细节外部很难获得。

活动面的飞—续—飞疲劳载荷谱编制以全机飞—续—飞疲劳载荷谱为基础,

但与全机载荷谱不同的是,活动面飞—续—飞疲劳载荷谱既需要根据活动面任务剖面特点增加载荷循环,又需要根据活动面的受载特点和试验进度简化载荷循环。

(c) 如何评判活动面疲劳实施载荷施加方案的合理性。理论载荷经过处理后得到的试验实施载荷不论总载荷、压心还是载荷分布规律,都与理论载荷有偏差,偏差必须在试验精度允许的范围内,不能对试验考核结果产生较大影响。

(d) 如何设计试验件支持,以保证机翼和机身对试验件的支持刚度。

前缘缝翼通过 9 个滑轨与机翼盒段连接,内襟翼通过滑轨和中机身连接,外襟翼通过 3 个支臂与机翼盒段连接,连接界面较多。分析发现,试验以左外翼盒段和中央翼盒作为支持段,可以较好地解决机翼支持刚度,但中机身的刚度变化对内襟翼应力分布影响明显,如何设计假件来模拟中机身对内襟翼的支持刚度是个难点。

b. 前缘缝翼和襟翼疲劳试验主要难点的解决措施。

(a) 采用随动加载试验方案。

根据前缘缝翼和襟翼载荷大小和方向跟随卡位变化的特点,我们提出前缘缝翼和襟翼活动面随动加载的思路,同时为了考虑机翼变形对活动面支反力的影响,提出使用中央翼盒和机翼盒段作为支持段,并在机翼盒段支持段上施加巡航 1g 载荷的疲劳试验方案。这种方案解决了前缘缝翼和襟翼疲劳试验的以下技术难点:

第一,试验载荷跟随活动面卡位变化,并可实现运动加载,解决了前缘缝翼和襟翼因载荷方向和大小随着任务段变化而使载荷难以施加的问题;

第二,前缘缝翼和襟翼的悬挂结构,包括缝翼滑轨、内襟翼摇臂和支臂、内襟翼滑轨和滑轮架、外襟翼摇臂和支臂等结构的试验载荷都接近飞机真实飞行载荷,避免了各个部件分别进行疲劳试验时载荷不真实的弊病;

第三,前缘缝翼和襟翼及其悬挂结构,包括缝翼滑轨、内襟翼摇臂和支臂、内襟翼滑轨和滑轮架、外襟翼摇臂和支臂等结构可在同一试验中得到考核,大大压缩了试验工作量和试验时间;

第四,机翼盒段变形对活动面和悬挂结构的应力分布的影响得到了充分考虑。

(b) 研制了前缘缝翼和襟翼疲劳试验用驱动系统。

前缘缝翼和襟翼疲劳试验采用随动加载方案,首先需要解决前缘缝翼和襟翼的驱动系统的配套问题。驱动系统在驱动活动面运动时,既要保证活动面卡位与载荷谱匹配、运动速率可调,又要有较高的控制精度和可靠性、成本合理并满足取证进度。

试验用前缘缝翼和襟翼驱动系统可以选择飞机用驱动装置,但代价太过高昂,且试验机和真机接口不匹配,布线、电源系统等问题都很难解决,驱动系统的安装方式也需要做很大的更改,试验和维护费用昂贵。为了降低研制风险,减少试验成本,我们自行研制了试验用前缘缝翼和襟翼驱动系统,真实地模拟了活动面的运动规律(见图 4-69)。

图 4 - 69　ARJ21 - 700 飞机襟缝翼及其悬挂系统疲劳试验全景

（c）前缘缝翼和襟翼飞—续—飞疲劳载荷谱采用了活动面基于累积损伤理论和雨流法飞—续—飞疲劳载荷谱的编制方法。

线性累积损伤理论和雨流法是经过实践长期检验的成熟的理论和方法。

活动面基于累积损伤理论和雨流法飞—续—飞疲劳载荷谱的编制方法集合了线性累积损伤理论和雨流法的优点，以雨流法和累积损伤作为简化删除循环的依据，保证载荷谱简化后载荷循环顺序不变。这种方法最大的特点在于，飞—续—飞疲劳载荷谱经过雨流法处理后，得到的载荷谱仍然保留简化前的顺序，载荷谱仍然是飞—续—飞疲劳载荷谱。由于采用累积损伤理论，简化删除的载荷循环是损伤最小的载荷循环，并且简化的程度可控，简化删除的循环造成的损伤可以得到补偿。

（d）活动面疲劳实施载荷的评估采用了基于损伤理论的疲劳实施载荷评定方法。

基于损伤理论的疲劳实施载荷评定方法，以理论载荷下试验件疲劳严重部位的累积损伤作为参考，同时计算试验实施载荷下相同部位的累积损伤，最后以累积损伤的接近程度作为评判试验实施载荷是否合适的依据。

（e）采用中央翼四角固支，设计 1/3 宽度假机身盒段模拟中机身刚度。

经过有限元分析发现，中机身对中央翼的刚度支持可通过中央翼 4 个角点支持来模拟，中机身对内襟翼的弹性支持可通过设计 1/3 宽度假机身盒段来模拟，假机身盒段的结构参数需经过刚度设计。

④ 试验技术途径及关键技术。

a. 前缘缝翼和襟翼疲劳试验随动加载方案。

前缘缝翼和襟翼随动加载疲劳试验方案由考核试验件、试验件支持段、随动加载系统、前缘缝翼和襟翼驱动系统和机翼 1g 载荷配载系统构成。

　　考核试验件主要包括内段前缘缝翼、中段前缘缝翼、外段前缘缝翼、前缘缝翼滑轨、内襟翼本体、内襟翼滑轨和滑轮架、内襟翼摇臂和支臂、外襟翼摇臂和支臂等结构。采用随动加载方案后,所有考核试验件可在同一试验中完成考核。

　　随动加载装置(见图 4 - 70～图 4 - 72)由 5 个子装置组成,包括内襟翼子装置、外襟翼子装置和 3 段前缘缝翼各使用的一套子装置。

图 4 - 70　前缘缝翼随动加载装置

图 4 - 71　内襟翼随动加载装置

图 4 - 72 外襟翼随动加载装置

驱动系统由前缘缝翼驱动装置、襟翼驱动装置、驱动软件构成。

机翼 1g 载荷配载系统通过配重方式对外翼盒段加载,使外翼达到 1g 变形状态。

在试验中,驱动系统和随动加载系统遵循活动面同一载荷谱循环序列,驱动系统负责驱动前缘缝翼和襟翼运动到目标卡位,随动加载系统驱动加载作动筒同步运动到同一目标卡位,再由随动加载系统完成该卡位各任务段的疲劳载荷施加任务。该卡位载荷施加完成后,驱动系统和随动加载系统同步运动到下一目标卡位,如此往复,最终完成飞—续—飞疲劳载荷谱的施加。

相邻卡位转换过程中,活动面载荷呈线性变化。

图 4 - 73 和图 4 - 74 是前缘缝翼和襟翼面载荷与活动面卡位之间的关系图。

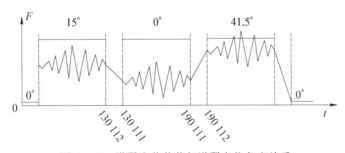

图 4 - 73 襟翼疲劳载荷与襟翼卡位角度关系

b. 活动面基于累积损伤理论和雨流法飞—续—飞疲劳载荷谱的编制方法。

（a）前缘缝翼和襟翼活动面疲劳载荷谱编制。

前缘缝翼和襟翼疲劳载荷谱编制的基础是全机疲劳载荷谱,但前缘缝翼和襟翼活动面疲劳载荷谱与全机疲劳载荷谱有所不同,主要体现在以下两点。

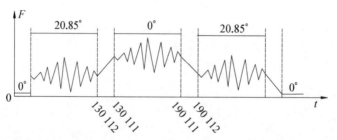

图 4 - 74　前缘缝翼疲劳载荷与前缘缝翼卡位角度关系

第一,前缘缝翼和襟翼载荷谱需要在全机疲劳载荷谱的基础上简化。

全机疲劳载荷谱用于考核机翼、机身、尾翼等主要机体结构的疲劳性能。对于机翼活动面来说,全机疲劳载荷谱的许多使用情况并不对前缘缝翼和襟翼及其悬挂结构的疲劳强度产生大的影响,如一些地面使用情况。这些使用情况,前缘缝翼和襟翼疲劳载荷谱载荷编制时可以删除。同时,前缘缝翼和襟翼侧向迎风面积较小,侧向突风载荷是小量,不会对襟翼和前缘缝翼的疲劳产生大的影响,因此全机载荷谱中侧向突风载荷循环也可以删除。

前缘缝翼和襟翼可以删除或者保留的使用情况以具体活动面部件而定。

第二,前缘缝翼和襟翼载荷谱需要在全机疲劳载荷谱的基础上增加使用情况。

前缘缝翼和襟翼疲劳载荷谱编制采用的使用情况可参考《民用结构耐久性与损伤容限设计手册(上册)》第3.3节关于主要结构部件载荷情况的最小分析范围的内容,但该节所表述的最小分析范围有可能不够,最终范围仍要根据实际前缘缝翼和襟翼的载荷情况来定,缝翼在爬升、巡航和下降过程中受到突风和机动载荷的影响较大,因此我们需要在载荷谱最小分析范围的基础上增加"初期爬升""后期爬升""初期下降"和"后期下降"等使用情况。

(b) 活动面基于累积损伤理论和雨流法飞—续—飞疲劳载荷谱的编制方法步骤。

活动面基于累积损伤理论和雨流法飞—续—飞疲劳载荷谱编制方法按以下步骤进行:选取前缘缝翼和襟翼多处疲劳严重部位;对简化前的 A、B、C、D 和 E 类飞行分别进行雨流法处理,挑选出全部应力循环;分别计算 A、B、C、D 和 E 类飞行疲劳严重部位的累积损伤,并对每类飞行各应力循环按照造成的损伤大小由大到小进行排序;删除 A、B、C、D 和 E 类飞行对疲劳严重部位累积损伤贡献最小的 3%～5% 的应力循环,并加以补偿;形成简化后的载荷谱。

(c) 疲劳严重部位的疲劳品质计算(金属结构)。

值得说明的是,选取前缘缝翼和襟翼的疲劳严重部位时应综合考虑主翼面结构和悬挂结构,并只选择主传力结构。

(d) 疲劳载荷谱的简化。

图 4 - 75～图 4 - 79 为用活动面基于累积损伤理论和雨流法飞—续—飞疲劳载荷谱编制方法编制的 A、B、C、D、E 5 类飞行的活动面疲劳载荷谱的简化结果。简化后的结果为前缘缝翼和襟翼疲劳载荷谱的最终结果。

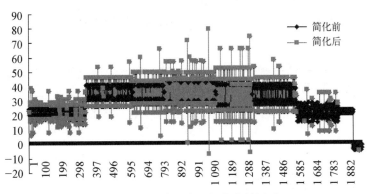

图 4 - 75 载荷谱 A 类飞行简化结果对比

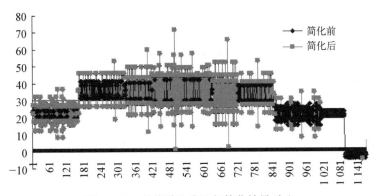

图 4 - 76 载荷谱 B 类飞行简化结果对比

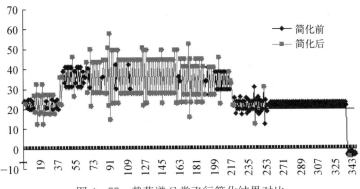

图 4 - 77 载荷谱 C 类飞行简化结果对比

c. 基于损伤理论的疲劳实施载荷评定方法。

利用有限元方法分别计算理论载荷和实施载荷下试验件疲劳严重部位的应力

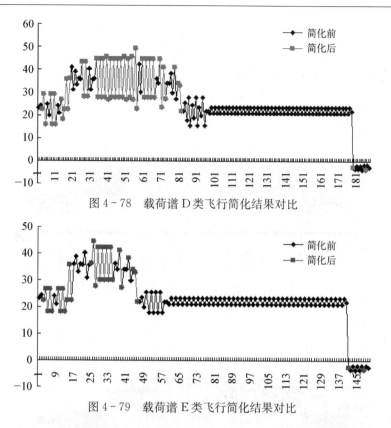

图 4-78 载荷谱 D 类飞行简化结果对比

图 4-79 载荷谱 E 类飞行简化结果对比

水平,再分别计算同一部位的疲劳累积损伤,如两者疲劳严重部位累积损伤偏差较大,就需要修正试验载荷,直至实施载荷下累积损伤与理论载荷下累积损伤的偏差可接受。主要评估步骤按照图 4-80 的流程图进行。

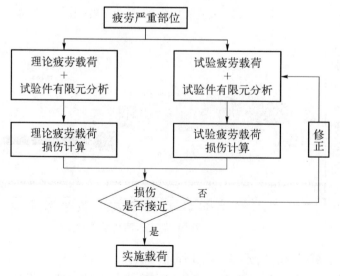

图 4-80 基于累积损伤的实施载荷评定方法

d. 试验件支持方案设计。

前缘缝翼和襟翼的支持段以左侧外翼盒段、中央翼盒段和 1/3 宽度假机身盒段作为过渡段。中央翼地面支持段和机身盒段地面支持段经过了特殊的刚度设计。1/3 宽度假机身盒段的设计经过方案优选,最终设计方案经过 23 种参数优化设计。

经过优化的 1/3 宽度假机身盒段可以给内襟翼提供与中机身非常接近的支持刚度,图 4-81 是假机身盒段模拟刚度与中机身刚度的对比。

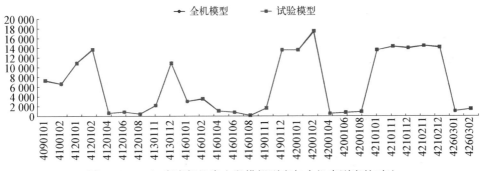

图 4-81　1/3 宽度假机身盒段模拟刚度与中机身刚度的对比

试验支持方案如图 4-82 所示,1/3 宽度假机身盒段设计方案如图 4-83所示。

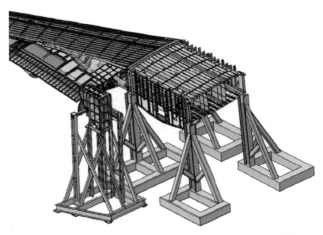

图 4-82　前缘缝翼和襟翼及其悬挂系统疲劳试验支持状态

⑤ 试验设备。

试验设备主要有前缘缝翼和襟翼驱动设备、试验加载设备、试验控制设备和数据采集设备。

⑥ 试验组织协调情况。

a. 疲劳载荷处理和优化协调。

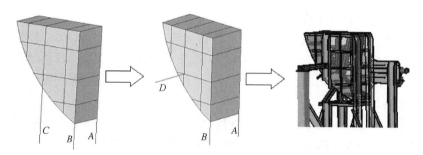

图 4 - 83　1/3 宽度假机身盒段设计方案

本试验中,翼面载荷处理既要考虑各个载荷控制剖面的误差,又要考虑总载荷总压心的分布是否合理,还要考虑试验加载条件是否具备,是一项复杂的工作。由于襟翼和前缘缝翼都是狭长的活动翼面,受面积和加载条件限制,翼面上的加载点布置不能太多。

襟缝翼疲劳试验载荷处理经过多轮试算,多轮加载点布置优化,并进行了多轮应力分布、变形和支反力分析,与理论结果对比,确定了最后的载荷加载点布置方案。

b. 试验加载方案的协调。

由于试验件惯性载荷方向始终垂直地面,而试验件在运动过程中加载,给载荷施加带来很大困难,于是我们提出考虑取消惯性载荷加载。损伤分析计算结果表明试验件惯性载荷相对气动载荷是小量,忽略惯性载荷会造成考核偏严重,但增大的损伤量很小,可以忽略,大大简化了试验加载方案。

⑦ 试验技术管理、技术方法经验教训及建议。

a. 发展民机必须高度重视适航验证,按适航审定的程序办,它是经验和众多事故的结晶。我国的科研院所和科研人员尤其需要加强适航观念。

b. 充分调动外部条件,通过外协利用外部的资源(国外、行业外、地方科研院校等)来完成研制任务,并为我所用。和国外具有 FAA 背景的专家以及 DER 保持长期固定的联系尤为重要,他们能为型号任务顺利通过适航审查提供强有力的支持和保障。

c. 对于现场故障尤其是重大影响故障的处理,项目组充分发挥各部门的特长,采用现场集中办公的方式集智攻关,攻关队员精诚团结,从各个方面考虑问题,以团队的力量确保了故障的分析和处理及时、准确、可靠。

d. 襟缝翼疲劳试验随动加载过程中,保证翼面和驱动系统的随动性是本试验的难点,试验件和随动加载系统很容易发生碰撞。本项目得到的经验是:尽管通常条件下翼面和驱动系统的跟随性会满足要求,但许多突发情况(包括人为和机械产生的)下,系统运行的跟随性会突然变差。因此,随动系统必须要设计多处保护措施以保护试验件不受损伤。同时驱动系统和加载系统应形成闭环控制随动系统的跟随性以保证施加载荷的准确性。

e. 在本试验进行过程中,我们发现试验件出现了很多与运动相关的故障。例如,缝翼后缘与固定前缘磨损、内襟翼摇臂与支臂单双耳磨损等,这些故障只有在试验件运动考核中才能被观察到。这在很大程度上避免了试飞机期间和运营飞机交付后才会发现的问题,避免飞机空中故障发生。

(3)小翼疲劳试验。

① 背景。

ARJ21－700 飞机复合材料翼梢小翼疲劳/损伤容限试验主要验证复合材料翼梢小翼的疲劳寿命和损伤容限特性,为复合材料翼梢小翼的检查间隔和检查方法的确定提供试验依据,为复合材料翼梢小翼满足 CCAR－25.571 条款的符合性验证提供试验依据,试验如图 4－84 所示。

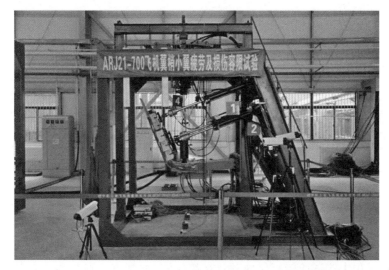

图 4－84　ARJ21－700 飞机翼梢小翼疲劳及损伤容限试验

该试验于 2011 年 7 月开试,于 2012 年 5 月完成前期疲劳试验,之后在进行极限载荷试验时发生故障,试验中止。后来,上飞院牵头对故障原因进行分析,对试验方案进行了改进,并于 2013 年 7 月重启疲劳试验。

② 翼梢小翼疲劳及损伤容限验证试验方案技术总结。

a.咨询通告 AC－20－107B 对复合材料结构验证的要求。

复合材料结构的验证要求,在咨询通告 AC－20－107B 中分 3 节(第 7 节静强度、第 8 节疲劳和损伤容限、第 9 节颤振和其他气动弹性稳定性)进行了介绍。本文着重介绍静强度以及疲劳与损伤容限相关条款的验证,下面简要列出 AC－20－107B 相关的要求。

(a)静强度要求。

复合材料设计的结构静强度验证,应考虑所有的关键载荷情况和相关的破坏模式,还应包括环境影响、材料和工艺的变异性、不可检缺陷或任何由质量控制、制造验收准则允许的任何缺陷以及终端产品维护文件所允许的使用损伤。

Ⅰ 应在静强度评定中,说明可能引起材料性能退化的重复载荷与环境暴露的影响。

Ⅱ 应通过分析和用一系列复杂程度逐渐增加的各种试验件试验程序,来可靠地确定复合材料结构的强度,工业界通常称为"积木式"方法(见图 4-85)。

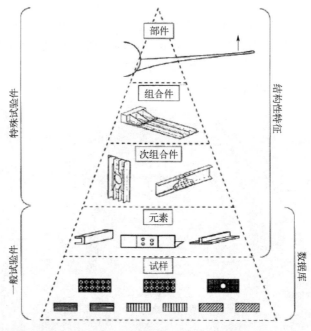

图 4-85　AC-20-107B 中给出的典型积木式试验方法

Ⅲ 如果积木式试验能可靠地预计环境影响,并在静力试验中或对静力试验结果的分析中予以考虑,则可以在大气环境下进行部件的静力试验。

Ⅳ 应按照生产规程和工艺来制造和装配静力试验件,使试验件能代表生产型结构(包括与按制造验收标准确定的限制值相一致的缺陷)。

Ⅴ 应在静强度验证中考虑复合材料结构的材料和工艺变异性,这主要是包括对制造的结构建立充分的工艺与质量控制,并通过试验与分析证明其具有所需的强度等内容。

Ⅵ 应证明,在制造和使用中预计很可能出现的,但不大于按所选检测方法确定的可检门槛值冲击损伤,不会使结构强度低于极限载荷能力,这可通过有试验证据支持的分析,或用试样、元件、组合件和部件级的试验组合来证明。

Ⅶ 在获得认证的已有结构中,较大的材料与工艺变化需要额外的静强度证实。

(b) 疲劳与损伤容限强度要求。

复合材料结构在民机应用中一般处于低应力环境,因此疲劳问题并不显著,只需要通过部件疲劳试验或由试验证据支持的分析,并计及适当的环境影响来证实。而损伤容限评定,则要复杂得多,也是复合材料结构适航验证的重点所在,其主要需要考虑的内容包括如下几点。

Ⅰ 损伤容限评定由识别其破坏会降低飞机结构完整性的结构开始,必须对结构进行损伤威胁评估,来确定在制造、使用或维护期间可能出现的损伤部位、类型和尺寸,评估中要考虑疲劳、环境影响、固有缺陷、外来物冲击或其他意外损伤(包括离散源损伤)。根据对损伤威胁的评估,可以将损伤分为以下5类。

第1类:可接受损伤,包括BVID以及无法检测的损伤,该损伤下结构需要满足极限载荷的静强度要求;

第2类:可检测的损伤,包括VID,损伤必须在检查间隔内不扩展,在检查间隔内必须确定可靠地被检测到,该损伤下结构需满足高于限制载荷的静强度要求;

第3类:明显损伤,包括大VID,必须在目视条件下非常容易在几个架次内发现,该损伤下结构需满足限制载荷或接近限制载荷的静强度要求;

第4类:离散源损伤,包括转子爆破等,在发生时即可被感知,该损伤下飞机结构需满足返航载荷的静强度要求;

第5类:高于设计准则的损伤,对于这类损伤没有静强度要求。同时结构设计师需要提供足够的抗损伤能力,使该类损伤一发生就能被确定。

Ⅱ 应对结构关键区域的典型结构件、元件、组合件进行重复载荷试验,来确定结构对损伤扩展的敏感性,这种试验可以形成证明损伤容限要求中无扩展的方法的基础。同时,应该通过考虑特定损伤的出现概率和与此损伤相关的剩余强度能力,来确定检查间隔,其目的是保证结构不在剩余强度下低于极限载荷要求,以致安全水平低于典型缓慢扩展状态的时间过久。一旦检出损伤,则我们需要对结构进行修理或更换部件。

Ⅲ 应确定初始可检损伤的大小,并与制造和使用时所用检测技术相一致。

Ⅳ 应确定剩余强度评定用的损伤大小,包括对所选外场检测方法的检出概率的统计。

Ⅴ 为疲劳试验和分析目的编制的载荷谱,应代表预期的使用用途,可以忽略对损伤扩展没贡献的低水平载荷,但不能降低最大载荷水平。疲劳特性的分散性可以通过在和放大或寿命分散系数来确定,这个系数需要计及试验件的数量。

Ⅵ 应编制包括检查频率、范围、方法在内的检查程序,并包括在维护计划中。

Ⅶ 在飞行中遭遇离散源损伤的结构,应当满足返航载荷的强度要求(作为极限载荷考虑)。

Ⅷ 损伤容限评估中,应阐明可能引起材料性能退化的温度、湿度和其他环境或老化因素的影响。除非在已知恒定环境下进行试验,否则应导出适当的环境因子并用于评估。

b. 翼梢小翼结构简介及其适航符合性验证计划。

ARJ21-700飞机翼梢小翼结构由全高度夹层结构、前缘、翼尖及根部对接组成。考虑翼尖载荷较小,翼型高度太低,翼尖将单独作为一部分。全高度夹层结构由前后梁、上下蒙皮、全高度泡沫、翼尖封严肋、根部封严肋组成。前、后梁为整体件，前、后梁之间和后缘为全高度夹芯结构，翼梢小翼整体结构如图 4-86 所示。

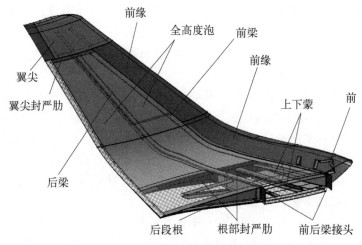

图 4-86　翼梢小翼的整体结构

　　小翼与机翼的连接采用插入式对接。仅中段与机翼主盒段连接，前缘与机翼固定前缘相连。后缘不连，由橡胶型材挤压贴合，橡胶型材固定在副翼舱端肋上，在副翼舱端肋上有一挡块供定位，保证外形阶差及保持协调变形。小翼的前后梁与机翼盒段前后梁通过前后梁接头用螺栓连接，可以拆卸。机翼主盒段 24 肋为"工"字形，一端与机翼壁板连接，另一端与小翼壁板用螺栓和游动托板螺母连接。小翼前缘蒙皮与外翼固定前缘隔板之间也是用螺栓和游动托板螺母连接的。

　　根据积木式试验方法，ARJ21-700 飞机翼梢小翼相关的试验项目，包括适航验证试验和相关的研发试验项目，如表 4-9 所示。从表 4-9 中可以看出，翼梢小翼适航验证所规划的试验项目覆盖了从试件级到部件级的各个级别（除了细节件级因为小翼结构本身没有典型的细节件，因此没有安排），符合 AC-20-107B 的要求。

表 4-9　翼梢小翼相关试验项目

试　验　名　称	试　验　类　别
翼梢小翼、襟翼子翼复合材料设计许用值试验	适航验证试验，试件级
翼梢小翼典型连接静力试验	适航验证试验，元件级
翼梢小翼复合材料夹层结构试验	适航验证试验，元件级
翼梢小翼、襟翼子翼典型层压板的损伤特性试验	适航验证试验，试件级
翼梢小翼 R 区静力试验	适航验证试验，组合件级
翼梢小翼静力试验	适航验证试验，部件级
翼梢小翼疲劳和损伤容限试验	适航验证试验，部件级

（续表）

试 验 名 称	试 验 类 别
翼稍小翼闪电防护试验	适航验证试验,部件级
翼梢小翼、襟翼子翼复合材料结构修理试验	研发试验,元件级
翼梢小翼、襟翼子翼典型层压板疲劳门槛值试验	研发试验,试件级
翼梢小翼损伤测定试验	研发试验,部件级

c. 翼梢小翼疲劳及损伤容限试验技术方案。

从 AC-20-107B 的相关内容可以看出,对复合材料结构进行静强度评估的同时,我们必须考虑重复载荷,即疲劳载荷的影响,并使结构在不同损伤程度下需要满足不同的载荷承载能力。所以,疲劳与损伤容限试验也包含了静力限制与极限载荷试验,这使得复合材料翼梢小翼的疲劳及损伤容限试验在很大程度上覆盖了静力试验,可以认为是小翼结构适航取证的关键试验。在这样一个关键试验的准备及实施过程中,需要进行哪些工作,获取哪些输入条件,开展哪些计算分析,不仅对小翼疲劳及损伤容限试验十分重要,同时也对后续的复合材料结构适航取证有较强的参考意义。图 4-87 为 ARJ21-700 飞机翼梢小翼疲劳与损伤容限试验的主要设计工作示意图。其中,试验方案的确定是基于试验件支持方案、试验载荷谱、损伤引入以及相关适航条款与咨询通告的基础之上的,虽然在图中没有给出直接的输入条件,但其实与所有的输入条件都有着直接的关联。下面就以图 4-87 中所列的 4 项工作对 ARJ21-700 飞机翼梢小翼疲劳与损伤容限试验作进一步的介绍。

（a）试验件支持。

由于翼梢小翼位于机翼的最外端,因此试验件支持方案的确定并不困难,而且与支持段的连接也可以参考飞机真实结构的连接形式。在考虑到试验加等因素后,我们最终确定的试验件支持方式如图 4-88 所示。试验件支持段取真实机翼结构 22～24 肋,并对刚度进行部分加强,支持段结构如图 4-89 所示。

在确定试验件支持方式的过程中,我们主要进行两部分的工作,即确保试验件的应力分布满足试验要求以及试验支持段具有足够的静强度和疲劳强度。这两者都需要通过分析来确定。

Ⅰ 试验件支持段对试验件应力分布的影响。

在 ARJ21-700 飞机翼梢小翼真实支持(在机翼与机身连接处施加固定约束)以及试验支持的有限元模型中,分别在翼梢小翼上施加极限载荷,计算得到翼梢小翼上下翼面的冯·米塞斯(Von Mises)应变,如图 4-90 和图 4-91 所示。从图中可以看出,两种支持形式下小翼翼面的应变分布基本一致,最大应变误差在 2% 以内,因此可以满足试验要求。

图 4 - 87 翼梢小翼疲劳与损伤容限试验主要设计工作

图 4-88 翼梢小翼疲劳与损伤容限试验支持形式

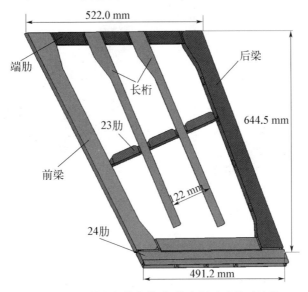

图 4-89 翼梢小翼疲劳/损伤容限试验件过渡段

Ⅱ 试验件支持段强度评估。

由于在翼梢小翼疲劳与损伤容限试验过程中,需要进行极限载荷静力试验,同时还需要考虑环境影响因子,因此虽然试验支持段相对于原结构进行了加强,但还是需要进行静强度的校核,可知过渡段的安全裕度均大于3,满足静强度要求。此外,试验件有限元模型对试验疲劳工况进行了应力分析,计算结果显示支持段的应力水平很低,所以支持段的疲劳强度也满足试验要求。

(b) 试验载荷谱。

作为疲劳试验最重要的输入条件之一,载荷谱的确定决定了试验是否能够真

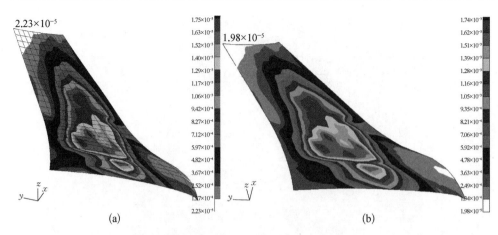

图 4 - 90　翼梢小翼上翼面应力分布
（a）真实支持　（b）试验支持

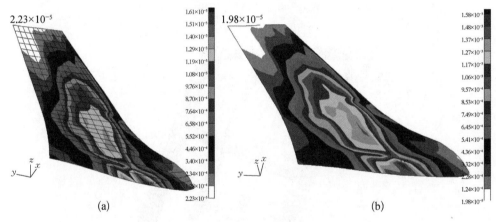

图 4 - 91　翼梢小翼下翼面应力分布
（a）真实支持　（b）试验支持

正地达到考核复合材料结构疲劳特性的目的；而复合材料结构的疲劳特性又与金属结构有很大的差异，因此无法将全机疲劳试验的载荷谱直接用于翼梢小翼疲劳试验。图 4 - 92 给出了确定翼梢小翼疲劳载荷谱的主要步骤。

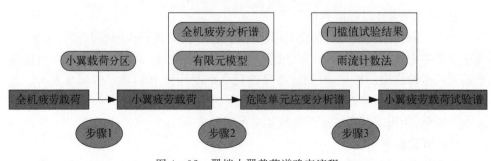

图 4 - 92　翼梢小翼载荷谱确定流程

Ⅰ 翼梢小翼疲劳载荷。

虽然在全机疲劳分析谱中给出了小翼的疲劳载荷分析谱,但却没有给出小翼的疲劳载荷。而在全机有限元模型中,小翼在疲劳工况下只施加了垂向载荷,因此在考虑小翼本身的疲劳分析时,我们需要通过载荷分区,将适当的侧向载荷施加到小翼结构上。根据小翼气动载荷的分区说明,可以按图4-93将小翼分为2个分区,1区域(垂直段)与2区域(水平段)的气动载荷方向夹角为70°。通过这样的分区,可以重新计算翼梢小翼的疲劳气动载荷,再叠加上惯性载荷,即可得到较为精确的小翼疲劳载荷。

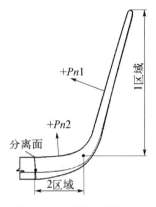

图4-93　翼梢小翼气动载荷分区

Ⅱ 危险单元应变分析谱。

翼梢小翼疲劳及损伤容限试验分析谱沿用了全机疲劳分析谱的5×5编谱方法,以1/10设计服役目标寿命(5 000次飞行)所对应的载荷谱为一个谱块,一个寿命期的疲劳试验分析谱由10个谱块构成。

由于翼梢小翼为复合材料结构,因此在进行分析谱编制的时候,不能与金属结构一样进行高载截除,因此把各任务段1个寿命期内超越次数在10~1次之间的载荷谱段离散成4级高载循环,共10次。1个寿命期内第1级高载循环次数为1次,第2级高载循环次数为2次,第3级高载循环次数为3次,其载荷水平均大于同任务段内A类飞行的最高载。第4级高载循环次数为4次,其载荷水平与同任务段内A类飞行的最高载相同。分别使用各任务段的第1级、第2级、第3级高载循环来替换全机疲劳试验载荷谱(5×5谱)中A类飞行中相同任务段的最高级载荷,即可分别形成A1、A2、A3飞行类型。经高载替换后,一个寿命期内即可形成A1高载飞行1次,A2高载飞行2次,A3高载飞行3次。分别将A1、A2和A3高载飞行替换全机疲劳试验载荷谱(5×5谱)1/10寿命谱块中的A类飞行,即可形成引入高载的翼梢小翼1/10寿命谱块。引入高载的1/10寿命谱块(共6个)与4个全机试验载荷谱1/10寿命谱块共同构成翼梢小翼1倍寿命的疲劳试验分析谱。

A、B、C、D、E类飞行类型使用情况排序及一个循环块内5类飞行排序仍然沿用全机飞—续—飞疲劳载荷谱进行编制。每类飞行按照各个任务段相同等级严重程度的随机谱与定态谱、等幅循环谱组合构成一个完整的飞行起落载荷谱。

为了对翼梢小翼疲劳试验载荷谱进行简化,我们通过有限元模型计算了346种疲劳载荷工况(包括38种基本型载荷工况与308种组合型基本工况)下的结构应变。由于复合材料结构的疲劳寿命对压应变最为敏感,因此我们对各个复合材料单元的最大压应变进行统计。经过对压应变的分析,层压板单元8137041确定为危险单

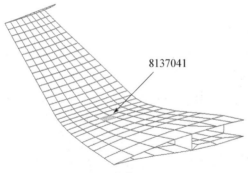

图 4-94　翼梢小翼复材结构有限元
模型及危险单元

元(见图 4-94)。

将该危险单元在各个工况下的应变按照 A(含 A1、A2、A3)、B、C、D、E 类飞行载荷情况的顺序进行排列,就可以得到各类飞行翼梢小翼危险部位的应变谱。

Ⅲ 翼梢小翼疲劳载荷试验谱。

在得到翼梢小翼危险单元的应变谱之后,我们就可以通过雨流计数,给每一类飞行类型使用的载荷工况进行两两配对(见图 4-95),从而得到各类飞行中所包含的每一组载荷循环的幅值以及应力比。

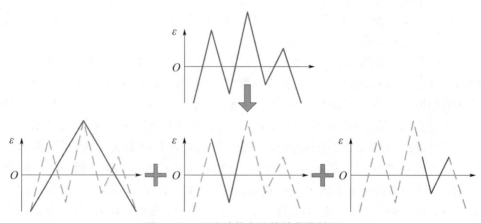

图 4-95　雨流计数方法统计载荷循环

复合材料单个载荷循环所造成的损伤对循环幅值十分敏感,我们通过门槛值试验的结果,可以得到翼梢小翼典型铺层循环幅值与损伤的指数关系:

$$Damage \propto \sigma_a^{15.5}$$

由上式可知,小幅值应变对于复合材料结构几乎不造成损伤,因此完全可以在疲劳试验谱中去除,从而大大简化试验载荷谱。在与适航局方进行多次沟通后,这样的分析思路得到了认可,并确定了最终载荷循环筛选的依据为根据损伤累积估算,总损伤不小于原载荷谱损伤的 99%;危险单元应变幅值大于 200 $\mu\varepsilon$ 的循环均被保留。

根据小翼壁板典型铺层门槛值试验的结果,基于以上原则剔除的载荷循环产生的应变幅值均小于材料门槛值的 20%,因此此处理是保守的。

单倍疲劳寿命(50 000 起落循环)载荷点数简化前后对比如表 4-10 所示,简化前后各类飞行的载荷顺序如图 4-96~图 4-103 所示,从中可知载荷谱简化后载

表 4 - 10　载荷谱简化前后单倍寿命载荷点数统计对比

简　化　前			简　化　后		
载荷情况	载荷点数目	出现次数	载荷情况	载荷点数目	出现次数
A1	5 396	1	A1	332	1
A1	5 396	1	A1	332	1	332
A2	5 396	2	A2	330	2	660
A3	5 396	3	A3	330	3	990
A4	5 396	4	A	338	4	1 352
B	2 969	130	B	126	130	16 380
C	880	2 550	C	30	2 550	76 500
D	405	12 760	D	8	12 760	102 080
E	291	34 550	E	4	34 550	138 200
总计		50 000	17 905 780	总计		50 000	336 494
平均飞行 载荷数	358.11	理想试验 时间	55.3 月	平均飞行 载荷数	6.73	理想试验 时间	1.0 月

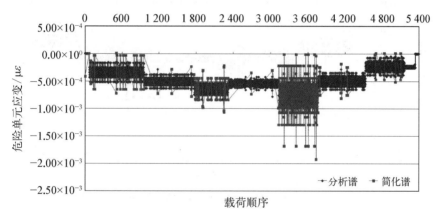

图 4 - 96　A 类飞行载荷谱简化前后危险单元应变曲线

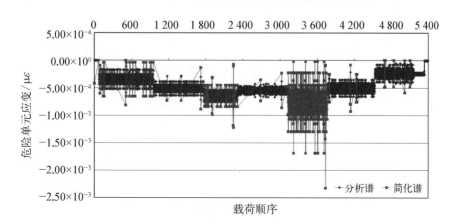

图 4 - 97　A1 类飞行载荷谱简化前后危险单元应变曲线

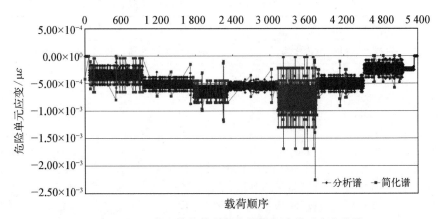

图 4-98　A2 类飞行载荷谱简化前后危险单元应变曲线

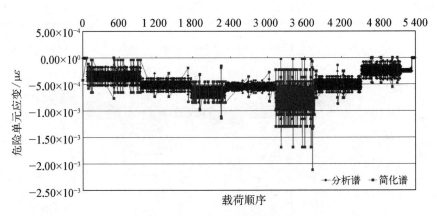

图 4-99　A3 类飞行载荷谱简化前后危险单元应变曲线

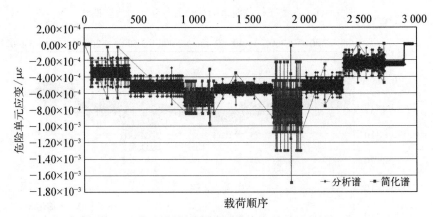

图 4-100　B 类飞行载荷谱简化前后危险单元应变曲线

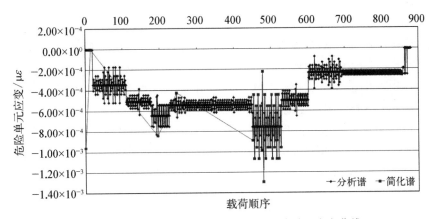

图 4 - 101　C 类飞行载荷谱简化前后危险单元应变曲线

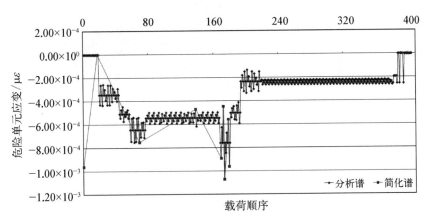

图 4 - 102　D 类飞行载荷谱简化前后危险单元应变曲线

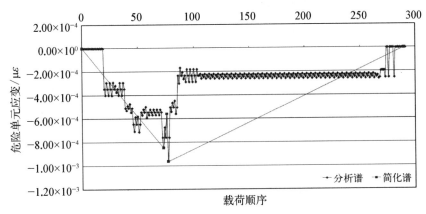

图 4 - 103　E 类飞行载荷谱简化前后危险单元应变曲线

荷数目减小到了原来的 1/50,收益巨大。

（c）损伤引入。

根据第 2 节的介绍,适航咨询通告对复合材料疲劳性能的验证,十分明确地提出了对损伤的考虑的必要性,并对不同级别的损伤类型(共 5 类)所对应的结构承载能力给出了明确的要求,而每一类结构所可能受到的损伤必须进行足够的分析,同时考虑该损伤覆盖制造要求中所允许的损伤。

Ⅰ 翼梢小翼可能遇到的损伤分析。

ARJ21－700 飞机翼梢小翼安装于机翼端部,位于盒段 24♯肋外侧,位置及结构示意如图 4－104 所示。

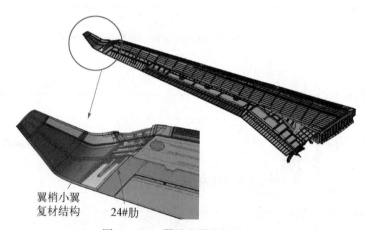

翼梢小翼复材结构　　24#肋

图 4－104　翼梢小翼位置示意图

翼梢小翼主要能遇到的损伤为制造缺陷、制造损伤和使用和维修过程中造成的损伤。

由于翼梢小翼在出厂之前必须经过严格的检验,一旦出现大的缺陷和损伤都必须经过工程处理,进行修理或报废,所以翼梢小翼在制造过程中存在的缺陷和损伤都属于工程可以接受的小损伤,可以用 BVID 损伤来模拟。

使用和维修过程中的损伤主要包括维修过程中工具掉落产生的损伤、飞机起飞和着落时遇到沙石溅射引起的损伤,飞行过程中的冰雹斜向打击及雷击损伤。从翼梢小翼安装位置来看,它不会受到发动机叶片破裂、抗鸟撞、轮胎爆裂这类的离散源损伤,所以 ARJ21－700 飞机翼梢小翼的离散源损伤仅需考虑雷击损伤。

综上所述,翼梢小翼在使用和维修过程中遇到的损伤可以用 BVID、VID、大VID 损伤及离散源 4 类损伤来模拟。

Ⅱ 小翼验收技术条件对复材小翼结构件初始损伤控制的要求。

验收技术条件对翼梢小翼复材件损伤要求大致有:孔隙率不大于 2%;另外,对最大的分层或脱胶允许缺陷的规定如下所述。

翼梢小翼的分层和脱胶缺陷区域分为 A、B、E 3 区分别控制。

各个区域允许的最大缺陷尺寸不应大于 $x+y=2z$。

Ⅲ 复合材料翼梢小翼疲劳及损伤容限试验损伤确定。

翼梢小翼的 BVID 损伤主要原因有制造缺陷、工具掉落、跑道碎石溅射等。在疲劳及损伤容限试验中,我们采用在试前对试验件引入 BVID 损伤的方法来模拟和覆盖制造和使用中允许产生的缺陷和损伤,为了保守起见,后期引入的 BVID 损伤为

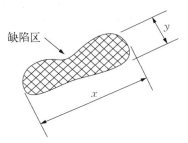

图 4-105　缺陷示意图

注:图中 y 是缺陷横向最大投影宽度;x 是垂直于 y 方向的缺陷投影长度。

冲击损伤,要求冲击损伤的回弹后凹坑深度不小于 0.3 mm,根据之前进行的试验结果,冲击损伤即时凹坑深度不小于 0.75 mm。

通过试验及分析确定在 ARJ21-700 飞机疲劳和损伤容限试验中引入的 VID 损伤为回弹后凹坑深度为不小于 1.0 mm 冲击损伤。同时在疲劳和损伤容限试验中我们还需要考虑维修中壁板表面受到的划伤、刻痕等损伤,并对这类损伤进行验证。

翼梢小翼的大 VID 损伤主要是指大能量的工具掉落,大冰雹打击等。在翼梢小翼损伤确定试验中,按照最大能量要求,我们在翼梢小翼壁板的不同位置进行了不同能量的冲击,通过不同位置损伤的模拟试验确定最大的损伤,并将损伤引入疲劳和损伤容限试验中进行验证。损伤确定试验的试验结果显示,对于翼梢小翼壁板最大损伤面积为 1 892 mm² ,所以在翼梢小翼疲劳和损伤容限试验中大 VID 损伤可以按照最大损伤来取。因此,在疲劳与损伤容限试验中引入的大 VID 损伤面积为 4 000 mm² 的壁板损伤。

翼梢小翼疲劳和损伤容限试验离散源损伤主要考虑雷击损伤,按翼梢小翼雷击试验的结果在试验中引入最大雷击损伤,在翼梢小翼疲劳和损伤容限试验中引入的雷击最大损伤是直径为 50 mm 的穿透孔。

复合材料疲劳和损伤试验引入的位置按照 3 个原则进行。受力较严重的强度危险区域;可能产生损伤的区域;结构的不同区域,即不同厚度的铺层及是否具有泡沫夹芯等。

按照上述 3 个原则确定的翼梢小翼疲劳和损伤容限试验引入损伤的位置及数量,如表 4-11 和图 4-106 所示。其中,冲击损伤的能量通过翼梢小翼损伤测定试验给出。

Ⅳ 疲劳与损伤容限试验方案确定。

虽然适航咨询通告对于复合材料结构的适航验证给出了很多相关的原则和要求,但对于试验的具体实施并没有完全的规定。由于我们需要在疲劳及损伤容限

表 4 - 11　翼梢小翼疲劳和损伤容限试验引入损伤

损伤类型	损伤编号	损 伤 类 型	损 伤 位 置	引 入 方 式
BVID	1#	BVID损伤：回弹后的凹坑深度	上壁板水平盒段	冲击,36 J
	2#		上壁板 R 区盒段	冲击,32 J
	3#		上壁板垂直盒段	冲击,29 J
	4#		下壁板 R 区后缘	冲击,11J
VID	5#	回弹后损伤的凹坑深度不小于 1 mm	上壁板 R 区盒段	冲击,42 J
	6#		上壁板 R 区后缘	冲击,15 J
	7#	划伤	下壁板 R 区盒段	工具划开
	8#	划伤	上壁板垂直盒段	工具划开
大 VID	5#	壁板冲击分层损伤	上壁板 R 区盒段	冲击,36 J
雷击损伤	9#	穿透孔	下壁板垂直后缘	工具切除

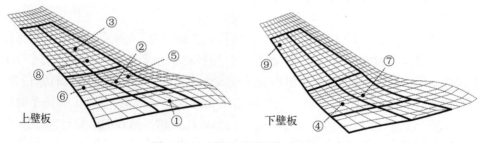

图 4 - 106　翼梢小翼损伤引入位置

试验中对小翼结构带不同损伤下的承载能力分别进行试验,因此需要合理地规划整个试验流程。在我们编制翼梢小翼疲劳与损伤容限试验流程的过程中,很大程度上参考了波音公司在 B777 复合材料平尾适航取证过程中的做法。

经过与适航局方的交流,我们最后确定的翼梢小翼疲劳与损伤容限试验方案如表 4 - 12 所示。我们可以发现两者基本类似,只在载荷工况和部分载荷定义上存在细微区别,如 B777 尾翼试验中用 60% 限制载荷进行应变静态测量,用于测试试验设备以及试验件初始状态,而在 ARJ21 小翼试验中,因为载荷较小,因此直接使用限制载荷静力试验达到相同的目的;B777 尾翼试验中进行了 3 个设计极限载荷试验,而对 ARJ21 小翼而言因为载荷情况较为简单,只需要进行 1 个;B777 尾翼最后的大 VID 试验中采用 70% 限制载荷作为返航载荷,而对 ARJ21 小翼试验而言,因为载荷较小,也直接采用限制载荷试验来代替。此外,在目前的 ARJ21 小翼疲劳与损伤容限试验中,暂时没有规划对修理的验证内容,这将在以后考虑。

表 4 - 12　**ARJ21 - 700 飞机翼梢小翼疲劳与损伤容限试验方案**

序　　号	试 验 内 容	试验附属项目	备　　注
第 1 阶段		疲　劳　试　验	
1	引入损伤	目视第 1 阶段损伤,对损伤部位进行超声检测	引入 BVID 损伤
2	限制载荷静力试验	载荷情况 PH010501152S,对损伤区域进行超声检测	考虑环境因子
3	1 倍目标寿命的疲劳试验	试验结束后进行超声检测	50 000 次飞行起落
4	限制载荷静力试验	载荷情况 PH010501152S,对损伤区域进行超声检测	考虑环境因子
5	1 倍目标寿命的疲劳试验	试验结束后进行超声检测	50 000 次飞行起落
6	极限载荷静力试验	载荷情况 PH010501152S,对损伤区域进行超声检测	考虑环境因子
第 2 阶段		损伤容限试验	
1	引入损伤	引入第 2 阶段损伤,对损伤区域进行超声检测	引入 VID 损伤
2	2 倍检查间隔的损伤扩展试验	试验结束后对损伤区域进行超声 C 扫描	1 倍检查间隔定义为 12 000 次飞行起落
3	限制载荷静力试验	载荷情况 PH010501152S,对损伤区域进行超声检测	考虑环境因子
第 3 阶段		大 VID 损伤及离散源损伤的疲劳及损伤特性验证试验	
1	引入损伤	引入第 3 阶段损伤,对损伤区域进行超声检测	引入大 VID 损伤及雷击损伤
2	限制载荷静力试验	载荷情况 PH010501152S,对损伤区域进行超声检测	考虑环境因子

4.2.4　动强度验证工作

说到动强度,很多人的第一反应是振动,感性地认为振动就是动强度,动强度就是振动,其实不然。对于民机来讲动强度工作包含哪些范畴,具体需要开展哪些工作,如何开展,工作成果如何鉴定等,都是民机设计过程中必须解决的问题。

先来解决第一个问题:民机动强度工作包含哪些范畴? 一句话,围绕适航规章,凡是适航规章中涉及的,或间接或直接,都是民机动强度所要包含的范畴。对于 ARJ21 - 700 飞机,其适用的民航规章为 CCAR - 25 部,其中有几十条是与动强度相关的。

民机动强度团队开展的一切工作都是围绕上述相关条款内容进行的,条款要求不同,所需开展的工作内容各有不同。从大的专业方向上可以分为:结构振动、声疲劳、鸟撞、坠撞等。ARJ21 - 700 飞机动强度全部工作都是围绕上述条款进行的,但是由于国内首次严格按照适航规章进行民机研制,对条款内容的理解存在不足和差异,导致在整个型号动强度相关适航验证过程中走了很多弯路,同时也获得了很多教训,最终取得了局方的认可,通过了适航验证。具体工作过程在下述章节中进行详细阐述。

4.2.4.1　声疲劳验证工作

1) 声疲劳起步

声疲劳是指在高强度噪声作用下,飞机结构反复振动产生的疲劳破坏。根据 CCAR - 25.571(d) 条款的要求,ARJ21 - 700 飞机必须满足声疲劳的相关技术要求。上海飞机设计研究院的声疲劳适航验证工作启动于 2005 年。当时的状态可谓一穷二白,没有任何声疲劳分析与试验的经验,也没有任何适航验证的经验。"筚路蓝缕,以启山林",从事声疲劳工作的技术人员就这样开始了漫长的征程。

2) 声疲劳分析

要进行声疲劳适航验证,首先要解决的便是分析方法问题。从喷气式飞机诞生之日起,国外在声疲劳分析方面开发了很多种工程方法,这些方法都产生于计算机普及之前,方法的使用非常依赖实际经验。国内关于声疲劳方面的文献资料手册等大多引用这些方法,但是都介绍得不够详细,图片公式也残缺不全。强度部的技术人员开始在这些方法中沙里淘金,四处搜集整理。最终找到一种相对比较完整,可以用于 ARJ21 - 700 飞机的分析方法,并结合实际的计算,逐渐积累了方法使用方面的经验。

图 4 - 107　声疲劳研发试验件示意图

2005 年至 2007 年,第一次声疲劳研发试验开展。此次试验的目的,是获取适航验证所需的材料随机 $S - N$ 曲线,并同步进行分析,积累分析和试验方面的经验。试验根据所使用设备的不同,分为振动台试验和行波管试验两类,用振动台测得材料的随机 $S - N$ 曲线,然后设计加工典型机身蒙皮结构,在行波管上验证试验件寿命,试验件如图 4 - 107 所示。

经过此次研发试验,声疲劳工作团队初步掌握了分析方法,并创新性地将有限元的模态和应力计算结果引入原来的经验公式中(见图 4 - 108),极大地克服了原来的经验公式方法的诸多局限性。

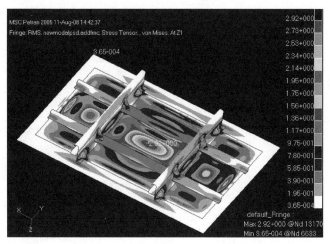

图 4 - 108　声疲劳研发试验有限元分析

3）噪声载荷输入

所谓声疲劳，首先是噪声问题，其次才是疲劳问题。噪声是整个声疲劳适航验证工作最重要的输入条件。ARJ21 - 700 飞机在选取考核区时，使用了 GE 公司地面台架试验的噪声数据，这个试验的过程上飞院未能目击，拿到的数据是否真实合理，让声疲劳设计人员心里没有底。再者，地面台架试验的噪声数据一般而言比飞机真实飞行过程中的噪声更大。使用这样一个更大的噪声，对设计来说，是保守的、不利的。为了获得真实可靠的噪声数据，尽量降低适航验证试验风险，声疲劳专业的设计人员着手对 ARJ21 - 700 飞机的地面和飞行过程中的噪声进行实测。

从 2010 年至 2011 年，声疲劳设计人员跟随着飞机从上海转场到西安阎良，与上飞厂、试飞站、中航商飞、试飞院等诸多单位和部门协调，并获得罗荣怀总指挥等领导的大力支持，在非常紧张的试飞周期之下，仍然进行了地面测试和 6 个架次的空中测试。噪声测试的传声器布置如图 4 - 109 所示。

在噪声测试过程中，设计人员还得到了总体气动部的引进人才、来自美国的 Cyrille Breard 博士的支持，改进了测试方案，并最终取得了理想的测试结果。

4）选取考核部位

声疲劳适航条款，是一项面向全机的条款，从原则上来说，对整个 ARJ21 - 700 飞机都要进行声疲劳的适航符合性验证。但是进行全机验证，分析和试验的成本都太高，是型号研制所不能承受的。从 2007 年至 2009 年，声疲劳设计人员结合国内外的相关文献，结合 ARJ21 - 700 飞机的噪声分布以及飞机构型上的特点，一步步艰难筛选，终于确定了全机声疲劳考核部位，即中后机身钛合金侧壁板。这一考核部位的确立，是整个声疲劳验证过程中具有里程碑意义的一个节点。从此之后，声疲劳适航验证转入试验攻关阶段。

删选考核部位时，分析过程如图 4 - 110 所示，图中包括中后机身、中后机身补

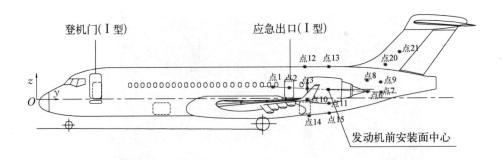

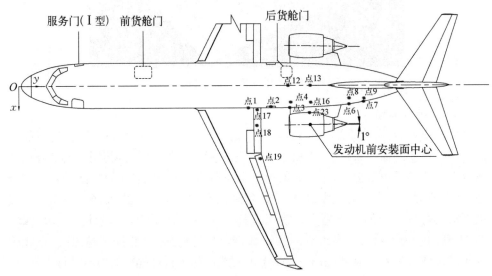

图 4 - 109　噪声测试的传声器布置示意图

充、吊挂。

5）开展声疲劳试验

开展声疲劳试验，本身也是上海飞机设计研究院的一项技术空白。由于 ARJ21 - 700 飞机选取的考核区面积比较大，而适航代表又要求试验件所覆盖的区域大于考核区，以消除边界效应的影响，这就带来了一系列的问题。首选便是试验单位的行波管太小，不能满足我们要求的问题。所以，上海飞机设计研究院技术人员一边忙于设计试验件图纸，一边又要与试验单位协调，设计全新的行波管。而试验件的具体尺寸，与行波管的尺寸相互影响，使得设计一波三折，期间还经常有适航审查代表提出的各种意见，试验件出了一版又一版，而为了与行波管相连，又专门设计增加了一个过渡段夹具与试验件相连。最终试验件图纸在 2010 年完成最终设计，并获得适航代表批准。试验件与过渡段夹具的设计图如图 4 - 111 所示。

声疲劳验证试验，总时间长达数年。而且声疲劳试验成本高昂，受到国外的技术封锁影响，试验设备也是国内仅有的，一旦损坏，将导致我们的试验无法继续进

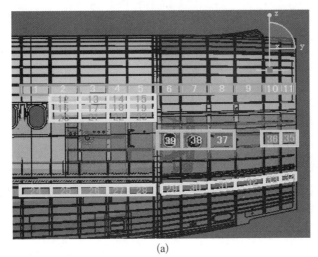

(a)

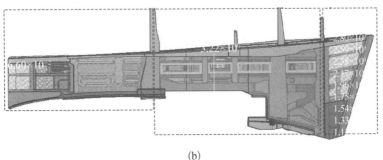

(b)

图 4 - 110 考核部位删选分析过程

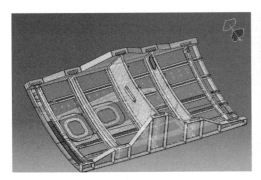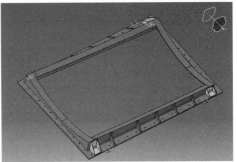

图 4 - 111 试验件与过渡段夹具的设计

行试验。为了降低风险,节约成本,必须对试验进行加速。经过与适航审查代表反复沟通,最终确定,专门开展一个试验,来验证加速方案的可行性,并确定加速中的一些参数。

加速试验开展时,时间已经是 2012 年。试验件量很大,而且全部是行波管试验,这样大的数量,对设计人员和试验人来说,都是一个不小的挑战。试验过程中暴露出来的试验件分散性问题、装配问题、结果分散性问题,都困扰了技术人员很长时间。一切,都因为没有经验;而经验,也只能在挫折和磨炼中,一点一点学习、积累。

2013 年初,两件钛合金壁板声疲劳试验件终于加工完成,并运送到试验单位。而试验方案也已经有了很大改变:两件试验件,一件用于研发试验,另一件用于验证试验。声疲劳验证试验对试验件的考核十分严格,试验风险陡增,令声疲劳设计人员的心悬在了半空。况且,这样大型的声疲劳验证试验,国内前所未有,上飞院更是第一次做声疲劳试验,严重缺乏试验经验,任何人不敢有丝毫懈怠。

研发试验按照预定方案开展,一次次地检查,每一次的数据,都牵动着所有参与过声疲劳工作人员的心,生怕试验过程中出现任何的问题。不过好在直到试验结束,仍然没有出现声疲劳裂纹,试验获得了成功,大家终于舒了一口气。不过针对试验中发现的诸多方案上的不足,却不能视若无睹。研发试验后,试验人员对验证试验大纲进行了大刀阔斧的修改,并与适航代表进行了两轮沟通,最终顺利获得批准,验证试验由此可以开试。

2013 年 6 月 14 日,声疲劳验证试验的准备工作迎来了大考。当天,来自上飞院和 623 所的众多专家云集一堂,对验证试验大纲、试前准备状态进行了评审,评审通过后,下午随即进行了试验的制造符合性检查。由于之前已经进行了精心的准备,声疲劳试验的第一次制造符合性检查当场获得通过。ARJ21 - 700 飞机声疲劳验证试验开试。从 6 月 14 日到 6 月 23 日,所有跟试人员和试验人员夜以继日地加班加点,严格按照加速后的试验大纲开展并完成了验证试验(见图 4 - 112)。

图 4 - 112　试验现场图片

从 2005 年至 2013 年，ARJ21‐700 飞机声疲劳适航验证走过了艰难的 8 年攻关之路。自身缺乏经验，而又没有强有力的外部支持，是声疲劳工作的最困难之处。而坚持到底不放弃，在困难面前越挫越勇，是最重要的成功法宝。ARJ21‐700 飞机的声疲劳验证，走出了一条前人没有走过的道路，为后续型号和工作积累了非常难得的宝贵经验。

4.2.4.2 民机鸟撞验证工作

2007 年至 2008 年上海飞机设计研究院(简称上飞院)和第一飞机设计研究院(简称一飞院)采用了相同的 PAM‐CRASH 软件进行了第一轮鸟撞仿真分析，上飞院计算结果是仅有几个单元发生破坏，一飞院计算结果是蒙皮完全不破坏。基于上述分析结果的差异性，我们在 2009 年底开展了机头第一轮研发试验，包括座舱盖上壁板和机头侧壁板两个部位，试验结果具体如图 4‐113 所示。

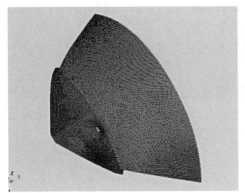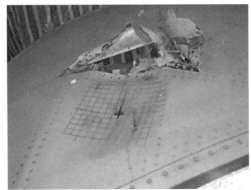

图 4‐113　第一轮座舱盖上壁板仿真试验对比情况

机头鸟撞研发试验的结果犹如当头棒喝，给技术人员重重一击。一方面，仿真计算结果与试验结果有着质的差异，说明我们当时的仿真分析方法不可靠，计算所用的参数不准确；另一方面，机头研发试验过程中结构出现了穿透性破坏，严重不满足鸟撞适航要求，结构必须进行更改。

但是，结构如何更改才能满足鸟撞要求呢？仅仅机头部位结构不满足要求吗？如何确定其他部位的抗鸟撞能力并进行设计更改呢？……所有这些问题对于当时仅有 1 人的上飞院鸟撞团队来说犹如盲人摸象，不知所以；就像在汪洋大海中独木行舟，全然不知未来的道路和方向。鸟撞研发试验使得当时设计团队从之前的一片欢乐祥和瞬间降到了冰点，遭遇了型号研制以来最大的重创。鸟撞问题不像静强度问题，如果结构静力试验出了问题，我们可以通过细化计算分析部位等提出解决方案，因为我们相信静强度分析方法的准确性，确信经过无数次大小型试验证明过的静强度计算分析结果是可靠的，可以作为结构更改的强有力的支撑和依据。但是，鸟撞不同，鸟撞我们基本是零积累，既没有工程可用的、准确的分析方法可用，更没有大量的试验作为依据。面对这样一个基本无方向、无方法的问题，上海飞机设计研究院作为设计主体,成立了"ARJ21飞机全机鸟撞适航验证攻关队",鉴于鸟撞验证工作是一项全机性的系统工程,攻关队包含了上飞院大部分技术部门,包括总体布置、结构、强度、四性、各个系统等多个专业。攻关团队的具体运行和工作情况在后续专门的重大技术攻关章节进行详细阐述。

基于机头第一轮研发试验的失败,有三个技术问题亟待解决:

第一,缺乏一套可靠的仿真分析手段和方法。试验结果与前期鸟撞分析结果相差甚远,甚至存在质的差异,说明在前期进行的鸟撞仿真分析中存在着参数不合理,建模有缺陷等问题,还不能作为适航验证的有力工具。也充分说明了当时国内鸟撞动力学仿真分析方法尚不能保证大型复杂结构系统鸟撞分析结果的合理性和可靠性,急需一套可以准确预计鸟撞结果的有效方法。

第二,缺乏具体化可实施的标准。CCAR-25部对民用飞机的抗鸟撞设计仅仅给出了原则性的要求:飞机在遭遇鸟体撞击后能够继续安全飞行和着陆。如何将这样一个原则性要求转化落实成具体的设计要求就成了民用飞机抗鸟撞适航取证的首要技术难点。且缺乏一套系统的鸟撞适航验证体系和流程,没有系统化的工作思路和方法。

第三,原构型不能满足抗鸟撞设计要求,必须进行设计更改。几次部件级研发试验均以失败告终,说明原设计构型状态下机头、平尾、垂尾几大部件均不能满足鸟撞适航要求,必须开展结构抗鸟撞适应性更改设计和完善。

1) 获取可靠的仿真分析方法

面对仿真分析方法不可靠问题,上飞院鸟撞动力学团队开展了大量的、数以百计次的研发试验和模型修正,最终获得了可靠的鸟撞动力学分析方法。针对仿真分析方法,首先进行了上千个工况的计算尝试,获取了较合理的参数;最后对计算参数的通用性进行了研究,即机头座舱盖上壁板的参数能否应用到机头侧壁板、机翼、平尾和垂尾,后续的结构更改和适航验证试验证明我们的参数通用性还是较合理的。图4-114为模型修正后的试验结果与仿真对比情况。

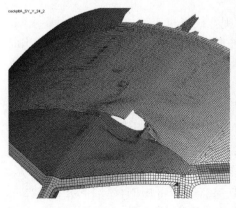

图4-114　修正后座舱盖上壁板撞击点仿真与试验结果对比

2) 机头鸟撞适航验证

基于已经获取的可靠的、工程可用的鸟撞动力学分析方法,上飞院鸟撞团队开展了各个部位鸟撞适应性设计更改并开展了一系列适航验证工作。其中,ARJ21-700飞机机头原始构型共有三个区域不能满足设计要求,针对各自的特点,制定了不同的结构更改方案。机头鸟撞适航验证工作包括以下几个方面:

(1) 开展机头计算选点分析,针对机头更改后的结构进行了最后一轮的有限元建模、仿真计算和对比分析,选取了适航验证试验点。

(2) 开展机头适航试验,ARJ21-700飞机机头鸟撞适航验证试验分阶段进行,图4-115为试验后照片,蒙皮产生永久变形。

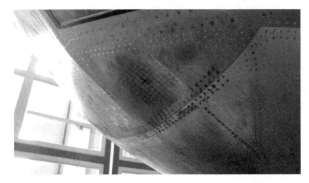

图4-115 试验后照片-蒙皮产生永久变形

3) 平尾鸟撞适航验证

ARJ21-700飞机平尾前缘位于平尾外伸段前梁之前,由固定前缘和可卸前缘组成。可卸前缘又分为内段、中段、外段三部分。整个前缘共有3个对接区,如图4-116所示。整个水平安定面主要是通过平尾盒段的一个加强肋与垂尾相连的。针对平尾三个区域不同的结构形式,依据计算仿真结果开展了一系列设计更改方案,最终确定了最优更改方案,并开展了平尾适航验证工作。

(1) 平尾鸟撞有限元模型的建立。

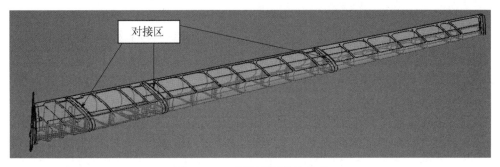

图4-116 平尾前缘结构示意

整个平尾有限元模型主要由平尾前缘、前缘隔板、前梁、后梁、前梁与后梁间的平尾盒段组成。其中平尾前缘、前梁是鸟撞主要考察部件，所以其有限元网格尺寸较小，而平尾前梁之后的盒段及后梁主要是为了模拟平尾根部的边界约束而建立的，所以其网格尺寸相对较大。平尾鸟撞分析有限元模型如图 4-117 所示。

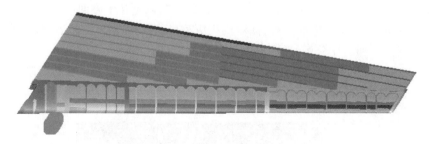

图 4-117　平尾鸟撞分析有限元模型

（2）平尾鸟撞计算工况说明。

平尾前缘鸟撞分析考虑了平尾前缘后掠角。平尾前缘在结构上分为固定前缘和可卸前缘，在有限元分析时可卸前缘根据蒙皮厚度的不同又分为内段、中段和外段。模型建立后，在固定前缘、可卸前缘内段、可卸前缘中段、可卸前缘外段四个区域中进行了多点的仿真计算，最终选取了各区域中相对严重和具有代表性的撞击点。

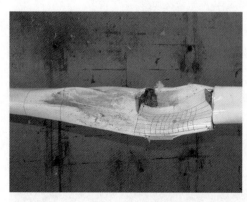

图 4-118　平尾试验结果

（3）平尾鸟撞计算结果对比。

根据平尾固定前缘和可卸前缘内段、中段、外段鸟撞分析结果（见图 4-118），可以选出对几个点作为适航验证试验点，开展适航验证试验，并将结果进行对比，结果表明与仿真分析结果吻合。

4）机翼鸟撞适航验证

机翼前缘结构按缝翼的布置分 3 段建立有限元模型（见图 4-119），分别为机翼内段前缘有限元模型、机翼中段前缘有限元模型、机翼外段前缘有限元模型。每段模型包括该段的固定前缘、缝翼、机翼前梁和防冰管结构。由于内、中、外段机翼前缘结构形式相同，使用相同的建模方法，关于有限元模型这里仅以内段前缘为例进行说明。

综合机翼前缘两种构型的鸟撞分析结果，可以选出对结构破坏相对严重的撞击点作为适航验证试验点并开展了适航验证试验，前缘蒙皮产生破坏，机翼前梁没有发生破损，均满足适航要求，且与分析结果吻合。试验结果如图 4-120 所示。

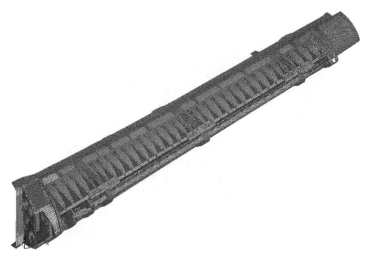

图 4 - 119   机翼前缘总体有限元模型

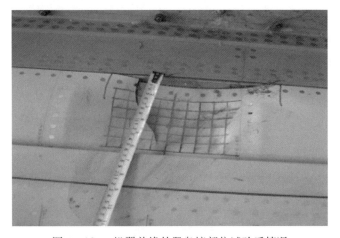

图 4 - 120   机翼前缘外段鸟撞部位试验后情况

5) 垂尾鸟撞适航验证

ARJ21 - 700 飞机垂尾前缘由垂尾背鳍、垂尾可卸前缘、垂尾翼尖前缘组成,如图 4 - 121 所示。垂尾前缘位于垂尾前梁之前,在实际飞行中飞鸟对飞机垂尾的撞击就主要集中在垂尾前缘处,因此选取前缘部分为鸟撞分析部位。

(1) 垂尾鸟撞计算工况说明。

整个垂尾有限元模型主要由垂尾前缘、前梁、后梁、前梁与后梁间的垂尾盒段组成。其中垂尾前缘、前梁是鸟撞主要考察部件,所以其有限元网格尺寸较小,而垂尾前梁之后的盒段及后梁主要是为了模拟垂尾后面的边界而建立的,所以其网格尺寸相对较大。垂尾有限元模型如图 4 - 122 所示。

(2) 垂尾鸟撞计算工况说明。

垂尾前缘鸟撞分析考虑了垂尾前缘。垂尾前缘在结构上分为背鳍、可卸前缘

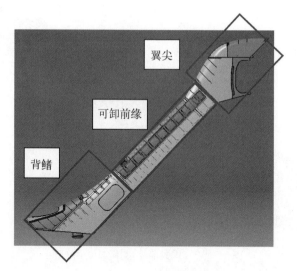

图 4-121　飞机垂尾前缘示意图

图 4-122　垂尾鸟撞分析有限元模型

和翼尖。模型建立后,在背鳍、可卸前缘和翼尖三个区域中进行了多个点的仿真计算。

(3) 垂尾鸟撞计算结果对比。

从背鳍鸟撞分析结果,可以选出对结构破坏相对严重的几个撞击点,作为适航验证试验点,试验结果前缘蒙皮产生破坏,前梁没有发生破损,均满足适航要求。试验结果如图 4-123 所示。

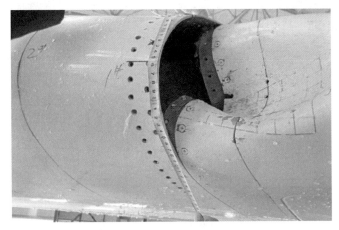

图 4-123　垂尾验证试验结果

4.2.4.3　坠撞验证工作

自 2006 年起正式启动了民机坠撞领域的研究工作,在此之前国内对民机坠撞分析、试验以及适航取证的经验几乎是空白,为了了解国外的发展现状以及为后续开展工作做好规划,我们首先对国外相关文献进行了仔细研究。

在民机机身结构坠撞研究方面,国外已积累了三十余年的经验。在理论研究上,借助于早期开发的 Dycast 和 Krush 有限元分析软件,目前国外开发了 MSC.DYTRAN、LS-Dyna 和 PAM-Crash 等商业化的撞击分析软件,国外从构件的冲击响应分析到框段乃至全机的坠撞分析都进行了广泛的研究,取得了大量实用化的成果。在试验研究上,国外从材料的高应变率效应到元件、构件的冲击特性到全尺寸框段乃至全尺寸飞机的坠撞试验,同样进行了广泛的研究,取得了大量支撑适航条例的成果,建立了相对完整的适坠性要求体系。更重要的是,依据这些成果,集数十年研究的经验,国外在民机适坠性评估、设计与验证方面已经达到了相当先进的水平。

国外的适坠性研究主要集中在两个方面,一是通过的大量的材料、构件、框段、到全尺寸飞机积木式垂直、水平坠撞试验研究和仿真分析研究,积累了大量的经验和数据,这些数据为新机适坠性设计分析、适航标准的修订起了积极的作用;二是吸能结构的新技术研究和工程化应用,促进了适坠性设计、分析与试验技术的发展。适坠性评估技术是适坠性研究的基础,吸能结构研究则是提高飞机适坠性的关键,这两方面的研究是相辅相成的。国外的研究工作对我们开展适坠性研究工作具有很好的参考和借鉴作用。

为了进行典型机身舱段坠撞动力学分析,选取了 ARJ21-700 飞机前机身等直段结构作为分析对象,该机身段包括了 7 个机身框、6 个跨位和三排座椅。该机身段的七个框号分别是:SD427、SD446、SD465、SD484、SD503、SD522 和 SD541。

所选取的典型机身段结构包括了机身蒙皮、长桁、机身框、客舱地板结构、客舱地板斜撑梁、货舱地板以及部分连接的角片与补偿片,机身段总长 2.996 m。内部结构包括了三排座椅,每排共有 5 人,分别是右侧三联座、左侧两联座。其机身段结构三维图如图 4 - 124 所示。

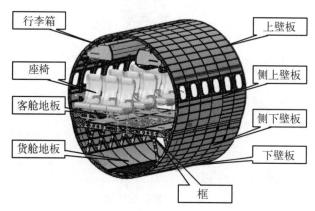

图 4 - 124 典型机身舱段结构三维图

由于 SD427 框前部与 SD541 框后部的机身被移除,导致典型机身舱段结构的两端刚度下降,尤其是两端的地板横梁影响最大,因此有必要通过一定的仿真计算来补偿两端降低的刚度,使得坠撞仿真更接近于真实的飞机坠撞结果。从国外一些资料来看,对于坠撞试验与坠撞仿真的结构两端也采取了增强方案,但未介绍加强的方法。在无任何经验借鉴的情况下,我们研究出一种"静力等效的方法"去模拟两端刚度。

"静力等效方法"基本原理:机身与地面撞击的接触过程是从线接触扩散到面接触的过程。该静力等效法通过加静力载荷分别模拟机身段的惯性力和机身段与地面的接触力(撞击开始的线接触),通过计算机身段两端的变形来获得两端刚度的增强方案。

"静力等效方法"的实施过程如下所述。

图 4 - 125 给出了坠撞机身段在静力载荷下的变形分析结果。

图 4 - 125 坠撞机身段静力分析结果

图 4-126 给出了加长后的机身段有限元模型在相同载荷情况下的变形分析结果。图 4-127 给出了加长机身段相应位置的坠撞机身段的 y 变形云图。

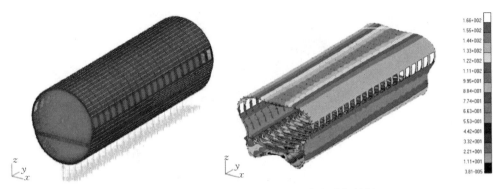

图 4-126　加长机身段有限元模型静力分析结果

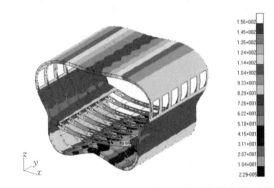

图 4-127　加长机身段相应位置的坠撞机身段变形云图

通过以上计算结果可见机身段两端刚度需要增强,主要是两端地板横梁的纵向刚度,参考国外资料的加强措施:在机身段两端的地板横梁下方各增加一根横梁来提高其纵向刚度。增加横梁后在静力载荷下变形结果与图 4-128 一致,增加后的分析结果如图 4-128 所示。

对两端框进行加强后,对等直机身段进行坠撞动力学建模。坠撞过程中,机身段的下部结构最先受到撞击并发生严重变形,变形过程也就是能量吸收的过程,并且坠撞计算的主要目的就是考察机身下部吸收能量的能力,以及最终传到客舱地板上的能量和加速度水平,所以对于整个坠撞计算模型来说,我们主要关心的是机身段下部的变形及吸能情况,而上半部分主要是考虑乘员生存空间以及坠撞过程中其惯性力对机身下部的影响。所以,机身段上半部分网格较疏,下半部分网格较密,机身上下连接通过单元尺寸渐变过渡得到。

典型机身段主要为薄壁结构,所有结构建模均采用 shell 薄壳元,其优点在于能更精确地仿真冲击过程中的弯曲和断裂情况,同样也能更精确地计算内部能

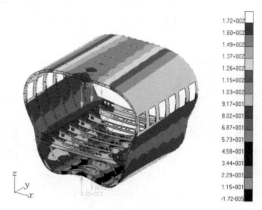

图 4-128　加强后的机身段变形云图

量吸收情况。对于该壳单元采用了 Belytschko-Tsay 壳单元公式,该壳单元公式计算采用面内单点积分,计算速度很快,通常对于大变形问题是最稳定有效的公式。

　　连接形式的处理:典型机身舱段结构所有部件均以抽中面的方式建模,之间的连接主要采用以下两种:PLINK(铆钉元)与 TIED(面-面刚性连接)。PLINK 连接用于变形严重的机身下部区域,不考虑铆钉的失效。TIED 主要用于机身上部和部分不会发生破坏的区域。

　　最终建立的典型机身舱段坠撞有限元模型如图 4-129 所示,主要部件的有限元模型如图 4-130 所示。

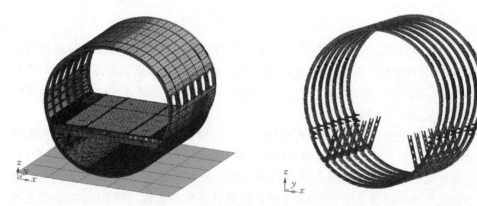

图 4-129　典型机身舱段坠撞有限元模型

　　分析的软件选取 PAM-CRASH 软件,软件中金属材料采用双线性各向同性硬化的弹塑性模型,以材料最大塑性应变作为材料失效准则,当单元应变达到指定值时,单元失效被删除。其中客舱地板为蜂窝夹层,货舱地板为轻木芯金属面板夹层,由于在坠撞过程中对吸能起到重要的作用,因此在模型中不得忽略,通过试验

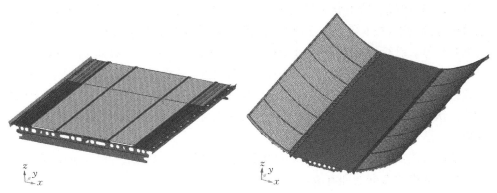

图 4-130 货舱地板有限元模型

发现客舱地板可以近似认为其本构方程是线性的,货舱地板可以用双线性来模拟。分析工况如下:① 坠撞姿态:垂直冲击,不带任何偏航与滚转;② 下沉速度 7 m/s;③ 撞击地面:刚性面模拟,不考虑地面变形。

对典型机身舱段结构的坠撞仿真分析主要从机身变形、地板滑轨加速度响应曲线以及速度曲线等结果进行分析,从中得出结论与规律。计算分析时间选为 200 ms,此时机身结构已经产生弹性回复。

图 4-131 给出了典型机身段在 7 m/s 的下沉速度下,200 ms 时的机身变形情况。

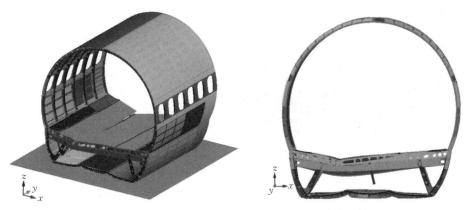

图 4-131 7 m/s 的下沉速度下,200 ms 时机身变形情况

对于坠撞仿真过程中,计算模型一般不考虑阻尼效应,高频成分无法随时间迅速衰减。因此系统响应包含了有限元模型所包含的所有频率成分。除非计算响应点的输出时间步长足够小,或者计算响应点的输出频率应大于系统的最高阶频率,才不会发生频率混叠效应。根据经验选取采样频率为 10 000 Hz,可以满足要求。或者采样点选取在布有集中质量处。

坠撞仿真得出的加速度响应一般具有高频高幅特征,很难从这种响应信号中提取出加速度峰值、冲击脉宽等有用信息。要将低频信号从原始采集到的加速度信号中分离出来,最有效的方法就是采用低通滤波器将高频信号过滤掉,保留关心的低频信号。巴特沃兹滤波器(Butterworth filter)、切比雪夫滤波器(Chebyshev filter)以及椭圆滤波器等是目前应用范围最广泛的几种滤波器。截止频率的选择是数据处理结果好坏的关键因素,但遗憾的是目前还没有适用于飞机结构坠撞试验所公认的选择最佳截止频率的方法。目前国际上的做法是通过试算,找到或估计出一个适当的滤波截止频率。

滤波方法:根据 NASA Langley 研究所开展的各项飞机结构坠撞试验,可以总结出如下的试验数据处理方法:

(1) 对原始加速度信号进行积分,得到速度信号。

(2) 从速度时间历程曲线上大致估计出测点的平均加速度和基础脉宽,并由基础脉宽计算出加速度脉冲的基频。

(3) 在基频脉冲附近选择一组截止频率,并进行试算,得到几组与原始速度响应信号整体趋势相一致的截止频率,按此截止频率滤波得到加速度信号。

(4) 消除零漂和相漂。

(5) 将经过滤波处理的加速度信号进行积分,得到处理后的速度信号。比较该组信号与原始速度信号之间的吻合程度,原则上应选取速度信号不失真,并且与原始速度信号之间吻合程度最好的数据。

图 4-132 给出了右部外侧滑轨座椅腿处(ND271459)未滤波的过载曲线。图 4-133 给出了左部内侧滑轨座椅处(ND282353)未滤波的过载曲线。

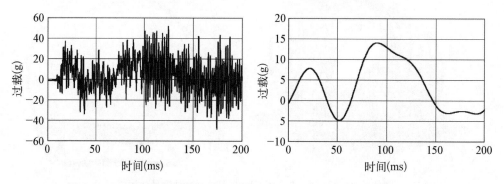

图 4-132   右部外侧滑轨座椅腿处(ND271459)未滤波的过载曲线(左)与
滤波后的过载曲线(右)

在 2012 年年初燃油专业提出需要计算 ARJ21-700 飞机在机轮收起着陆工况下燃油管路的变形情况,为了解决此技术难题。强度专业开展了 ARJ21-700 飞机结构坠撞动力学有限元模型建模及坠撞分析的工作。

由于是国内第一次建立全机级的坠撞动力学有限元模型,无任何经验,因此开展了国际合作。借鉴了国外的经验,建立了 ARJ21-700 飞机全机结构坠撞动力学

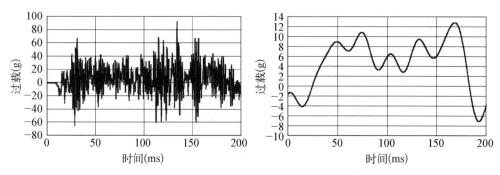

图 4-133 左部内侧滑轨座椅处(ND282353)未滤波的过载曲线(左)与
滤波后的过载曲线(右)

有限元模型。

建模时有限元模型采用 Shell/Beam/MPC/Mass 单元进行模拟,网格划分时采取上粗下细(客舱地板为界)的原则进行。因为机腹着地时碰撞区域为客舱地板以下,显式积分算法对碰撞区的网格大小及网格质量要求较高,而远离碰撞区的结构可以适当放大网格尺寸来减少计算时间。

大多数连接结构以共节点形式模拟,对于关键部位的紧固件连接(如客舱地板斜撑梁与框的连接、中央翼与机身结构的连接等)以 MPC 模拟,当转入 ABAQUS 软件中用 CONNECTOR 单元模拟,并定义真实的拉伸、剪切及弯曲强度。ARJ21-700 飞机坠撞动力学有限元模型规模如表 4-13 所示。

表 4-13 ARJ21-700 飞机坠撞动力学有限元模型规模

名 称	数 目
单元	1 668 349
节点	1 427 388
1D 梁单元	294 076
2D 壳单元	1 397 934
COMN2	97 473
RBE2	22 695
RBE3	164

建立的 ARJ21-700 飞机全机结构坠撞动力学有限元模型如图 4-134 所示。

燃油管路有限元模型共包含两类,燃油管路总体有限元模型和燃油管路柔性接头细节有限元模型。图 4-135 给出了建立的燃油管路总体有限元模型。

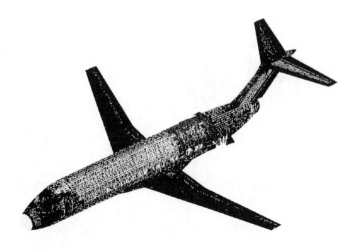

图 4-134　ARJ21-700 飞机全机结构坠撞动力学有限元模型

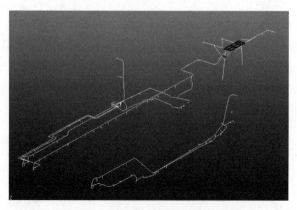

图 4-135　燃油管路总体有限元模型

为了验证 ARJ21-700 飞机燃油管路的设计能够满足 CCAR-25.994 及 CCAR-25.993(f)条款的要求,于 2012 年成立了"机轮收起着陆工况下机身及燃油管路强度分析"IPT 团队,并开展了国际合作。

首先,确定了整个验证思路,民用运输类飞机机身燃油导管符合性验证方法通常有两种:一种是采用 MOC9"断头台"试验方法;另外一种是采用 MOC2 分析方法进行可生存坠撞工况下的机身结构和管路强度分析来表明符合性。其中 MOC9"断头台"试验的方法一般适用于软管构型,且要求更为苛刻,对于 ARJ21-700 飞机不锈钢金属导管采用此方法并不合适,因此采用 MOC2 计算分析的方法进行适航验证。

其次,确定了适用于 ARJ21-700 飞机的坠撞分析工况,包括下沉速度、重量构型以及着陆角度。

（1）下沉速度。

对于目前 CCAR/FAR 25.994 条款中并未明确机轮收起着陆时的下沉速度，只能通过大量收集资料及进行国外咨询获悉。另外，CCAR/FAR 25.993(f) 条款中需要表明"机身内每根燃油导管的设计和安装，必须允许有合理程度的变形和拉伸而不漏油"。根据前期对该条款制定历史的研究发现，25.993(f) 条款同样需要考虑机轮收起着陆工况，且工况更为严酷。因此，为了同时考虑 25.993(f) 条款的工况要求，对 ARJ21-700 飞机机身及燃油管路坠撞分析选取了更大的下沉速度。

（2）着陆角度。

俯仰角是机轮收起着陆工况中关键因素之一，它决定了飞机与跑道接触的区域。根据文献《Impact Loads In Aircraft Wheels Up Landing》中获悉，国外对某飞机机轮收起着陆时俯仰角等工况进行了分析对比，分析工况如表 4-14 所示。分析研究结果表明，飞机以高抬头姿态着陆可以降低机身所受到的冲击载荷，当以 0°俯仰角着陆时，飞机所有的动能将直接由机身底部吸收，从而会引起机身更大的损伤。

表 4-14　某飞机分析工况

机轮收起工况	范　围
下沉速度	5 ft/s
俯仰角	0°～尾沉着陆角度
着陆速度	90～200 kn

再次，对建立的坠撞动力学有限元模型及分析方法进行了验证，以保证最终分析的可靠性。

建立的总体有限元模型具有复杂及规模超大等特点，为了验证该模型的准确性及工程可用性，对总体有限元模型分别进行了刚度验证与模态验证。

（1）刚度验证。

通过与经试验验证过的静力学有限元模型进行刚度对比来证明该有限元模型刚度特性的准确性。

通过施加同样的载荷比较其位移情况，最终比较情况如图 4-136 所示。

从位移比较来看，两模型位移误差小于 5%，吻合度较好。

（2）模态验证。

对建立的动力学模型进行模态计算分析，并与经试验（全机地面共振试验 GVT）验证过的动载荷分析有限元模型的分析结果（相同商载状态）进行前几阶主要模态的对比，以证明该有限元模型动力学特性的准确性。

从刚度验证及模态验证结果可以看出，建立的总体有限元模型是一个经验证

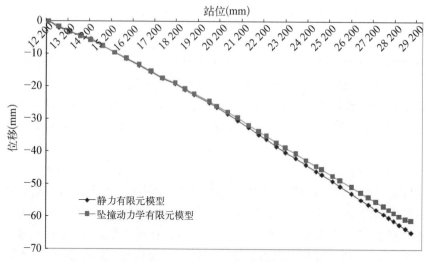

图 4 - 136　垂向位移比较图

的、工程可用的有限元模型，可用于后续坠撞仿真计算，为最终分析结果的可靠性提供了充分的依据。

分析方法验证：

由于国内目前缺乏坠撞试验的数据，为了向适航当局表明该分析方法的正确性，经多方调研，获悉美国 ASC 咨询公司拥有某飞机机身段坠撞试验的数据，并通过有限元分析及修正获得了经试验验证的分析结果，该分析结果得到了 FAA 的认可。借此，开展了国际合作，将相同的分析方法及有关参数运用到 ARJ21 - 700 飞机机轮收起着陆工况下的机身变形及燃油管路强度分析中去。某飞机坠撞试验及有限元模型如图 4 - 137 所示。

图 4 - 137　某飞机坠撞试验及有限元模型

最后,提交 ABAQUS 软件进行分析计算。机身变形情况如图 4-138 所示,能够保证乘员的可生存空间,中央翼油箱结构完好无损,燃油管路本身也未发生破坏漏油现象。

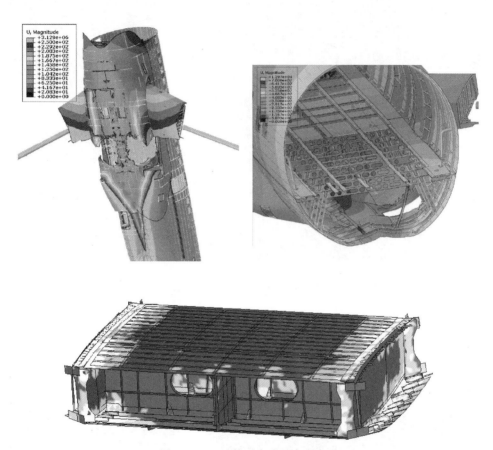

图 4-138　坠撞后变形及应力水平

ARJ21-700 飞机燃油管路有多个柔性接头,且每个接头需分别输出轴向位移时间历程曲线、弯曲角度时间历程曲线、轴向力时间历程曲线、弯矩时间历程曲线以及剪切力时间历程曲线,通过选取最大轴向力、最大弯矩以及最大剪切力同时施加到柔性接头细节模型中,进行分析计算。在载荷的作用下进行静力计算,得到柔性接头的应力云图如图 4-139 所示,塑性应变云图如图 4-140所示。

从分析结果可以看出,在三个方向载荷峰值同时作用下,柔性接头均未发生破坏,仅部分单元出现塑性变形,但发生塑性变形的单元处在柔性接头 O 型密封圈以外,因此在这种情况下接头不会发生燃油泄漏。

图 4-141 给出了机身碰撞力的响应曲线。

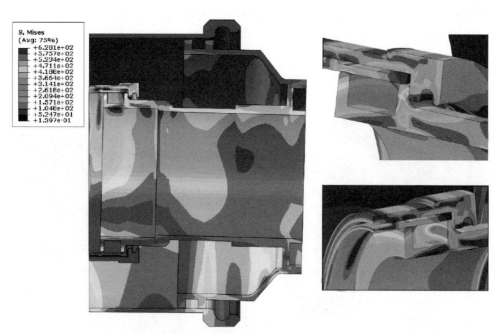

图 4 - 139　柔性接头在载荷作用下应力云图

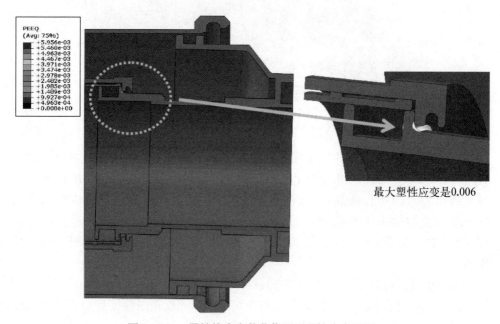

最大塑性应变是0.006

图 4 - 140　柔性接头在载荷作用下塑性应变云图

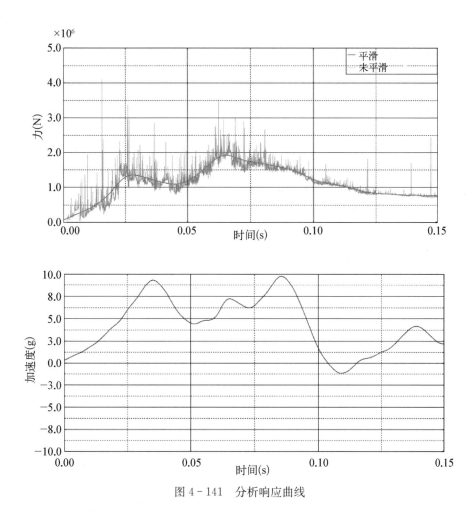

图 4-141 分析响应曲线

4.3 起落架强度验证工作

4.3.1 起落架相关分析工作

4.3.1.1 起落架载荷分析

ARJ21 飞机有 4 个构型,分别为基本型标准航程型和增大航程型,加长型标准航程型和增大航程型。在前 7 轮起落架载荷分析中,LLI 都分析了 4 种构型。直至验证试验阶段,总师系统明确 ARJ21 飞机暂不考虑加长型,仅针对 700 型(基本型)取证。因此,后续仅针对基本型标准航程和增大航程两种构型开展载荷分析工作。

在前 7 轮起落架载荷报告中,LLI 给出了 ARJ21 飞机 4 个构型的起落架及交点地面限制载荷,考虑了轮胎泄气以及轮胎非对称分配的因素,计算情况涵盖了 CCAR - 25 - R3 版的地面载荷要求。

2008 年起落架落震试验发现主起落架过载系数未达到设计要求,历经 4 年多的载荷优化研究和技术攻关后,最终解决了过载系数问题,确定 2.5 轮载荷为取证载荷。2014 年 9 月 2.5 轮起落架载荷报告得到了 CAAC 批准。

4.3.1.2　起落架疲劳载荷谱的确定

起落架疲劳分析和试验的监控和评估工作原由一飞院起落架强度专业负责,2010 年 10 月移交至上飞院强度专业。

按照分工,强度部疲劳专业负责提供疲劳载荷谱和任务剖面,供应商 LLI 负责起落架疲劳载荷的计算。LLI 的疲劳载荷分析工作必须按照 COMAC 规定的疲劳工况开展,以此作为起落架疲劳分析的最低要求,同时 LLI 可以根据自身的经验,补充必要的疲劳工况。

自 2005 年开始讨论起落架疲劳试验大纲至 2011 年 3 月获得局方批准,前后一共经历了 6 年时间。期间,由于疲劳试验输入输出关系复杂、技术沟通、理解协调等诸多原因,造成起落架疲劳试验大纲更新了很多轮次,载荷谱也发生了较大变化。主要演变过程如下:

(1) 载荷谱认识的提高:载荷谱考虑地空地循环。

(2) 分析谱认识的提高:起落架疲劳试验谱一开始只采用了短、中、远、1 h 任务剖面的当量谱,根据总师系统要求,试验必须取自短、中、远、1 h 任务剖面的当量谱和谱分析 8 个谱,为此 LLI 又补充进行了 4 个谱分析的疲劳分析。

(3) 试验谱认识的提高:原先我们对于起落架疲劳试验谱的要求是必须覆盖 8 个谱的疲劳损伤,但由于起落架疲劳分析部位有几十处,每个细节部位的严重谱并不是一致的,无法简单用一个谱覆盖 8 个谱的损伤。为此就载荷谱的编制问题,与 LLI 进行了多次技术讨论,最终确定按损伤最严重部位的疲劳谱作为起落架疲劳试验谱。

(4) 编谱认识的提高:在确定了试验任务剖面后,提出编谱需进行高载截取、低载截除,并且采用 5×5 谱。

(5) 试验谱实施认识的提高:对疲劳试验谱的加载顺序进行合理处置,使得载荷情况随机排列。

在大家的共同努力下,经过完善后的起落架疲劳载荷谱满足了上述要求,获得了局方批准。

4.3.1.3　起落架落震仿真分析

根据修正案 No.25-103,即专用条件 A004 要求,LLI 开展起落架落震仿真分析,分析中考虑了起落架动态特性,给出了载荷、行程、压力等时间历程曲线,供机体载荷计算使用。为保证低温下的起落架缓冲性能,同时也进行低温落震仿真分析。前 7 版载荷报告中,分析结果表明过载系数满足设计要求,低温情况下轮胎和缓冲器均未发生触底,缓冲性能满足要求。

2012 年 10 月 26 日,LLI 提出温度低于 −28℃ 的情况下,进行飞机滑行仿真时可能会出现主起落架缓冲器触底的情况。为了解决这一问题,开展了起落架充填参数优化研究工作,最终确定解决方案为调整主起落架初始充气压力。LLI 按调整后的初始充气压力重新完成了 2.5 轮起落架落震仿真分析工作,在低温下起落架缓冲性能满足设计要求,2014 年 8 月报告得到了 CAAC 批准。

4.3.1.4 起落架结构静强度分析

起落架结构的静强度分析报告由一飞院评估完成归档,并在 2007 年得到了适航代表的预批准。

关于起落架结构的静强度分析,最主要的问题为主起落架侧撑杆结构失稳问题。在最初供应商提供的主起落架静强度分析报告中,侧撑杆受压极限载荷下安全裕度为负,不满足静强度要求。由于侧撑杆稳定性分析方法为线性分析方法,工程认为偏于保守。侧撑杆更改设计之前的静力试验转为研发试验,用于检验线性分析方法的偏差和材料非线性分析方法的可靠性。试验结果表明:即使采用材料非线性方法,侧撑杆仍不满足极限静强度要求,必须对侧撑杆进行设计更改。更改设计后的侧撑杆,通过了静力试验的考核。

机轮刹车结构在进行静强度分析时,应用的载荷为第 1 轮载荷,并且供应商按照这个载荷进行了试验,而最新的地面载荷为 2.5 轮载荷,载荷略有偏差。通过对两轮的载荷进行对比,发现第 1 轮载荷相对 2.5 轮载荷略微保守,因此对机轮刹车结构的静强度分析没有影响。

4.3.1.5 主起落架保险销断离设计

主起落架前交点处设计有保险销,使得飞机在起落架超载情况下,起落架能够成功断离不会损坏机翼油箱构成起火危险。由于 LLI 确定的主起落架保险销设计载荷过大,无法在超载情况下起到保护机翼结构的作用,需要 LLI 降低设计载荷并重新设计保险销。经过多轮协调,最终确定了保险销的断离载荷,并按此完成了设计。

由于此保险销受力形式复杂,供应商 LLI 在进行研发试验时未能一次通过,因此对保险销进行了设计优化。在试验过程中,发现主起落架保险销装配公差导致保险销与机翼结构的装配间隙有一个很大的范围,对保险销的受力状态影响极大。基于保险销装配公差对载荷的影响分析,出于对保险销保守验证的考虑,确定在保险销静力试验中取最大的安装间隙,在保险销断离试验中取最小的安装间隙。最终,2014 年 5 月,成功完成了保险销静强度试验,同年 8 月顺利完成保险销疲劳试验。

4.3.1.6 起落架结构疲劳分析

按照短程、中程、远程和 1 h 飞行任务剖面,供应商 LLI 对前、主起落架完成了疲劳分析。在分析中发现有些区域的疲劳损伤大于最大许用损伤,比如在主起落架侧撑杆打钢印的部位,计算结果显示疲劳寿命只有几百次起落,而实际主起落架疲劳试验已经完成了 20%。通过技术讨论,为了安全起见,双方同意将侧撑杆上的钢印位置移到应力值比较低的区域。同时,要求 LLI 根据试验结果完成分析方法的修正,最终修正分析后的结果显示钢印位置更改前的构型也都能满足全寿命要求。

由于主起落架过载系数问题,导致起落架疲劳载荷也更新为 2.5 轮。而此时疲劳试验已经开试,通过载荷的对比,LLI 完成了新载荷下的疲劳强度影响评估,并通过增加疲劳试验起落数的方式,来保证损伤覆盖 2.5 轮载荷。

此外,起落架系统的疲劳分析中还存在一些载荷轮次使用问题,即供应商分析采用的并不是最新的载荷输入。比如主起落架上位锁的疲劳分析采用的是第 3 轮飞行任务剖面下的疲劳载荷,而最新的疲劳载荷谱为 3.5 轮疲劳载荷谱,且上位锁的疲劳试验已经完成。强度专业将疲劳载荷进行对比后发现,第 3 轮疲劳载荷要比 3.5 轮疲劳载荷保守。最终通过评估,局方认可了原有的疲劳分析和疲劳试验报告。

4.3.1.7　主起落架保险销疲劳寿命问题

根据新断离载荷要求完成主起落架保险销的设计之后,供应商 LLI 对此进行了疲劳分析。在 2012 年 10 月底 LLI 提交的起落架疲劳分析报告中,保险销在 1h 任务剖面下无法满足全寿命要求。针对此事,双方开展了多轮技术讨论,供应商答应无偿重新设计保险销,同时对现有构型的保险销开展疲劳研发试验进行寿命的验证。

2013 年 4 月,供应商完成了第一件保险销的疲劳研发试验,试验结果显示保险销的疲劳寿命满足全寿命要求。之后又完成了 2 件试验件的疲劳研发试验,试验结果均表明现有构型的保险销疲劳寿命满足设计要求。LLI 按照研发试验结果修正了疲劳分析,分析报告中保险销满足全寿命要求。2014 年 8 月保险销疲劳验证试验完成,所有报告得到局方批准。

4.3.2　起落架相关试验试飞工作

4.3.2.1　前起落架落震试验

2007 年 6 月至 10 月,进行了前起落架落震试验,试验采用的是 ARJ21 - 700ER 构型。落震试验共进行了 18 个工况,试验中的投放质量、垂直速度、水平速度和能量符合试验大纲中的试验成功判据。落震试验期间,前起落架轮胎未触底、缓冲器未发生泄漏,限制落震试验下没有永久变形和功能性损伤。试验中,过载系数均满足设计要求,试验成功。

4.3.2.2　主起落架落震试验

ARJ21 - 700 飞机主起落架落震试验分为两个阶段:限制落震试验第 1 阶段 2007 年 11 月至次年 4 月,补充限制落震试验和储能落震试验第 2 阶段,试验采用的是 ARJ21 - 900ER 构型。

在限制落震试验第 1 阶段期间,按照大纲要求,共进行了 18 个工况的限制落震试验。根据第 1 阶段落震试验结果,发现尾沉情况下主起落架的载荷系数不满足设计要求。为了减小由此造成的影响,决定降低缓冲器初始充气压力。

为了验证调整后的缓冲器动态特性,在第 2 阶段选取了第 1 阶段中的 4 个典型状态(水平着陆 No. 06、07,尾沉着陆 No. 15、16)重复进行了限制落震试验,并且完成了储能落震试验。

LLI 按照试验结果修正了落震仿真分析模型,结合主起落架低温行程不足问题,提供了 2.5 轮载荷,载荷系数略大于设计要求。考虑到在当前状态的基础上,不可能通过简单更改起落架参数来达到第 3 轮起落架载荷(3.5 轮)水平。根据 H2F 载荷下的机体载荷和强度评估,总师系统决定采用 2.5 轮载荷作为最终取证载荷。

4.3.2.3   起落架静力试验

在主起落架极限载荷静力试验期间,在侧撑杆严重工况 4TG0R0UR 的加载过程中,主起落架侧撑杆发生了失稳,之后供应商通过改变屈曲分析方法,对侧撑杆进行了重新设计,对结构进行了加强。

但是,LLI 所做的侧撑杆补充静力试验工况 4TG0R0UR 是在 CAAC 没有批准的情况下完成的,CAAC 要求 LLI 重做此工况试验。通过和 CAAC 协商,针对 ARJ21 - 700 飞机的适航取证要求,决定我方在进行工况为 2TG0P0UR 的主起落架安装交点区静力试验的同时,增加考核侧撑杆强度的内容。在此试验中,下侧撑杆为 BS03 构型,起落架安装在飞机上,而不是固定在试验台架上。

试验按照加载程序进行,在 100% 极限载荷时保载 3s,然后以 1% 极限载荷为一级,连续加载至 103% 极限载荷。在加载至 103% 极限载荷时,左主起侧撑杆处发出巨大声响,结构不能继续承载,试验中止。经初步检查发现,左主起上侧撑杆下端部前、后耳片弯曲变形(向外张开),轴销移位(出孔),衬套破裂。

试验在 100% 极限载荷时保载 3s,满足相关适航条款的要求,达到了飞机考核部位(包括侧撑杆及其连接)的考核要求。试验加载至 103% 极限载荷是为了覆盖 LLI 所做的 ARJ21 - 900 型载荷,当载荷加载至 103% 极限载荷时,试验采集设备采集到 103% 极限载荷时的试验数据,根据试验加载控制系统和试验数据采集系统的工作原理,试验加载与数据采集之间的时间为 0.5s,相当于试验在 103% 极限载荷时保载 0.5s 后中止。在我方所做的侧撑杆补充静力试验中,虽然在加载到 103% 的极限载荷时没有成功覆盖 LLI 所做的试验,但是在载荷加载到 100% 的极限载荷时保载了 3s,说明主起落架侧撑杆满足 ARJ21 - 700 飞机的强度要求。试验结果最终得到了局方认可,并批准了试验报告。

4.3.3   前起落架应急放更改

在 2011 年 8 月 11 日,强度部派工程师参加了 ARJ21 - 700 飞机前起落架应急放机构更改攻关组,为有别于之前的历次应急放攻关组,代号"811 攻关组"。

上飞院在最初的计划中要求 2013 年 1 月进行高寒试飞,高寒试飞适航审查代表要求起落架应急放机构改装必须到位,强度专业审查代表为了保证试飞机的安全,要求必须先完成应急放机构的静力试验才能对起落架应急放机构进行改装,而供应商的试验计划根本不能满足高寒试飞的时间要求。

面对审查代表的意见和适航取证的紧迫形势,强度部攻关人员提出了应对方案,基于充分的强度分析和评估的基础上,可以先让飞机进行改装和飞行试验,然后再进行静力试验。也就是说用分析的方法保证应急放机构改装试飞,应急放机构静力试验来保证取证。在评估了大量的前起落架舱门机构的载荷、静力分析与试验报告后,将原机构和新机构的分析方法、分析结论与试验结果进行了详细的对比,找出了机构所有薄弱部位,并进行了强度分析。经过多轮沟通和汇报,多次修订后的新机构强度分析结果得到了审查代表的认可,同意 ARJ21 试飞机先进行改装和试飞,然后再进行静力试验。虽然因为其他原因 ARJ21 飞机的高寒试飞在 2013 年 1 月的计划中被取消,但是强度部的工作为 ARJ21 飞机的试飞和适航取证赢得了宝贵的时间。

4.3.4 起落架摆振试飞

4.3.4.1 摆振试飞攻关

起落架摆振试飞属于高风险试飞科目,国内没有进行过民机摆振试飞的经验,也没有可参考的资料,对于如何进行摆振试飞的要求和判据缺乏依据,中国民用适航条例中也没有针对摆振试飞的条款和标准,在前期起落架供应商和国外试飞工程师的咨询中,获得了一些国外进行摆振试飞试验的信息,但与局方提出的对于摆振试飞的要求还存在差异,因此为了进一步获取摆振试飞的信息和资料,在飞行试验中降低摆振试飞风险,顺利完成摆振试飞验证工作,需要对摆振试飞验证开展攻关。

在公司领导和总师系统组织和协调下,强度专业与有经验的飞机制造商加拿大庞巴迪公司建立了摆振试飞技术合作。通过合作,了解了庞巴迪的防摆设计和摆振验证思路及实施方法,证实了双方的摆振验证思路是基本一致的,但庞巴迪在试验科目、激励方式和构型选取方面考虑得更为全面一些。在稳定性判据要求上,双方虽有差异但内涵相同。

根据庞巴迪对 ARJ21-700 飞机起落架摆振试飞大纲的评估建议,以及与 LLI 的交流情况,COMAC 对原摆振试飞大纲做了修改,完善了判据的要求。出于试验机构型控制要求的充分性考虑,根据起落架和机轮的维修和维护手册,专门列出了检查单,以确保试验机的构型。在安全措施方面,根据庞巴迪建议,新增了一系列的安全监测、数据评估风险规划及检查要求。

4.3.4.2 摆振研发试飞情况

由于摆振试飞在国内首次进行,COMAC 对试验方法、试验程序、试飞机构型控制、试验参数及试验结果没有可借鉴的试验经验,试飞院也没有进行过摆振试飞,也是从零开始。同时由于主起摆振分析有部分情况稳定裕度不够,需要有试飞数据来修正摆振分析模型,因此根据总师系统的要求,首先进行摆振研发试飞。

根据试飞机的计划,摆振研发试飞安排在 2013 年 3 月,研发试飞有两个目的:一是为验证试飞摸底、摸索试验方法、摸索试验激励、摸索飞机构型控制程序,检查试验参数的完整性和试验数据处理等;二是为主起摆振分析模型的修正提供试飞数据。

2013 年 3 月 5 日至 14 日,摆振研发试飞改装完成,2013 年 3 月 15 日至 20 日,摆振研发试飞完成,获得了大量摆振板激励的试飞数据。本次研发试飞为 LLI 起落架摆振分析问题的解决,提供了有效的试飞数据,也为起落架摆振验证试飞打下了良好的基础。

4.3.4.3 起落架摆振审定试飞完成情况

摆振审定试飞安排在 102 架机上进行,按照原先的试飞计划,摆振审定试飞将于飞行载荷试飞完成后开展,分障碍物激励和单套刹车激励两大科目,共计 69 个滑行架次。加上测试改装以及试后的数据处理和试飞报告编写,局方审批,所耗时间将至少在一个月以上,而留给起落架摆振审定试飞的天数不足半月。

2014 年 11 月底,为了加快进程,申请人通过深入研究摆振研发试飞报告,重新分析了研发试飞加速度数据,发现 ARJ21 飞机起落架在障碍物激励下,从低速到高速都存在明显的振动响应,而"高速—大重量"则是其严酷试验状态。基于以上数据,提出了架次缩减方案,取消刹车激励和低速滑行,由原先的 69 个架次缩减为 8 个架次。

2014 年 12 月 9 日顺利完成了起落架摆振合格审定试飞任务,12 月 20 日试飞报告获得局方批准。

4.4 颤振专业研制历程

颤振专业负责 ARJ21 飞机的气动弹性设计及验证,如图 4 - 142 所示。气动弹性设计是公认的飞机设计中最具挑战性的内容之一,其成败与否往往关系到整个型号研制的成败,涉及结构、强度、气动、控制、测试、数据处理等多门学科和专业。在 ARJ21 飞机型号研制之初,颤振专业根据飞机型号合格审定基础,与局方讨论确定了 ARJ21 飞机气动弹性设计的依据条款,主条款包括 CCAR - 25.629(气动弹性稳定性要求)和专用条件 SC - A002(操纵系统对结构的影响),涉及的相关条款主要包括 CCAR - 25.251(振动和抖振)、CCAR - 25.305(强度和变形)、CCAR - 25.335(设计空速)、CCAR - 25.343(设计燃油和滑油载重)、CCAR - 25.571(结构的损伤容限和疲劳评定)、CCAR - 25.631(抗鸟撞损伤)、CCAR - 25.671(总则,操纵系统）、CCAR-25.672（增稳系统及自动和带阻力的操纵系统）、CCAR-25.1309（设备、系统及装置）、CCAR-25.1329（自动驾驶系统）、CCAR-25.1419（防冰措施）。依据条款要求，颤振专业制订了专业顶层设计要求、符合性验证方法和验证计划（CP），并以此为依据规划了本专业适航符合性设计和验证的所有工作，以保证飞机气动弹性设计全面满足适航要求。

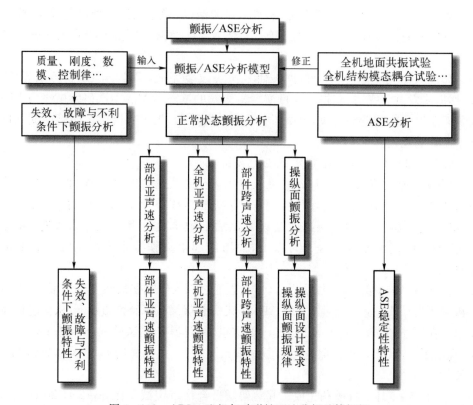

图 4-142　ARJ21 飞机气动弹性理论分析总体框架

ARJ21 飞机气动弹性设计工作包括理论分析（MOC2）、颤振风洞试验（MOC4）、操纵面作动器阻抗试验（MOC4）、全机地面共振试验（MOC5）、全机结构模态耦合试验（MOC5）、颤振飞行试验（MOC6）和气动伺服弹性飞行试验（MOC6），涉及的工作内容比较多，主要的难点和重点工作包括以下几个方面。

（1）操纵面防颤振设计，该项工作是颤振专业开展最早的一项重点难点工作，从预发展阶段开始，后针对复材方向舵质量惯量超标问题进行攻关，一直持续到颤振试飞后结束。

（2）颤振模型试验，颤振模型试验特别是颤振模型高速风洞试验的风险极大，在模型设计、风洞试验支持防护及试验数据处理等方面存在许多难题。

（3）机上地面试验，包括全机地面共振试验和全机结构模态耦合试验，是颤振专业的重大飞机级地面验证试验,适航当局 CAAC 和 FAA 的关注程度高,审查非常严格;同时,由于 ARJ21 飞机采用半硬壳式结构,重量大、结构柔软,导致其低阶弹性模态密集且与支持系统的刚体频率接近、舵面模态非线性及起落架支持非线性严重;另外,供应商未预留全机结构模态耦合试验所必需的信号注入、取出接口。因此,我们需解决飞机安全保护、模态分离、非线性消除及信号注入取出等技术难题;

(4)颤振飞行试验,颤振飞行试验是 I 类风险试飞科目,是整个飞机研制过程中风险最大、技术要求最高的验证试飞科目之一。颤振飞行试验将最终决定所有气动弹性设计工作是否满足适航要求,并直接影响到型号取证进度。ARJ21 飞机颤振试飞受到适航当局的高度关注,并被 FAA 指定为要求目击审查的试飞科目,保证颤振试飞的安全和适航符合性,难度和风险都非常大。

4.4.1 气动弹性理论分析

ARJ21 飞机气动弹性理论分析包括静气弹分析、颤振分析和气动伺服弹性分析,颤振分析包括亚声速颤振分析和跨声速颤振分析,所用到的输入数据包括全机质量、刚度、外形、速度包线、航电系统和主飞控系统的相关控制律。ARJ21 飞机气动弹性理论分析不仅要考虑正常状态下的各种高度速度组合以及油载商载组合,还要考虑适航条款要求的各种故障失效不利状态,如液压系统失效状态、飞控系统失效状态、结构失效破损状态、防冰系统失效、抗鸟撞损伤、疲劳损伤、发动机转折爆破引起的离散源损伤等。全面的气动弹性理论分析,可以全面掌握 ARJ21 飞机的气动弹性特性,为后续试验试飞提供技术输入和安全保障。ARJ21 飞机气动弹性理论分析总体框架如图 4-142 所示,重点关注参数如表 4-15 所示。

表 4-15 ARJ21 飞机气动弹性理论分析重点关注参数

序号	关 注 参 数	应 用	说 明
1	燃油装载、商载、高度、马赫数组合	部件、全机颤振分析	正常状态下,须考虑跨声速颤振压缩性修正
2	机翼、垂尾、平尾、机身等主要部件刚度,包括垂向弯曲刚度、面内弯曲刚度、扭转刚度	机翼、"T"尾、全机颤振分析	考虑设计制造分散性,考虑疲劳失效、抗鸟撞等引起的等效刚度损失的影响
3	机身—机翼、垂尾—平尾、垂尾—机身等主要部件间连接刚度(即框弹性)	机翼、"T"尾、全机颤振分析	可使用弹性广义元或者单梁(模拟三个刚度)进行变参模拟
4	副翼、升降舵、方向舵等操纵面刚度,包括垂向弯曲刚度、面内弯曲刚度、扭转刚度	操纵面防颤振设计分析	研究操纵面颤振规律

(续表)

序号	关 注 参 数	应 用	说 明
5	主翼面质量变参	部件及全机颤振分析	一般与刚度变参分析结合进行,可用于减重评估等
6	操纵面的摇臂长度、操纵间隙、绕轴转动惯量	操纵面旋转频率设计和颤振分析	研究操纵面颤振规律
7	操纵面操纵刚度和阻尼	操纵面旋转频率设计和操纵面颤振分析	作动器刚度和阻尼设计定参,研究系统失效情况下的颤振规律
8	发动机单一支持部件失效、操纵面与主翼面的单个铰链连接失效等	全机失效颤振分析	考虑结构单一失效影响
9	极不可能的临界燃油装载情况	机翼及全机颤振分析	考虑失效、故障和不利条件
10	飞机部件疲劳裂纹	颤振分析	考虑失效、故障,刚度等效折减
11	机翼抗鸟撞部位	颤振分析	考虑失效、故障
12	结冰	颤振分析	考虑不利条件
13	组合失效情况,包括系统组合失效情况、结构单个失效和系统失效组合情况	颤振分析	考虑失效、故障
14	翼梢小翼脱落、发动机脱落	颤振分析	考虑失效、故障
15	油载、商载、高度、马赫数	气动伺服弹性分析	考虑控制系统的影响

4.4.1.1　操纵面防颤振设计

在联合设计阶段(joint definition phase,JDP),颤振专业制订了操纵面防颤振设计的工作流程(见图 4-143),确定了与供应商的工作界面及工作内容,并按此流程协调供应商及相关专业完成了操纵面防颤振设计的相关工作。在工作之初,颤振专业广泛收集国外同类型飞机的参数指标,并依据操纵面初步参数建立模型进行大量变参数颤振评估;据此评估结果,初步给出了操纵面的重量、惯量、频率指标及作动器支持结构的刚度要求,用于指导方向舵的结构设计。同时,颤振专业就作动器的安装位置和安装方向与供应商、结构专业和飞控专业开展协调讨论,并向供应商提出操纵面作动器的刚度、阻尼设计要求,用以指导供应商进行操纵面作动器设计。在后续型号工作推进过程中,我们进一步就操纵面作动器刚度阻尼指标、作动器支持刚度、操纵面摇臂长度和重量惯量要求,与供应商、结构专业、重量专业和飞控专业进行多轮讨论协调,并根据操纵面逐步确定更新的结构参数和供应商反馈的刚度阻尼设计结果,完成了多轮迭代的操纵面颤振分析评估,最终确定操纵面

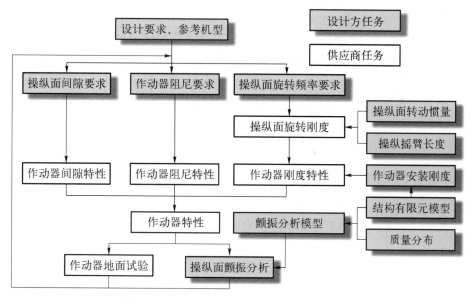

图 4-143 ARJ21 飞机操纵面防颤振设计流程

作动器刚度、阻尼和间隙要求以及重量惯量控制指标,确保了操纵面防颤振设计满足要求。

4.4.1.2　发图前颤振分析

在型号工作初期,依据飞机初步结构、重量和刚度等参数,颤振专业完成了 1 轮机翼部件颤振分析、尾翼部件颤振分析和全机颤振分析,发图前随着上述参数的迭代更新,又完成了 2 轮颤振分析,其中机翼颤振分析按当时分工由一飞院负责完成。上述分析初步得到了 ARJ21 飞机机翼、尾翼及全机的亚声速颤振特性,支持了结构发图。

4.4.1.3　发图后颤振分析

在"9050 发图"后,飞机结构、重量和刚度等输入参数均确定下来,配合飞机结构减重(机翼减重、尾翼减重),完成了机翼减重颤振分析评估、尾翼减重颤振分析评估和全机减重颤振分析评估。针对 T 型尾翼构型的颤振分析,我们考虑平尾静气动力、平尾面内运动和平尾上反角的影响。该阶段除了采用梁架有限元计算模型进行颤振分析外,还在静力模型的基础上,建立复杂有限元计算模型进行固有振动特性校核计算,并与梁架模型计算结果进行了比较修正,得到了更准确可靠的分析结果。

4.4.1.4　机翼跨声速颤振分析

我们采用基于 N—S 方程、能计及飞机机翼翼型形状、跨声速激波、飞行迎角、静变形的先进气动弹性数值模拟方法计算超临界机翼的非定常气动力以及跨声速颤振特性。同时,我们采用工程修正的方法确定了超临界机翼的跨声速颤振特性和跨声速压缩性修正系数,该方法是基于来自风洞试验或计算流体动力学

(computational fluid dynamics,CFD)的跨声速定常力或非定常力,对亚声速线性理论非定常力结果进行修正,从而计及了跨声速流动特征的影响。通过上述工作,我们在机翼高速颤振模型风洞试验前就得到了机翼的跨声速颤振特性和跨声速压缩性修正系数。这样做是很有必要和有意义的,后来在局方因某兄弟单位负责的机翼高速颤振模型风洞试验失败而要求暂停颤振试飞时,申请人据此与局方沟通,向局方表明在机翼高速颤振模型风洞试验未完成的情况下,前期机翼跨声速颤振分析等工作仍可保证颤振试飞安全,最终说服局方同意颤振试飞按计划进行。

4.4.1.5　静气弹理论分析

CCAR-25.629条款明确规定了飞机必须满足静气弹稳定性要求,根据部门编制和分工,该部分工作由总体部静气弹专业负责完成,但作为CCAR-25.629条款的一部分工作,该部分归由颤振专业统一管理和负责。静气弹专业最终完成了4份报告来表明ARJ21飞机静气弹设计的适航符合性,包括《ARJ21-700飞机副翼反效适航符合性报告》《ARJ21-700飞机机翼气动发散符合性报告》《ARJ21机翼气弹发散计算报告》和《ARJ21-700飞机副翼效率和反效计算分析》。

4.4.1.6　全机地面共振试验(GVT)后全机颤振修正分析

在首飞前101架GVT和颤振试飞前104架GVT完成后,我们分别依据GVT结果对计算模型进行修正,再以修正后的计算模型进行全机颤振分析评估,得到更准确可靠的颤振分析结果,一方面保证了首飞安全和颤振试飞安全,另一方面保证了适航符合性验证的可靠性,逐步建立了局方对申请人工作的信任度。

ARJ21飞机机翼最初的原设计刚度是以机翼前后梁间盒段计算得到的,没有考虑前后缘的刚度贡献,所以造成修正前计算的机翼主要频率与GVT试验结果差别较大,在计及机翼前后缘刚度贡献的情况下,我们对机翼3个方向刚度都进行了较大幅度的修正。经上述综合修正后,计算模型与GVT试验结果的主要频率的偏差处在工程上可接受的范围,在此基础上我们以修正后的计算模型进行固有特性分析和颤振特性分析,从而进一步保证理论分析的准确性。

4.4.1.7　抗鸟撞颤振评估分析

ARJ21飞机按条款要求进行了抗鸟撞符合性设计,该部分工作由动强度专业负责。ARJ21飞机考虑的抗鸟撞设计部件包括机头、机翼、平尾、垂尾和吊挂,依据动强度专业所考虑的抗鸟撞状态,颤振专业针对抗鸟撞造成的结构损伤及引起的结构设计更改进行颤振分析评估,所采用的方法是通过复杂有限元计算模型和梁架有限元计算模型,模拟抗鸟撞结构损伤和质量特性的变化情况,并基于抗鸟撞后的固有振动频率变化情况修正计算模型,最终得到抗鸟撞损伤造成的结构刚度折减系数,对该刚度折减系数按一定比例放大后进行颤振分析,以得到保守的颤振分析评估结果。抗鸟撞评估状态分别考虑了单件抗鸟撞损伤情况和单件组合抗鸟撞损伤情况,抗鸟撞颤振分析报告一方面用以支持 ARJ21 飞机的抗鸟撞结构设计更改评估,另一方面用以表明 ARJ21 飞机抗鸟撞损伤后的颤振特性满足条款 25.629 的适航符合性要求。

4.4.1.8　故障失效不利状态下的全机颤振分析

首飞前我们完成了 1 轮故障失效不利状态下的全机颤振分析,考虑的故障失效不利状态主要包括操纵系统失效、结冰、小翼失效和吊挂失效,没考虑抗鸟撞损伤、疲劳损伤、发动机停车和发动机转子爆破等状态,同时,该轮故障状态颤振分析报告与适航条款 629(d)缺乏系统的对应,特别是未与 SC-A002 专用条件进行对应。颤振试飞后,颤振专业对本专业适航条款符合性验证的完整性和充分性进行了一次清理,针对条款 25.629(d)和 SC-A002 的要求,完成了一轮故障失效不利状态下的全机颤振分析,全面考虑了操纵系统失效、吊挂和操纵面结构失效、小翼失效、结冰、抗鸟撞损伤、疲劳损伤和发动机转子爆破状态,该轮分析报告作为符合性报告提交局方批准,从而表明了 ARJ21 飞机对条款 25.629(d)和 SC-A002 的适航符合性。对于上述故障状态,颤振专业仅评估其对飞机颤振特性的影响,而对其造成的飞机结构强度安全问题和系统安全问题则不做评估。

操纵系统失效考虑由于液压系统失效、发动机停车和发动机转子爆破引起的操纵面作动器失效。对于升降舵和副翼,我们分别考虑了 1 个作动器正常,另 1 个作动器仅提供阻尼;1 个作动器正常,另 1 个作动器断开;两个作动器仅提供阻尼;1 个作动器仅提供阻尼,另 1 个作动器断开的状态。对于方向舵,我们分别考虑了两个作动器正常,另 1 个作动器断开;1 个作动器正常,另两个作动器断开的状态。

对于疲劳损伤状态,依据疲劳专业所考虑的典型疲劳损伤状态,颤振专业评估由此引起的结构刚度损失对飞机颤振特性的影响,结构刚度损失的估算采用与抗鸟撞损伤一样的估算方法。对于发动机转子爆破状态,除了评估引起的操纵系统失效外,颤振专业还评估了引起的机身结构损伤、机翼结构损伤和尾翼结构损伤。对于结冰状态,依据总体部相关专业提供的 ARJ21 飞机结冰状态,颤振专业评估了机翼结冰、垂尾结冰、平尾结冰和机头吊挂结冰对全机颤振特性的影响,该评估仅考虑冰块质量特性(质量、重心、惯量)的影响,而结冰对于翼面气动力及飞行安全的影响则不做评估。

4.4.1.9　操纵面间隙颤振分析

在进行操纵面防颤振设计时,须考虑操纵面间隙的影响,颤振专业所考虑的操纵面间隙是指包含轴承间隙和操纵面作动器系统间隙在内的总操纵间隙。操纵面间隙过大有可能引起极限环振动(limit cycle oscillation, LCO)问题,操纵面间隙一般不会导致飞机结构在短时间内破坏解体,但会影响乘机的舒适性,长时间振动会磨损相关结构,从而造成飞行安全隐患。

有关操纵面间隙,在 ARJ21 飞机的气动弹性条款中我们仅提出了需考虑操纵面间隙影响的总体性要求,如咨询通告 AC25.629-1A 中提出操纵面颤振分析应考虑间隙的影响,但条款没有具体给出操纵面间隙应满足的指标值,也没有给出操纵面间隙的检测控制程序。在美军标(MIL-A-8870)和国军标中给出了军机的操纵面间隙指标值,参照该军标要求,颤振专业在顶层文件《AR2J1 飞机气动弹性设计原则》中规定了 ARJ21 飞机的操纵面间隙要求,即副翼、升降舵和方向舵的间隙均应不大于 0.13°,在 JDP 阶段,颤振专业把该要求作为操纵面防颤振设计的指标要求提供给结构专业和飞控专业,用以指导其完成操纵面的结构设计和作动器设计。FAA 在 2000 年的一份讨论函(PS-ANM100-2000-00106)中指出,美军标 MIL-A-8870 给出的操纵面间隙要求偏严格,对于达不到该要求的间隙情况,如果通过分析评估表明该间隙情况下操纵面的颤振裕度满足适航要求,则该间隙情况也是可接受的。颤振试飞后,颤振专业重新梳理和理解了关于操纵面间隙符合性的上述条款的要求,对顶层文件中关于操纵面间隙要求的部分进行适当修正,增加了对于间隙偏大情况可通过分析评估表明其是否可接受的说明,并增补完成了计及操纵面间隙影响的全机颤振分析报告,所采用的方法是描述函数法。描述函数法采用当量集中间隙代替真实结构间隙,是一种处理间隙类结构非线性的常用方法。

4.4.1.10　气动伺服弹性稳定性分析

首飞前我们完成一轮气动伺服弹性(aeroservoelasticity,ASE)稳定性分析,此时飞机航电系统和飞控系统相关控制律构型与取证构型差别较大,该轮分析报告仅用以评估首飞安全,不作为符合性报告提交局方批准。

首飞后在 104 架结构模态耦合试验前,我们依据当时飞机航电系统和飞控系统的相关控制律构型状态,完成了 1 轮 ASE 稳定性分析,包括自动驾驶仪功能、bob-weight 功能和偏航阻尼器功能 3 个回路的稳定性分析,用以支持 104 架结构模态耦合试验,在该试验完成后,我们依据试验结果进行了一轮 ASE 修正分析,用以支持 ASE 试飞。该轮理论分析及后续完成的 104 架结构模态耦合试验均发现 ARJ21 飞机自动驾驶仪俯仰回路的 ASE 稳定裕度偏小,为后续 ASE 试飞后的解决方案的提出和实施做了技术上的支持。

ASE 试飞后,我们依据 ASE 试飞结果完成了一轮修正分析,结合 ASE 试飞结果和 ASE 试飞修正分析结果,进一步的发现证实了飞机自动驾驶仪俯仰回路的 ASE 稳定裕度偏小问题,经过研究分析,我们确定该问题是供应商设计的相关控制律存在缺陷造成的,据此我们提出了在自动驾驶仪俯仰回路中加装结构陷幅滤波器的解决方案,并促进航电供应商完成了结构陷幅滤波器的设计和实施,同时与局方沟通确定了进行 ASE 补充试飞验证的方案,并确定了 ASE 补充试飞的状态点。在滤波器加装后,我们依据当时航电系统和飞控系统的最新控制律构型状态完成了一轮理论分析,将理论分析报告作为符合性报告提交局方批准,保证了后续 ASE

补充试飞的安全及适航符合性。

4.4.2 颤振设计过程中的试验

4.4.2.1 低速颤振模型试验(MOC4)

ARJ21飞机完成了3项低速颤振模型试验,包括机翼低速颤振模型风洞试验、尾翼低速颤振模型风洞试验和全机低速颤振模型风洞试验,风洞试验前均完成了模型共振试验。其中机翼低速颤振模型风洞试验由一飞院负责完成,该试验对机翼翼面刚度、副翼作动器刚度、机翼根部连接刚度、油载和前缘结冰进行变参模拟研究,得到了机翼的亚声速颤振特性及关键参数的颤振影响规律。

尾翼低速颤振模型风洞试验和全机低速颤振模型风洞试验由颤振专业完成,颤振专业对主翼面刚度、操纵面作动器刚度、吊挂刚度、部件连接刚度和翼面结冰等关键参数进行变参模拟研究,得到并确定了ARJ21飞机尾翼和全机的亚声速颤振特性以及关键参数的颤振影响规律,验证了理论分析方法和分析结果。上述试验在模型设计、模型风洞试验和适航验证方面取得了如下经验。

上述试验是国内首次完成的民机低速模型适航验证试验,成功地探索并制订了一套民机气动弹性低速模型设计、试验及适航验证的思路和方案,在国内首次建立和确认了一套完整的、先进的、局方认可的颤振模型风洞试验适航验证方案(见图4-144),为国内民机研制积累了有关气动弹性低速模型试验及适航符合性验证的宝贵经验。

(1) 计及ARJ21飞机的结构特点,为满足颤振适航要求为目标,颤振专业优化提出了一套低速颤振模型故障状态的故障参数及模拟方法,应用于模型设计和风洞试验,提高了型号工作适航审查通过效率。

(2) 根据ARJ21-700飞机特点,颤振专业在部件模型及全机模型设计中,设计了不同形式的连接机构,以实现对部件根部弹性及机身框弹性的模拟,如垂尾与平尾的连接刚度解耦控制结构、垂尾与机身的连接刚度解耦控制结构、全机低速颤振模型Y型弹簧和H型弹簧等,如图4-145~图4-148所示。

(3) 在模型防护设计方面,我们发展了改进的模型复式悬挂技术,如图4-149和图4-150所示。该悬挂技术的特点是模型在风洞里可以自由运动,既能模拟飞机空中飞行情况,又能够防止刚体运动发散,保证颤振模型能够进行俯仰、偏航和滚转运动,不影响风洞模型的固有特性和颤振特性,具有抗干扰能力强而不增加附加刚度的特点。受试验启发,我们设计了一种飞机模型颤振抑制装置,并申请了专利。

4.4.2.2 高速颤振模型试验(MOC4)

颤振专业在CP中规划了两项高速颤振模型验证试验,即尾翼高速颤振模型风洞试验和机翼高速颤振模型风洞试验。另外,在上述两项验证试验前我们

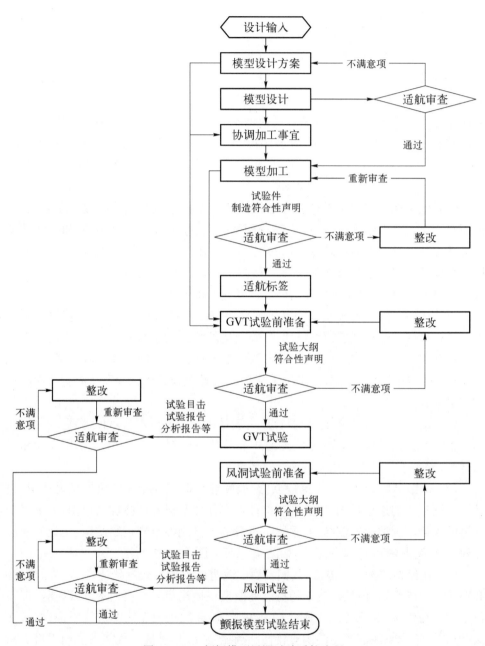

图 4 - 144 颤振模型风洞试验适航流程

还针对当时构型的 ARJ21 飞机机翼完成了一项机翼高速颤振模型预研课题试验。

1）机翼高速颤振模型课题研发试验

2002 年至 2007 年期间,由姚一龙老师负责牵头的 GF4080 预研课题"民用飞

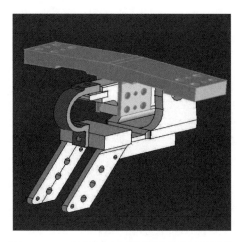

图4-145　尾段低速颤振模型中垂尾平尾的
连接刚度解耦控制结构

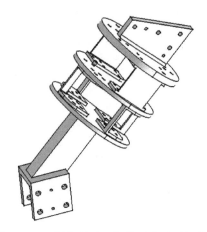

图4-146　尾段低速颤振模型中垂尾机身的
连接刚度解耦控制结构

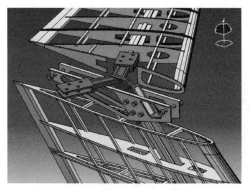

图4-147　全机低速颤振模型Y型
弹簧连接图

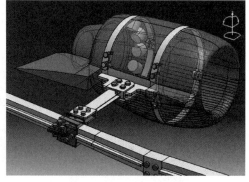

图4-148　全机低速颤振模型H型
弹簧发房连接图

机超临界机翼和T形尾翼颤振设计技术研究",完成了针对当时ARJ21飞机机翼构型的机翼高速颤振模型课题的风洞试验,该风洞试验在俄罗斯中央空气流体动力研究院(TsAGI)的T-106风洞完成,试验得到了当时构型的ARJ21飞机机翼的跨声速颤振特性,典型的试验结果如图4-151所示。在2010年底ARJ21飞机机翼高速颤振模型风洞试验失败后,该课题风洞试验结果为说服局方同意颤振试飞按原计划进行提供了有力的技术依据。

　　该试验完成了3轮复合材料机翼高速风洞颤振模型的设计制造和地面试验工作,对复合材料高速颤振风洞模型的设计分析和制造技术进行了预先研究,为后续ARJ21飞机尾翼和机翼高速颤振验证模型的设计分析和制造提供了技术储备和经验指导。

　　(1)该次模型采用了复合材料大梁＋玻璃纤维肋板＋填充泡沫＋配重铅块＋

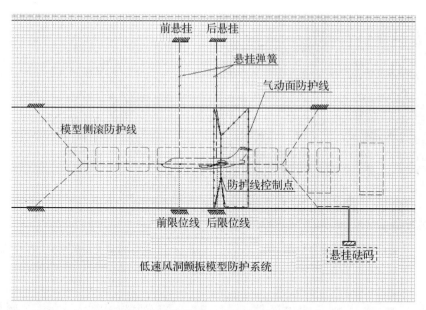

图 4-149　复式悬挂防护系统设计原理

图 4-150　复式悬挂防护系统应用

碳纤维维形蒙皮的结构形式,如图 4-152 所示。复合材料大梁采用多层碳纤维铺层,碳纤维的层数与铺设方向都是根据刚度设计分析得到的,在金属阴模中完成铺层后再进行冷压和热压,把大梁、肋板和配重组装好后(见图 4-153),放到玻璃纤维制作的阴模中采用喷射发泡方法进行泡沫填充,采用水压

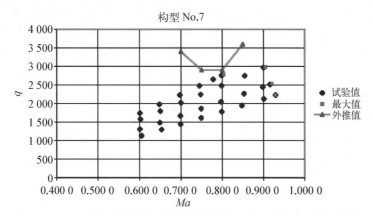

图 4-151　GF4080 课题得到的机翼高速颤振模型风洞试验典型结果

法加工模型玻璃纤维肋板,使用常温加压法粘结装配蒙皮,这些模型加工工艺保证了模型制造质量和效率,降低了成本。

(2) 模型刚度设计时采用了理论计算与试验修正结合的方法。理论计算包括模型的静刚度计算、模型振动特性计算和模型附加刚度贡献计算 3 个方面,并通过 3 轮试制模型的设计制造和刚度振动试验,

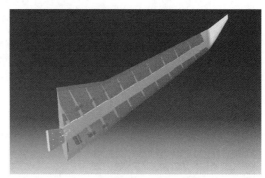

图 4-152　模型结构

摸索并修正了模型的刚度设计和制造工艺方法,包括等直段大梁模型、等直段大梁加半展长等直段对称翼型模型和等直段大梁加全展长等直段对称翼型模型,如图 4-154～图 4-157 所示。在证明了模型设计方法和制造工艺可行后,正式风洞模型的设计制造才完成,如图 4-158 所示。

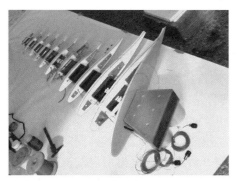

图 4-153　发泡前的模型

图 4-154　等直段大梁试制模型(静刚度试验)

图 4-155　等直段大梁试制模型（振动试验）

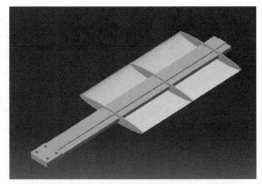

图 4-156　半展长试制模型

图 4-157　全展长试制模型（静刚度试验）

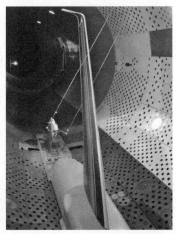

图 4-158　正式试验模型（风洞试验）

（3）复合材料高速颤振模型的振动特性设计尤其是刚度设计的难度极大，仅通过理论计算难以得到一个准确可靠的结果，虽然理论分析加引导性试验校正的方法可以解决这个技术难题，但其过程比较长且比较复杂。在今后工作中我们还应继续加强复合材料颤振模型刚度设计方法的递进式试验和理论研究，完善其设计方法，使之适用性更高。

2）尾翼高速颤振模型试验

尾翼高速颤振模型风洞试验是颤振 CP 中规定必须完成的一项验证试验（MOC4）。该试验于 2007 年开始调研风洞并进行比例尺预研究，2009 年 2 月开始正式启动设计，2010 年 8 月在绵阳 FL-26 风洞完成风洞试验，前后历时 3 年。试验成功地得到了 ARJ21 飞机尾翼的跨声速颤振特性。

该试验为国内首次完成的"T"尾构型的高速颤振模型风洞试验，同时也是上飞院首次自主利用国内大尺寸暂冲式跨声速风洞开展高速颤振模型风洞试验。尾翼高速颤振模型风洞试验是高风险项目，同时作为适航验证试验，如果失败，将给型号研制工作带来极大的压力。该试验最终一次性圆满完成，有力地推进了颤振专业的型号研制进度。

ARJ21飞机尾翼高速颤振模型采用机身整流段、发房、垂尾、平尾和转接钢板的构型,模型在风洞中的阻塞度约为2.6%,满足高速颤振模型风洞试验阻塞度的要求(一般不大于3%)。考虑到该项试验的高风险性,我们共设计生产了5套"T"尾模型、两套机身模型和1套发房模型,包括按基准刚度比例尺设计的1套基准模型和1套备份模型,按大刚度比例尺设计的1套大刚度模型和1套备份模型,以及按小刚度比例尺设计的1套小刚度模型以保证试验成功获得有效的试验结果。

该试验的主要经验总结如下。

(1) 对于高速颤振模型风洞试验,我们要考虑尽量减少风洞壁对气流的干扰,这就要求缩比模型在风洞中的阻塞度一般不能超过3%。

(2) 考虑到试验具有极大的风险性,我们应设计多套模型,一方面保证试验安全,另一方面用以克服高速颤振模型刚度偏差,并最终获得有效数据。

(3) 在密度比能小于3.5的情况下,我们采用实心金属梁可以简化设计。

(4) 左右平尾采用一体式梁结构(见图4-159),有助于提高模型装配精度,简化结构形式,达到有效减重的目的。

图4-159 ARJ21飞机尾翼高速颤振模型设计方案

(5) 弹簧片在模拟两点间的刚度的时候,应避免两点之间尺寸过小,在空间允许的情况下,应可能的增加弹簧片模拟的两点间的距离。

(6) 机身整流罩的模拟要尽可能地长一些,以避免在跨声速区,整流罩的激波影响模型试验的结果。

(7) 地面试验中,个别频率与风洞中测试结果不一致,所以我们需要在模型地面试验中关注地面支持形式,使之尽量与风洞中的形式相当。

(8) 风洞试验中如果采用机械夹持系统进行模型保护,我们需要验证其系统工作状态不会影响模型自身的颤振特性。

图4-160为ARJ21飞机尾翼高速颤振模型的风洞安装图;尾段高速颤振模型,一体化平尾结构,如图4-161所示。

图 4-160　ARJ21 飞机尾翼高速颤振
模型的风洞安装图

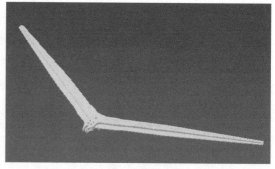

图 4-161　尾段高速颤振模型 一体化平尾结构

3) 机翼高速颤振模型试验

ARJ21-700 飞机机翼高速颤振模型风洞试验是颤振 CP 中规划的一项重要的模型验证试验(MOC4),目的是获得 ARJ21-700 飞机机翼的跨声速特性,确定机翼的跨声速颤振压缩性修正系数。

该项试验原先由某外单位负责,按 CP 规划应安排在颤振试飞前完成。该试验 2010 年底在俄罗斯 T128 风洞进行,由于模型强度设计和加工方面的问题,导致模型强度不满足试验要求,在首次试验的起风过程中,模型在实际承受载荷远低于设计载荷时即被吹散破坏,经现场评估,确定问题原因是模型强度不满足要求,现场目击的局方认定试验已失败要求中止试验,试验宣告失败。由于该试验失败,CAAC 提出需重新完成该项试验后才批准进行颤振试飞,这使得当时正紧锣密鼓进行准备并计划于 2011 年一季度完成的颤振试飞工作陷入了非常被动的局面,因为完成机翼高速颤振模型风洞试验项目的周期至少需 1 年时间,包括模型设计、加工、地面试验直至风洞试验,如果这样,颤振试飞乃至整个型号取证交付的进度都将被迫推迟至少 1 年。为使颤振试飞按计划进行,颤振专业顶住巨大压力,积极与 CAAC 进行多次讨论沟通,制订了试验失败归零计划和重新完成该项试验的后续工作计划,并结合 ARJ21-700 飞机尾翼高速颤振模型风洞试验结果和预研课题完成的 ARJ21-700 飞机机翼高速颤振模型风洞试验结果,针对性地完成了 3 份机翼跨声速颤振压缩性修正系数分析报告,并依据尾翼跨声速颤振风洞试验结果,保守地评估了机翼的跨声速颤振压缩性特性,从技术上向局方表明了在该项试验未完成的情况下,当前所完成的颤振工作仍可确保颤振试飞安全,CAAC 最终同意机翼高速颤振模型风洞试验不作为颤振试飞的限制条件,颤振试飞可按原计划进行,但机翼高速颤振模型风洞试验作为验证试验必须重新完成。

颤振试飞后,颤振专业按照局方要求,重新开展机翼高速颤振模型风洞试验项目的相关工作,于 2013 年 5 月顺利完成模型的风洞试验并通过适航审查,试验如图 4-162 和图 4-163 所示。该项试验成功得到了机翼的跨声速颤振特性,验证了前期分析评估结论,保证了颤振试飞及所有符合性验证结论的有效性。

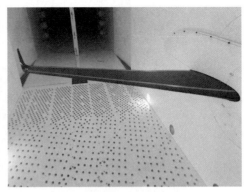

图 4 - 162　防护装置在风洞中的安装图　　　图 4 - 163　模型在 FL - 26 风洞中的安装

4.4.2.3　供应商试验(MOC4)

与颤振专业相关的供应商试验是 3 项作动器阻抗试验,包括副翼作动器阻抗试验、方向舵作动器阻抗试验和升降舵作动器阻抗试验。作动器阻抗试验是把作动器固定在试验台架上,通过加载测得作动器的动刚度和动阻尼特性,用以表明供应商设计的作动器满足颤振专业提出的刚度阻尼指标要求。

上述 3 项试验是适航验证试验,它们是整个系统试验的一部分。试验大纲、试验及试验报告均由供应商完成,试验完成后,颤振专业确认了供应商试验报告中的试验结果满足设计要求,把供应商报告在协同产品商务平台(collaborative product commerce,CPC)上重新取号归档并提交局方批准。ARJ21 飞机作动器阻抗试验的相关图片及结果如图 4 - 164～图 4 - 166 所示。

4.4.2.4　机上地面试验(MOC5)

颤振专业负责的机上地面试验包括全机地面共振试验和全机结构模态耦合试验,要求在首飞前完成。因构型状态变化等原因,颤振试飞前亦可再次安排完成全机地面共振试验。该试验的目的是得到飞机的固有振动特性(频率、阻尼、振型),依据该试验结果,对理论计算模型进行修正,以得到更加准确的颤振分析结果,从而保证首飞及后续颤振试飞安全。

ARJ21 飞机完成的机上地面试验包括 101 架 GVT、101 架全机结构模态耦合试验、104 架 GVT 和 104 架全机结构模态耦合试验,在颤振试飞前还完成了操纵面旋转频率检查试验。

ARJ21 飞机 101 架 GVT 于 2008 年 9 月 26 日至 10 月 13 在上飞公司试飞站完成,试验承担方为 623 所,该次试验为首飞前试验,以保证首飞安全。104 架 GVT 于 2010 年 5 月 11 日至 6 月 9 在上海飞机制造有限公司完成,试验承担方为 623 所,该次试验增加了燃油状态。

101 架机全机结构模态耦合试验于 2008 年 9 月 28 日至 10 月 16 日在上飞公司试

图 4 - 164 阻抗试验装置设备示意

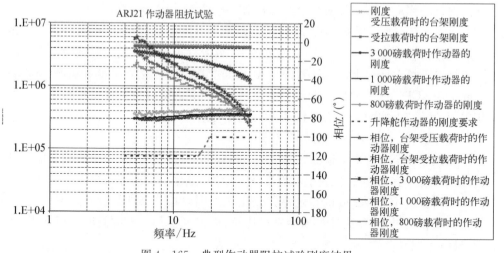

图 4 - 165 典型作动器阻抗试验刚度结果

飞站完成,104 架机全机结构模态耦合试验于 2011 年 1 月 24 日至 1 月 31 日在西安试飞院 456 厂房完成,试验均得到了可靠有效的试验结果,并通过了适航审查。

主要事件如下所述。

(1) 2010 年 5 月 17 日至 21 日,FAA 开展影子审查,并针对试验提了 14 个技术问题,申请人在限期内答复 FAA 的 14 个问题,得到 CAAC 和 FAA 的认可,试验最终顺利通过适航审查。FAA 影子审查期间,试验过程中出现的试验机起落架传感器布置偏离,CAAC 工程代表依据适航管理程序对其进行了审查,批准了申请人

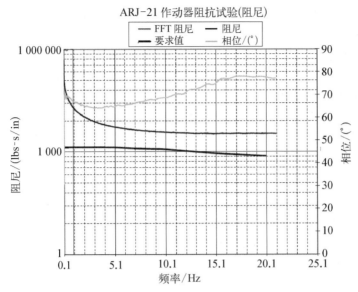

图 4-166　典型作动器阻抗试验阻尼结果

的偏离评估报告,签发了关于起落架传感器布置的安装符合性检查请求单,CAAC制造符合性代表进行了符合性检查,完成了检查记录。

(2) 2010 年 5 月 13 日至 6 月 10 日,完成 6 个大状态的全部试验测试内容,更换试验状态时进行制造符合性过程检查并通过,其间进行起落架项目测试,适航工程预备委任代表及 CAAC 工程代表目击全程试验。

主要经验如下所述。

(1) 试验大纲审查。

试验大纲及早与局方沟通,对于局方提出的问题和建议,要反复与之沟通解释,合理的意见要积极采纳,使大纲在完备性、可操作性、有效性等方面得到有效保证,从而为试验顺利通过打下坚实的基础。

(2) FAA 问题回复。

全机地面共振试验是 FAA 重点关注审查的适航验证试验。对于 FAA 的问题,申请人群策群力充分研究,并把对 FAA 的问题答复意见与 CAAC 代表充分沟通,共同讨论针对 FAA 提问的最佳对策,及时给出 FAA 问题的书面答复,使得 FAA 对于申请人的答复非常满意,14 项问题除 1 个小项外全部关闭。

(3) 制造符合性。

试验机的制造符合性是后续相关试验的基础,如果严格按局方代表要求,试前完成试验机的制造符合性审查,则类似 104 架机 GVT 这样重大的 MOC5 试验的制造符合性检查就会比较顺利。

4.4.3　飞行试验(MOC6)

颤振专业负责的 ARJ21 飞机飞行试验包括颤振试飞和伺服颤振(ASE)试飞,

颤振试飞是扩展和确定飞机飞行包线右边界的适航验证试飞科目,该科目要严格按照适航条款要求进行,并接受 CAAC 和 FAA 的严格审查,国内之前无 ARJ21 飞机量级的完整的颤振试飞经验及适航验证经验,技术难度和风险都非常高。颤振专业知难而进,攻关解决了多项技术难题,包括机翼高速颤振模型风洞试验失败问题、空速校准问题、主起收放作动筒接头疲劳试验断裂问题评估、简易拖锥数据跳变问题、试飞数据处理问题等,最终圆满完成了上述两项飞行试验,试飞报告获得 CAAC 和 FAA 的认可批准,验证了 ARJ21 飞机的气动弹性设计满足适航要求。图 4-167 为全机结构模态试验原理图。

4.4.3.1　颤振试飞

ARJ21 飞机颤振试飞从 2011 年 6 月 1 日至 8 月 3 日在 101 架机上完成,试飞依据为颤振试飞大纲,在中国飞行试验研究院完成,共完成了 37 个状态点 24 个架次的试飞。针对颤振试飞完成的主要工作如下所述。

(1) 完成专业工作清理自查。

从 2010 年 10 月至 2011 年 2 月,颤振专业组织全专业设计人员进行了工作自查,对理论计算分析模型、质量刚度输入数据、重要分析报告及结论、试验模型设计、模型分析报告、模型试验数据、模型试验报告及结论进行了全面的多级核查,确保本专业的颤振设计工作可靠、无质量问题。

(2) 国内外资料收集及技术咨询。

从 2010 年 12 月至 2011 年 2 月,颤振专业组织人员先后到上海和北京的相关机构查阅国内外成功型号的颤振试飞相关资料,对所查阅到的数据资料进行分析、归纳,同时还开展了国外专家技术咨询,为完善颤振/ASE 试飞大纲及试飞应急处理方案提供了有用的借鉴经验。

2010 年 12 月和 2011 年 3 月,与国外颤振专家就颤振/ASE 试飞大纲、试飞安全措施及颤振试飞前技术工作开展两次技术咨询讨论;2011 年 7 月和 11 月,与 FAA 专家就颤振/ASE 试飞大纲、拖锥安装及颤振试飞报告开展两次技术咨询讨论。

(3) 完成支持试验及分析。

完成支持颤振/ASE 试飞的相关试验及分析工作,包括完成 104 架机全机地面共振试验(无控 GVT),该试验考虑了不同燃油状态及舵面作动器失效状态,完成颤振试飞前试飞飞机操纵面旋转频率检查试验,完成基于无控 GVT 试验结果进行修正的颤振分析,完成颤振试飞前气动弹性总结报告、颤振试飞前颤振评估报告、机翼跨声速颤振压缩性修正计算报告、颤振试飞构型评估、颤振试飞应急情况处置方法等工作,为颤振试飞安全提供了技术保障。

(4) 完成颤振试飞前地面试验、颤振试飞大纲、颤振试飞构型清理及评估。

完成了颤振试飞前地面试验,用以检验颤振/ASE 试飞激励测试系统是否正常工作、选取的激励方式及信号是否适当。组织所有专业开展颤振试飞前"双想"质量活动,对试飞飞机的结构及系统进行全面的问题清理及归零,确保颤振试飞安

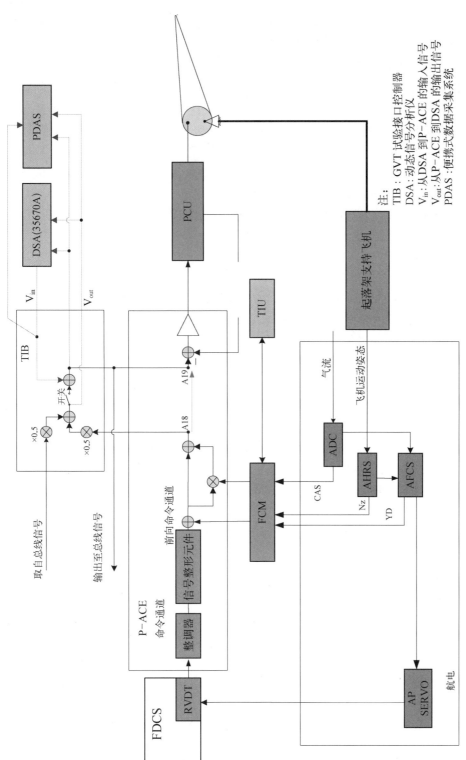

图 4 - 167　全机结构模态试验原理图

注：
TIB：GVT 试验接口控制器
DSA：动态信号分析仪
V_{in}：从 DSA 到 P-ACE 的输入信号
V_{out}：从 P-ACE 到 DSA 的输出信号
PDAS：便携式数据采集系统

全。完成颤振/ASE试飞大纲和颤振试飞构型评估报告,颤振试飞大纲及构型评估报告获得局方批准,颤振/ASE试飞按计划正式开始。

(5) 完成颤振试飞。

在局方批准颤振试飞开试前,颤振试飞IPT团队答复了FAA的25个问题和CAAC的近100个问题,并针对性地完成了机翼跨声速颤振压缩性修正系数分析报告、平尾结构抗鸟撞更改的颤振评估、主起作动器收放接头疲劳问题评估等30多份报告,解决了试飞状态选取、应急情况处置方案、空速校准评估及拖锥数据跳变等难题,从技术上向CAAC表明目前所做的颤振工作充分,可确保颤振试飞安全,CAAC最终批准颤振试飞按计划进行。

在颤振试飞的众多难题中,空速校准评估和拖锥数据跳变问题尤为波折,曾使颤振试飞面临无限期推迟和中途终止的风险。

对于颤振试飞飞机101架机的空速测量系统,FAA从一开始就非常关注其是否满足要求。颤振试飞前,ARJ21-700飞机实际上只完成了最大使用限制速度/最大使用马赫数(VMO/MMO)包线内的部分高度速度和部分重量、重心状态的空速校准,空速校准试验报告也未得到CAAC的最终批准。颤振主管审查代表认为101架机空速测量系统不满足要求,要求空速校准试飞报告须得到相关审查代表的批准,并给出目前空速校准试飞结果能支持颤振试飞的书面审查意见后,才同意批准进行颤振试飞。颤振专业协调性能专业多次与性能主管审查代表沟通,性能主管审查代表不同意批准空速校准试飞报告,认为目前空速校准试飞未完成全部试验状态,空速校准试飞报告未达到批准的状态,而且也不同意给出目前空速校准试飞结果能否支持颤振试飞的书面审查意见,只是口头认为目前空速校准试飞结果基本符合要求。由于备用仪表及飞机状态等原因,短期内根本无法安排完成空速校准试飞,这样申请人无法让性能主管审查代表和颤振主管审查代表达成协调一致的意见,颤振试飞面临无限期推迟的风险。颤振专业提请主管院领导和总师组织相关专业商讨解决措施,确定由颤振专业针对目前空速校准试飞结果给出评估报告,依据评估报告再与CAAC沟通。

经过仔细研究空速校准试飞报告,颤振专业认为空速校准试飞已完成的部分高度速度和重量重心状态基本覆盖了VMO/MMO包线内的颤振试飞状态,根据该情况可把颤振试飞分为VMO/MMO包线内和包线外两个阶段进行,这样VMO/MMO包线内的颤振试飞是可以先按计划进行的,按此思路颤振专业连夜完成了针对性的评估报告,明确了目前空速校准试飞结果可以支持VMO/MMO包线内的颤振试飞、可以先进行VMO/MMO包线内的颤振试飞的评估意见。几经周折,与CAAC进行多次解释沟通后,性能主管审查代表认同申请人的评估意见,在评估报告上签署了其书面审查意见,颤振主管审查代表也同意先按计划进行VMO/MMO包线内的颤振试飞,这样颤振试飞才得以按计划继续推进。

在VMO/MMO包线内颤振试飞顺利进行、渐近尾声的同时,如何解决VMO/

MMO 包线外颤振试飞的空速校准问题,又成了影响颤振试飞继续进行的一个难题。试飞院最初不同意上飞院提出的加装拖锥的方案,而是采取在 104 架机上补充两次 VMO/MMO 包线外的空速校准试飞,再通过外推方法来表明 101 架机空速测量数据满足 VMO/MMO 包线外的趋势要求。由于颤振试飞前所完成的空速校准试飞结果并未得到局方的最终批准,该方案在技术安全和通过适航审查上都存在一定风险,经过多轮协调讨论后决定在 101 架机上加装拖锥。最初试飞院计划在 101 架机上加装可收放式拖锥,但由于供应商重新校准和装订的周期较长,主管领导陈勇总师果断决策采用简易拖锥。2011 年 6 月 22 日由试飞部牵头负责开始加装简易拖锥,原计划用 2 天时间完成拖锥加装及检飞后就开始 VMO/MMO 包线外的颤振试飞,但由于拖锥首次检飞数据出现跳变问题不满足精度要求,致使计划被迫推迟,而 FAA 将在 7 月 8 日来现场进行颤振试飞的第 2 次影子审查,因此必须赶在 FAA 来现场之前解决好拖锥问题,否则 FAA 将不能现场目击到 VMO/MMO 包线外的颤振试飞,其导致的后果可能就是颤振试飞最终无法通过 FAA 影子审查,而 CAAC 也可能因此终止颤振试飞,那么前期完成的颤振试飞就将付之东流,颤振试飞只能再择期重新来过。颤振试飞攻关团队顶住巨大压力,加班加点讨论分析问题原因,并与简易拖锥供应商多次召开电话会议讨论,先后进行了检查拖锥气密性、降低拖锥采样频率、激活拖锥滤波器等排故工作,最终赶在 7 月 8 日 FAA 来现场的当天解决了拖锥数据跳变问题,为颤振试飞顺利通过 FAA 影子审查并最终圆满完成扫清了最后一道障碍。

(6) 完成颤振试飞报告。

为使颤振试飞报告尽快达到 CAAC 和 FAA 认可批准的水准,颤振试飞攻关团队多方查阅国外相关试飞报告,与 FAA 颤振专家进行了深入的讨论和咨询,并综合 CAAC 和 FAA 颤振专家的意见,从颤振试飞报告英文版入手,对颤振试飞报告进行全面的修改完善,包括修改模板格式和用语习惯,确认并增加试飞结果数据和图表,落实 FAA 关注的问题,完善试飞结论等。经过两轮修改完善,颤振试飞报告 C 版成为 TIA 前首个获得局方批准的验证试飞报告,颤振试飞成为 TIA 前唯一完成并获得局方认可批准的试飞科目,为 ARJ21 整个型号工作顺利进入 TIA 奠定了坚实基础。

表 4-16 为 ARJ21-700 飞机试飞事件清单。

表 4-16 ARJ21-700 飞机颤振试飞事件清单

序 号	时 间	事 件
1	2011 年 3 月 31 日	完成飞控系统 3.3 版本软件加载及功能检查 完成颤振试飞地面试验大纲(B 版)的适航批准
2	2011 年 4 月 8 日	完成颤振试飞前舵面频率检查

（续表）

序　号	时　　间	事　　件
3	2011 年 4 月 13 日	完成颤振试飞放飞技术评审
4	2011 年 4 月 28 日	完成颤振试飞地面试验飞控排故
5	2011 年 5 月 2 日	完成颤振试飞缺装件配重
6	2011 年 5 月 4 日	完成颤振试飞制造符合性检查
7	2011 年 5 月 5 日	完成颤振试飞大纲（K 版）
8	2011 年 5 月 6 日	完成颤振试飞地面试验调试
9	2011 年 5 月 7 日上午	完成颤振试飞地面试验的制造符合性检查
10	2011 年 5 月 7 日下午	完成颤振试飞地面试验
11	2011 年 5 月 9 日	完成颤振试飞放飞评审
12	2011 年 5 月 11 日—19 日	进入颤振试飞研发试飞阶段
13	2011 年 5 月 13 日	完成颤振试飞大纲（K1 版）
14	2011 年 5 月 23 日	完成颤振试飞大纲（K1 版）
15	2011 年 5 月 23 日	完成颤振试飞制造符合性检查
16	2011 年 5 月 31 日	完成颤振试飞补充制造符合性检查
17	2011 年 6 月 1 日	取得颤振试飞特许飞行证进入验证试飞阶段
18	2011 年 6 月 4 日	完成 ASE 试飞地面试验制造符合性检查
19	2011 年 6 月 5 日	完成 ASE 试飞地面试验
20	2011 年 6 月 16 日	完成拖锥安装、拆除经纬仪、拆除尾撬
21	2011 年 6 月 22 日	完成颤振试飞补充制造符合性检查
22	2011 年 6 月 22 日	完成 ASE 试飞补充制造符合性检查
23	2011 年 6 月 22 日	完成颤振试飞大纲（K2 版）和构型评估报告（B3 版）适航审批
24	2011 年 6 月 12 日—22 日	完成拖锥改装、文件改版及适航批准
25	2011 年 7 月 4 日	完成 ASE 试飞放飞评审
26	2011 年 7 月 8 日	完成加拖锥后的颤振试飞制造符合性检查
27	2011 年 7 月 8 日	向 FAA/CAAC 汇报颤振试飞前期情况
28	2011 年 7 月 9 日	完成 FAA/CAAC 颤振试飞 021 号任务单现场目击审查
29	2011 年 7 月 11 日	向 FAA/CAAC 汇报颤振试飞 021 号任务单试飞结果
30	2011 年 7 月 14 日	FAA/CAAC 颤振试飞审查总结会，关闭 25 个问题和 ISSUE Paper
31	2011 年 8 月 3 日	完成颤振试飞所有试验点

4.4.3.2 气动伺服弹性(ASE)试飞

ARJ21 飞机 ASE 试飞在 101 架机上完成,完成时间为 2011 年 8 月 18 日至 9 月 21 日,共完成了 27 个状态点 14 个架次的试飞。

ASE 试飞验证了在整个设计俯冲速度包线范围试飞过程中,ARJ21 飞机未出现任何 ASE 不稳定现象,在无失效、故障或不利条件的正常情况,飞机在直至 VD/MD 的所有速度下,所有试飞状态点俯仰回路、偏航回路、滚转回路的相位裕度为 ±180°,满足大纲规定要求;偏航回路、滚转回路幅值裕度均大于 6 dB,满足大纲规定要求;除一个试验点外,其余试验点俯仰回路的幅值裕度均大于 6 dB,满足大纲规定要求;而该试验点的俯仰回路幅值裕度略小于 6 dB,不满足大纲规定的至少 6 dB 幅值裕度要求,但此时飞机是稳定的,没有出现 ASE 不稳定现象。

针对俯仰回路幅值裕度偏小问题,我们提出了加装结构陷幅滤波器的解决方案,并协调航电供应商完成结构陷幅滤波器设计,在结构陷幅滤波器加装完成后,完成了理论分析评估,理论分析结果表明飞机 ASE 稳定裕度满足要求,该结果将通过后续 ASE 补充试飞进行验证。在协调航电供应商设计滤波器的同时,颤振专业就该问题与局方进行了及时沟通讨论,局方认可颤振专业的解决方案,批准了 ASE 试飞报告和试飞分析报告,并就后续 ASE 补充试飞的状态点达成了共识。

2014 年 9 月,ASE 补充试飞大纲和构型评估报告获得局方批准,随后完成试飞前制造符合性检查和地面试验即开始 ASE 补充试飞,10 月中旬完成 ASE 补充试飞,试飞结果表明加装结构陷幅滤波器后,ARJ21 飞机的气动伺服弹性稳定性特性满足要求,之后完成试飞报告和试飞分析报告并获得局方批准,至此,颤振专业所有符合性工作全部完成,保证了本专业条款按计划关闭。

4.4.3.3 收获体会

(1) 发展民机必须高度重视适航验证,按适航审定的程序办,它是经验和众多事故的结晶。我国的科研院所和科研人员尤其需要加强适航观念。

(2) 民机颤振试飞是高风险验证试飞科目,也是 CAAC 和 FAA 重点审查的项目,在民机早期设计时就须规划制订全面的颤振设计工作及适航验证计划,夯实技术基础,充分考虑到各种技术风险,精心准备,只有这样才能最终确保颤振试飞成功。

(3) 充分调动外部条件,通过外协利用外部的资源(国外、行业外、地方科研院校等)来完成研制任务,特别是要合理开展与有经验的外国专家的技术咨询,为我所用。

(4) 颤振试飞前的颤振设计工作要全面扎实,包括理论计算分析、低速颤振模型试验、高速颤振模型试验及飞机地面试验等,以全面掌握飞机在正常情况、各种油载商载、各种结构系统故障状态下的颤振特性,为颤振试飞提供坚实的技术基础。

(5) FAA 和 CAAC 对于颤振试飞的适航审查非常严格,并特别关注飞机的构型状态,颤振试飞飞机的构型状态要尽量与取证构型一致,并在颤振试飞时严格控制并冻结其构型状态,以减少适航审查方面的工作量和难度。

(6) 颤振试飞将扩展右边界速度包线至 VDF/MDF,往往要进行俯冲加速以达到目标速度,颤振试飞时的飞机空速测量系统若未全部完成试飞装订,则俯冲加速过程中的空速测量数据是不准确的,FAA 和 CAAC 非常关注这点,因此在颤振试飞前务必视需要加装拖锥,并且要求供应商保证现场处理拖锥数据跳变等问题。

(7) 对于颤振试飞,国外惯用等马赫数试飞,目前国内常采用的是等高度试飞,两者原理基本一致都可得到有效结果,建议技术上可进行采用等马赫数试飞尝试。

(8) 颤振试飞数据处理时,要注意选取匹配合理的频率阻尼取样范围,两者取样匹配不合理时,容易出现速度阻尼趋势跳变的问题。

4.5　制造、试验、试飞中的故障

4.5.1　全机疲劳试验中的问题

全机疲劳试验进行过程中,暴露了许多设计、制造及试验中的问题,截至 2014 年 12 月 31 日,全机疲劳试验进行到 20 000 次,共发生试验故障 105 起,对试验故障进行处理时,一般只进行局部更改,不改变飞机的传力路径,更改时同时考虑试验机、交付飞机、在制品和飞机构型的更改,确保已完成的试验次数和将要进行的试验次数真实有效。

4.5.2　试飞中的问题

1) 滑行振动问题

ARJ21-700 飞机的滑行振动问题是该型飞机在首次试飞时就出现的问题,并且在四架试飞机的试飞过程中都出现过,给试飞工作带来了许多的困难和困惑。

2008 年 11 月 8 日下午,ARJ21-700 飞机 101 架机进行中、低速试滑。飞行员感觉飞机速度在 20～23 kn 时飞机振动剧烈。

2008 年 11 月 28 日上午,101 架机进行高速试滑,飞行员反映“前轮摆动引起全机振动的现象较明显,且高速滑行结束后现象未减弱”。

2009 年 2 月 28 日,101 架飞机进行地面滑行,飞行员反映当飞机速度在 20～30 kn 之间,飞机振动现象比较明显;当滑行速度达到 70 kn,飞机姿态略有抬头时,振动现象明显减弱。

2012 年 5 月 15 日,当 104 架飞机在 27 kn 正常滑行时,试飞员反映飞机纵向振动较大。

2012 年 10 月 9 日,102 架飞机在进行“不可用燃油局方审定试飞”时,试飞员反映“飞机直线滑行,速度 20 kn,双发转速一致,在滑行道面平整,地面无侧风的情况下，飞机左、右抖动明显。增速至 22 kn 抖动消失。"

2) 滑行振动问题测试及分析

(1) 2009 年专项滑行振动测试结果的初步分析。

为了解决 ARJ21 - 700 飞机的滑行振动问题，2009 年 3 月 5 日—7 日，飞机进行 3 次地面滑行，机上测试人员分别对舱内前、中、后不同位置进行了感受，发现当飞机速度保持在 20～23 kn 范围内，飞机机头（包括驾驶舱）部位振动大于机身中后部（发动机吊挂附近），垂向和侧向振动都有发生，且明显为低频振动。速度超过 25 kn 时，振动现象消失。但当飞机按正常起飞程序进行滑行时，飞机振动从感觉上无明显异常。并在随后的几天内进行了 ARJ21 - 700 飞机的专项滑行振动测试。在 101 架机的前起落架前、后安装点与机身连接处、驾驶员座椅、发动机吊挂、中机身客舱左右等位置布置了 16 通道的振动加速度传感器进行了振动测量，测量的情况如表 4 - 17 所示。

表 4 - 17 振动测试状态与测试情况汇总

	测试时间	飞 机 状 态	测试次数	通道总数
地面滑行测试	2009 - 3 - 7	前起落架原机轮、加油 4.2 t	5 次	16 通道
	2009 - 3 - 10	前起落架原机轮、加油 10.2 t	8 次	16 通道
	2009 - 3 - 11	前起落架原机轮、加油 4.2 t	7 次	16 通道
飞行及高速滑行	2009 - 3 - 15	前起落架原机轮、加油 4.2 t	高速滑行两次、飞行一次	15 通道

专项滑行振动测试结果的初步分析得出以下的主要结论：振动较为强烈的情况不是每次滑行都能遇到，与飞机的装载和滑行速度有关；某些重量下飞机低速滑行过程中，滑行速度 21 kn 附近机头位置处振动较为明显，频率在 7 Hz 左右，与前起机轮的转动频率耦合，在速度稍微增加或减小 2 kn 左右的情况下，振动明显减弱或消失；按正常起飞程序滑行产生的振动量值总体上明显低于GJB67.8A 中量值。

(2) 相关资料的分析。

查阅相关文献资料发现，波音和空客公司的客机，在飞机滑进或滑出时针对各自具体型号规定了滑行速度范围。如 B737NG 的机组手册"滑行速度与刹车"小节中明确写明：某些滑行速度，通常在 10～20 kn 之间，会增加飞机的抖动，尤其是在道面不平的滑行道上滑行时。如果出现这种情况，稍稍增加或减小速度，可减少或消除飞机的抖动，增加旅客舒适度。

从 B737NG 机组手册可以看出，该机种存在与 ARJ21 - 700 类似的滑行振动现象（其称为抖动），且采用稍稍增加或减小速度的措施来避开飞机滑行振动（抖动），增加舒适性。

3）滑行振动问题的分析结果

通过在 ARJ21－700 飞机 101 架地面滑行试验期间进行过专项滑行振动测试，结合飞行员描述并对测试数据做进一步分析后认为：ARJ21－700 飞机滑行时出现的振动现象不属于摆振；全部四架试飞机均出现过滑行振动现象且对应的滑行速度相对集中，且与前起机轮的转速相关，可推断滑行振动是 ARJ21－700 飞机的机体结构频率与机轮转动频率耦合产生的；通过测试数据分析表明在滑行振动时飞机的振动环境总体满足有关标准给出的人机工效要求；当飞机在某一滑行速度出现明显的滑行振动现象时，提高或降低滑行速度约 2 kn，振动现象明显减弱或消失。

综上所述，认为 ARJ21－700 飞机的滑行振动现象不属于故障，是飞机的固有现象。该现象不对飞机安全产生任何影响，仅影响飞机在地面滑行时的乘坐舒适性。

4）滑行振动的处置措施

为在 ARJ21－700 飞机交付运营时指导机组人员完成对可能遇到的滑行振动现象进行合理的处置，以增加乘坐舒适度，特在《ARJ21－700 飞行机组训练手册》中增加了如下说明："某些滑行速度时，通常在 21 kn 左右，飞机的抖动可能会增加。如果滑行时出现抖动增加，稍微增加或减小速度可减少或消除飞机抖动，增加乘坐舒适度。"该措施得到了局方试飞员认可，相关文件获得了批准。

4.6 供应商工作

ARJ21－700 飞机研制采用主制造商-供应商模式，除结构部件采用主制造商设计、生产商制造外，系统设备及部件基本采用从设计开始就由供应商负责完成，但飞机的取证主题仍然是中国商用飞机有限责任公司，因此，就需要主制造商对供应商研制的全过程进行管控，每个设计阶段进行工作评审，对其中遇到的问题进行联合攻关，最终作为型号合格证持有人向局方表明符合性。在供应商工作的工程中，由于知识产权、地域文化、国家出口管控、成品装机件补充验证困难等因素，在工作中存在与以往型号工作不同的特点，本章选取其中几个方面工作进行阐述。

4.6.1 系统安装强度工作

4.6.1.1 APU 系统安装强度工作

APU 系统安装强度工作主要分为 APU 本体安装系统和 APU 消音器安装系统两部分。

APU 本体安装系统包含拉杆组件、减震器（成品件）、接头及连接螺栓。主要校核和试验考核部位包括拉杆、接头、拉杆与接头和减震器之间的连接以及接头与机身框之间的连接。APU 本体安装系统如图 4－168 所示。

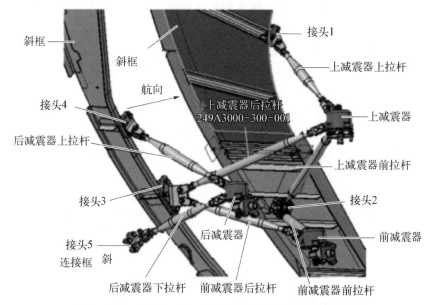

图 4-168　ARJ21-700 飞机 APU 本体安装系统结构图

APU 消音器安装系统由拉杆组件、支座、安装角片及连接螺栓组成。主要校核和试验考核部位包括拉杆、支座和安装角片、拉杆与消音器及支座的连接以及支座和安装角片与机身框之间的连接。APU 消音器安装系统如图 4-169 所示。

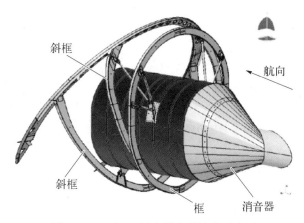

图 4-169　APU 消音器安装结构示意图

1）系统支架与结构件的连接紧固件的选取

在系统安装支架的校核中曾发现在系统设备支架与结构件的连接处使用全螺纹螺钉的情况。若使用全螺纹螺钉，会使螺钉与紧固件孔的有效挤压面积大大降低，对孔的挤压极为不利，有在结构件中产生裂纹等缺陷的危险，影响机身结构件的耐久性和疲劳强度。

APU 消音器下部安装角片与机身框腹板的连接紧固件原设计为 4 颗全螺纹螺钉,后将其改为牌号为带光杆螺栓。

启示:在系统支架的设计中,需注意,支架与机身结构件直接连接的地方避免用全螺纹螺钉,以避免在结构件中产生裂纹等缺陷的危险。

2) APU 静力试验

APU 静力试验分为 APU 本体安装系统静力试验和 APU 消音器安装系统静力试验。该试验主要考核 APU 本体和 APU 消音器的安装系统强度。在试验初期,发生了与 APU 本体安装系统连接的机身结构无法满足强度要求,APU 消音器假件设计不合理造成与机体结构干涉的问题。

(1) APU 本体安装系统连接的机身结构无法满足强度要求问题。

在进行 APU 本体安装系统静力试验时,与 APU 本体安装系统连接的机身框腹板经计算无法满足强度要求,后通过建立细化模型,计算几套更改方案,最终确定在与 APU 本体安装系统连接的机身框腹板上增加纵向加强件的方案。在试验中,该加强方案满足强度要求,并且其试验测得数据与理论分析基本吻合。

(2) APU 消音器假件设计不合理问题。

在 APU 消音器安装系统静力试验中,设计了消音器假件以进行载荷的加载。但假件下部对接角片与真件的下部对接角片不一致,如图 4-170 所示,左图为真件上的对接组件,右图为假件对接组件。假件的下部对接角片设计成了方形,经分析,在加载过程中,假件位移较大,下部对接角片挤压安装于机身结构上的下部安装角片的立边,从而造成载荷传递情况与真实设计情况不一致,因此需要对假件进行修切,以避免上述情况发生。

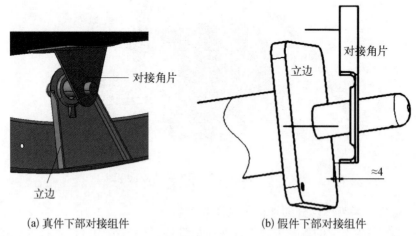

(a) 真件下部对接组件　　　　　　　(b) 假件下部对接组件

图 4-170　消音器假件与真件下部对接角片的差异

启示:在试验假件的设计过程中,需要保证载荷的传递与真实情况一致;特别需要考虑加载变形之后,是否会引起传载的不同,否则可能导致试验结果无效或试验失败。

4.6.1.2 厨房盥洗室安装强度工作

厨房盥洗室安装系统主要包括：厨房盥洗室与机身壁板连接的连接紧固件和接头，与机身地板连接的连接紧固件和接头。该部分的校核由供应商提供界面载荷，上飞院使用工程或者有限元方法完成强度分析。

典型的安装结构示意图如图 4-171～图 4-173 所示。

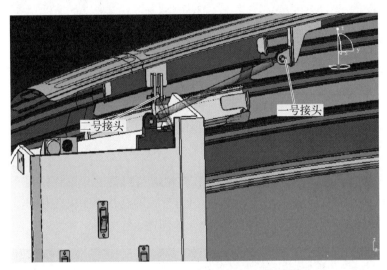

图 4-171 厨房与机身壁板连接接头示意图

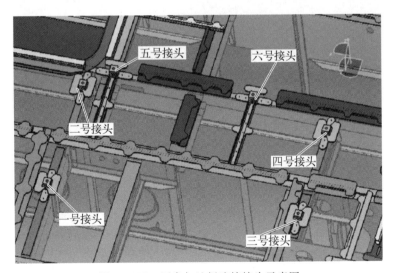

图 4-172 厨房与地板连接接头示意图

厨房盥洗室静力试验

厨房盥洗室静力试验为考核厨房，盥洗室与机身各部位的连接点（接头、紧固

图 4-173　后盥洗室与机身壁板连接接头示意图

件)的强度静力试验。工程研发试验中,在对厨房与机身壁板的连接接头进行预试时,当加载到试验载荷的 55% 时,厨房与机身壁板的连接接头发生破坏。厨房与机身壁板的连接接头的结构示意图如图 4-174 所示。

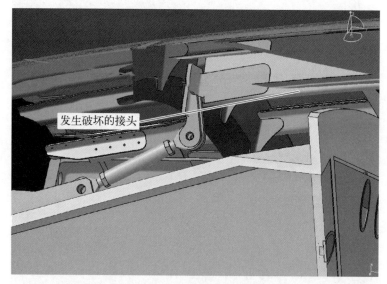

图 4-174　预试中发生破坏的连接接头接头示意图

　　导致该接头发生破坏的主要原因是该接头的设计形式不符合设计原则,而设计人员只校核了连接紧固件的强度,忽略了连接接头的校核,导致接头无法承受试验载荷而破坏。通过对该接头连接处的传力分析,重新设计连接接头,保证了接头传力的合理性。在后续对该接头的正式试验中,通过试验数据观测,接头的应力大大降低,接头满足了强度要求。

通过该试验可知,结构设计的合理性是非常重要的,只有在合理的分析基础上才能完成一个好的结构设计。此外,该试验所出的问题也是由于设计员在对该处强度分析时,由于主观判断而忽略了强度校核的全面性所造成的。因此,作为一名设计员,对任何问题都应以具体的、事实的数据说话,而不是凭借自己的主观判断,只有这样,才会避免该问题的出现。

此外,在对厨房与机身地板连接的试验中,解决了厚夹层单剪连接接头结构形式中紧固件弯曲校核的问题。厨房与机身地板的连接为厚夹层单剪连接结构形式,由于该结构形式需要较长紧固件进行连接,这就导致紧固件承受弯曲载荷。而对于该结构形式下的紧固件弯曲校核没有合适的校核方法,保守计算又会导致紧固件无法满足强度要求。但是在试验中我们发现紧固件并没有破坏,并且所受载荷基本是剪切载荷。根据以上试验结果并依此为基础,后续进行了相应的研发试验,均得出紧固件破坏载荷均以剪切载荷为主,且大于紧固件手册中给出的许用剪切破坏值。因此,可以得出结论,对于该结构形式下的紧固件校核只需要进行剪切拉伸校核,而不需要弯曲校核。

4.6.1.3 标志灯电源盒安装强度工作

ARJ21-700 飞机标志灯电源盒位于后附件舱内中后机身壁板,靠近发动机吊挂辅助梁。安装支架如图 4-175 所示。

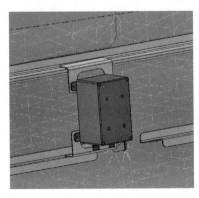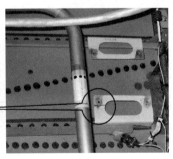

图 4-175 标志灯电源盒支架安装图示　　　图 4-176 电源盒支架断裂图示

电源盒通过螺钉+托板螺母与安装支架连接。上、下安装支架分别通过铆钉与长桁连接。经试飞发现,该安装支架出现不同程度的断裂,如图 4-176 所示。断裂处位于托板螺母上的铆钉孔处,从支架边缘贯穿至减轻孔边缘。

对支架进行有限元建模,进行静力分析,支架具有很大的安全裕度。通过实验室理化分析,在支架断面的显微镜扫描和电镜扫描中发现了疲劳弧线和疲劳条带,支架破坏是由于疲劳破坏引起的。因为支架位于吊挂附近,推测可能由于

图 4 - 177　支架更改后的设计图示

发动机工作引起的振动诱发支架发生了振动疲劳破坏。对支架进行模态分析,发现支架的前三阶固有频率均落入发动机低压转子的工作频率范围,因此发动机工作产生的振动诱发支架产生了共振破坏。因此,需对支架进行设计更改,以提高支架的一阶固有频率,使其高出发动机低压转子的频率范围。因此对支架进行了以下修改:① 将支架做成端部封闭的角盒形式增加其刚度(由于周围结构限制,仅下部支架可以更改成角盒形式);② 减小减轻孔的高度,并在减轻孔上增加翻边;③ 适当增加角片厚度。更改后的支架形式如图4 - 177 所示。

对更改设计后的支架进行模态分析,其一阶固有频率高于低压转子的最高转动频率,避开了发动机低压转子的工作频率范围,可避免因发动机转动而诱发的共振。

启示:对于飞机上振动影响明显的区域内的系统设备安装支架,除需满足静强度要求外,还需考虑振动要求,避免支架发生振动疲劳破坏。

4.6.1.4　驾驶舱电子仪表板安装强度工作

驾驶舱电子仪表板支架结构示意图如图 4 - 178～图 4 - 180 所示。

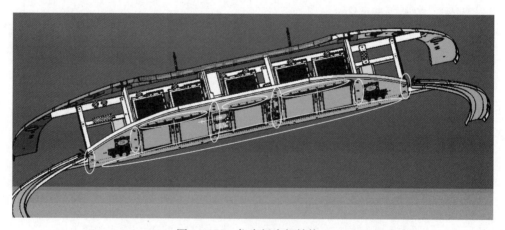

图 4 - 178　仪表板支架结构 1

电子仪表板的强度校核通过建立细化有限元模型来分析,有限元模型如图4 - 181 所示。

图 4 - 182 是电子仪表板某工况下的应力云图。

前期对驾驶舱电子仪表板强度签图工作中,仅关注支架本身强度,未关注支架与主结构之间的紧固件。后续发现电子仪表板支架与机身框直接的连接采用全螺纹螺钉,该设计引入了新的疲劳源,严重影响主结构疲劳寿命,随即对该部位连接进行更改。在更改贯彻中遇到了难题,由于此时 101～103 架机已经交付试飞,所

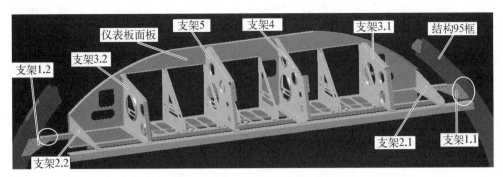

图 4 - 179　仪表板支架结构 2

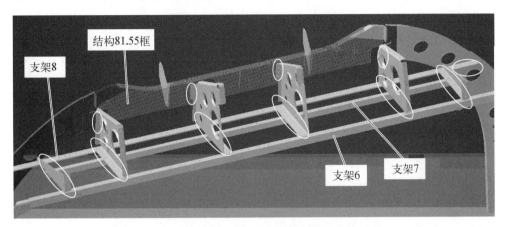

图 4 - 180　仪表板支架结构 3

图 4 - 181　电子仪表板支架有限元模型

有电子系统设备均已安装,而更换紧固件需要拆卸所有系统设备,而此时试飞任务又很紧急,只能在比较大的检修时进行更换。经过 14 个月一般检修时的更换,仅完成 101 架机、102 架机所有紧固件,103 架机部分紧固件的更换。103 架机增加了每 100 飞行小时额外检查要求后才予以放飞。

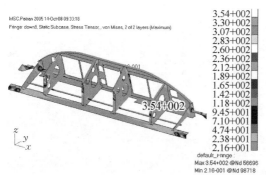

图 4 - 182　应力分布图

此设计失误造成试飞维护小时数大大地增加，所以在后续的所有系统件的分析过程中，对与主结构连接紧固件均进行了一轮复查。

4.6.1.5　环控系统安装强度

混合腔支架与机身框的原设计形式如图 4 - 183 所示。

依据供应商提供的支架与混合腔连接界面处的界面载荷对支架进行校核，发现支架本身及支架与框腹板的连接紧固件均无法满足强度要求。在支架与框腹板的铆钉连接处会产生较大的拉力，而框腹板无法承受较大的面外拉力，因此需对该支架进行设计更改。

图 4 - 183　混合腔支架与框的连接（原设计）

图 4 - 184　混合腔支架设计更改

设计更改后，混合腔与机身结构的连接方式如图 4 - 184 所示。在新设计方案中增加了一航向拉杆，拉杆一端与原安装角片和混合腔连接，一端通过角片与长桁连接，可将过大的航向载荷传递给长桁。

启示：在机载系统设备安装支架的设计中，需要从结构打样设计开始，就考虑支架的传力路径是否合理，相连结构件是否可以合理承受由支架传来的载荷。并且在支架初步设计时，要求供应商提供相应的界面载荷，以免预估载荷过小导致载荷输入不准确。

4.6.2　供应商监控强度工作

ARJ21 - 700 飞机系统供应商监控包括动力装置系统、主飞控操纵系统、高升力操纵系统、驾驶舱内操纵系统、辅助动力装置（APU）、座椅、舱内生活设备及内饰内设系统等。

供应商监控的内容包括：顶层设计要求制定；载荷、有限元模型等设计输入数据的提供；供应商载荷计算报告的评估；供应商应力分析报告的评估；供应商试验大纲与试验报告的评估等。

4.6.2.1 动力装置系统工作

1) FBO、WINDMILLING 载荷计算有限元模型工作总结

ARJ21-700 飞机 FBO 载荷和 WINDMILLING 载荷计算使用同一套有限元模型，该模型可以分为动力装置有限元模型、吊挂有限元模型、中后机身有限元模型及机体有限元梁模型；从项目研制进度上，又可以分为初步设计评审（preliminary design review，PDR）载荷计算模型、关键设计评审（critical design review，CDR）载荷计算模型、详细设计评审（detailed design review，DDR）载荷计算模型及适航取证载荷计算模型。由于动力装置有限元模型是供应商负责的，因此不做详细描述。

（1）PDR 阶段。

在启动有限元模型建模工作之前，双方强度工程师讨论确定了有限元模型建模规定，对界面节点定义、单位制、单元尺寸大小、各类卡号的编号原则等均做了详细的定义。

PDR 载荷计算模型如图 4-185～图 4-187 所示，仅对吊挂及中后机身做了较细化的模型，其他飞机结构采用了和动载荷计算相同的梁模型。该阶段是初步设计阶段，因此对模型的很多细节的部位做了比较大的工程简化。

（2）CDR 阶段。

随着设计工作的深入，并考虑到 FBO、WINDMILLING 载荷计算是在 200 Hz 左右的高频下的计算，因此在进入到 CDR 阶段时，对有限元模型又做了进一

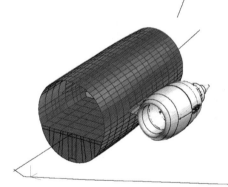

图 4-185　FBO、WINDMILLING 载荷 PDR 阶段有限元模型 a

步的细化。主要的细化工作包括：把吊挂的单元尺寸减小到原来的 25%，并相应细化了部分中后机身区域及协调过渡区；细化了中后机身重量数据的模型化；细化了机体梁模型；增加了 APU 与机体梁模型的连接，以计算 APU 重心处的载荷。全机模型如图 4-188 和图 4-189 所示。

（3）DDR 阶段。

在 DDR 阶段，对有限元模型又做了进一步的细化，以考虑全部的设计特征，细化工作包括：增加了吊挂前缘上发动机空气启动导管的有限元模型化，以得到该处的 FBO、WINDMILLING 响应载荷；增加了机头处的 FBO、WINDMILLING 响应

图 4-186　FBO、WINDMILLING 载荷
PDR 阶段有限元模型 b

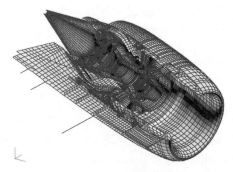

图 4-187　FBO、WINDMILLING 载荷
PDR 阶段有限元模型 c

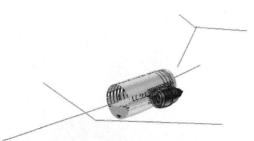

图 4-188　FBO、WINDMILLING 载荷
CDR 阶段有限元模型 a

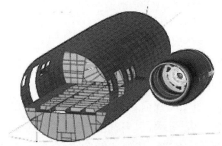

图 4-189　FBO、WINDMILLING 载荷
CDR 阶段有限元模型 b

输出点,以考虑该情况下该处的振动响应;细化了发动机短舱各铰链支座的有限元模型。

（4）适航取证阶段。

在适航取证阶段,主要的一个工作就是根据 GVT 试验结果,对全机有限元模型做了修正。修正后的模型用于适航符合性载荷计算报告中载荷的计算。

此外,对于发动机的有限元模型,必须经过 FBO 试验的修正,并且该模型修正报告需要得到主制造商及局方的批准。

2）发动机安装节静力试验

条款要求：发动机安装节作为发动机安装系统的一部分在 33 部中有明确的安装性能规定,同时由于 25 部对发动机安装有强度要求,所以这一部件存在一定的特殊性,既要满足 33 部条款（主要为 33.23）的要求,又要满足 25 部相关条款的要求。

验证要求：33 部条款中要求对发动机安装节进行静强度验证试验,但仅是功能验证,即安装节可以承受使用中遇到的最大载荷即可。25 部要求对比较重要的部位(包括发动机安装节)和传载比较复杂的部位进行试验验证,同时试验过程中对位移、应变等数据进行监控与采集,用于修正有限元模型,并证明验证有限元模型。

实施方案:一般情况下,发动机供应商会将33部与25部要求的静力试验进行合并,以减少试验费用。但由于各个局方要求的不同,采取的方案也不同:

波音公司,由于两个局方均为FAA,所以在试验文件的编制时,考虑到该试验一般在发动机公司进行,仅编制针对33部的试验文件,但25部相关考虑应当合并到33部文件中,不明确提出25部字样。

空客公司,由于两个局方分别为FAA和EASA,所以在试验文件的编制时,会同时按照不同的局方要求,为两个局方编制文件,但在试验实施时为同一个试验。

针对CF-34系列发动机,由于其从较为成熟的CF-56系列发动机更改而来,FAA已经建立了一定的信任度,作为25部局方审查该发动机型号项目时,未提出比较严厉的要求,认为只要通过了33部相关试验要求,只要提交33部试验报告即可表明25部的符合性。

在ARJ21-700飞机项目中,由于在前期经验的缺乏及对适航规章理解的不到位,简单地同供应商制定了该项试验,但是没有明确该项试验应当同时向25部局方表明符合性,预埋下后期符合性文件编制、局方批准反复的隐患。在验证工作开始之后,由于局方、申请人和供应商三方对于此项试验定位的理解不同,各持立场,造成了几轮往复,经过近十个月沟通,相关试验大纲才获得局方批准,得以保证在首飞前完成限制载荷试验。中间也曾发生过CAAC对该项试验进行了"目击",但供应商不认可为目击,仅是观察,造成试验中止的情况。因此,对于33部和25部同时有相关要求的部件,要在项目开展初期深刻理解规章的含义和局方的具体要求,在CP编制之初确保三方的理解是一致的,不能在型号项目开展之后,再边协调边开展工作,否则,会导致局方不信任申请人对供应商处工作的控制能力,供应商也会因为新要求的不断出现而没有耐心继续工作。

如果三方不能达成一致的情况下,在项目初期要早做决策,对于风险较低的项目,能将两个分部局方的验证工作分隔开,就尽量分隔开。因为在国内研制飞机型号有其特殊性,发动机型号我们一般选用欧美发动机,因此其审查方为FAA或者EASA,而飞机审查方为CAAC。作为申请人在两个局方之间很难有直接沟通的情况下,很难将一个试验所有要求协调一致,最终影响项目进程和局方的信任度。

在该项试验中,由于试验台架设计不合理,试验夹具发生破坏,试验中止。原因是试验件上的二力杆,使得加载装置和试验件构成的整个装置形成了一个机构,随着加载载荷的增大,作动器的偏转也增加,力线逐渐偏离了二力杆的承载力线,产生了随加载载荷增加的附加弯矩,最终导致加载作动筒接头破坏。试验作动筒破坏如图 4 - 190 所示。后续通过改进试验方案，该试验顺利通过。

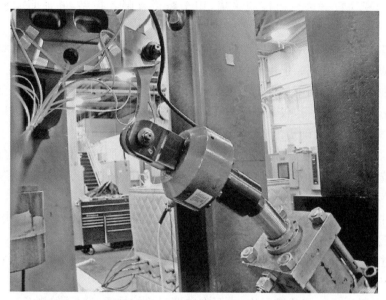

图 4 - 190　试验作动器破坏示意图

3）发动机安装节疲劳试验

发动机重心处的疲劳载荷谱由主制造商提供，供应商负责编制安装节疲劳载荷谱，并负责疲劳试验大纲及试验报告的编制。其中，安装节疲劳载荷谱的编制是该项试验的关键问题之一。

供应商提交的第一轮大纲中通过将地空地载荷放大来覆盖全谱损伤来编制试验谱，该方案未获得商飞同意，商飞明确安装节试验谱需以一小时谱为基础，通过增加循环次数来覆盖总损伤（短、中、远、一小时四个剖面最大损伤）。

同时在谱简化过程中，供应商发现前安装节破损安全耳片不满足 12 000 检查间隔，要求降低前安装节检查间隔至 7 500 飞行循环；商飞质疑该问题为何暴露这么晚，供应商反馈之前分析的重点在静强度、防火安全及正常操作情况下的疲劳分析，而没有考虑损伤容限相关的要求。

供应商在编制谱的过程中遇到了困难，商飞应供应商的请求，专门安排联合工作会议，向其讲解了选取一小时谱为基础、高载截取及低载截除原则、损伤返还原则（需以块返还）等，并要求供应商应确保在飞机交付客户前必须完成 6 000 次循环。双方确定简化原则如下：

（1）由于供应商在实际编谱中会考虑温度修正系数及系统修正系数，这些会增大试验载荷，其提供了证据表明不会产生迟滞效应，即考虑系数后低于屈服应力。

（2）简化后的谱损伤大于 95% 的可不用返还，损伤小于 95% 但大于 85% 的需返还到 100%，简化后的损伤比及需返还的 100% 损伤都是基于供应商的一小时谱，即供应商对主制造商谱经过分类处理后得到的谱。

(3) 损伤返还必须以谱块为基础,且试验的有效性需以谱块为单位,即如果试验在某个谱块中间停止,则这个谱块中所做的试验循环次数是不被认可的。

(4) 要求简化后每个飞行类型所占损伤比不变。

(5) 若后安装节螺栓比前安装节螺栓寿命高,则可通过前安装节螺栓疲劳试验验证后安装节螺栓,若后安装节螺栓比前安装节螺栓寿命低,则可通过增加前安装节螺栓的试验循环次数覆盖后安装节的损伤以验证后安装节,如果供应商不想通过试验验证后安装节螺栓,则需要提供分析报告并提供项目经验以证明方法的可接受性。

在后期第二版大纲批准过程中,也出现了供应商发现其在计算中发生错误的情况,导致试验推迟了半年以上。

通过该试验审批过程中出现的问题,警示需重视并加强供应商的监控及协调工作,杜绝供应商的工作由供应商负责而产生怠慢的想法,以尽早发现并暴露问题,避免问题的隐藏而造成项目的拖延。

4) 发动机短舱监控

发动机短舱由位于美国的发动机公司子供应商和位于意大利的其子供应商转包的供应商提供。由于供应商的层层转包,这给协调带来不少困难。首先是时差上的问题,经常要深夜与供应商美国研发人员进行电话会议,其次还包括信息传递的时间问题。发出的文件往往要通过层层的浏览转发才能到达设计人员手中,同样的,反馈的信息也需要层层审查和批准,此外,有的时候,制造现场研发人员的信息反馈经由供应商中国工程师的转述也有可能不准确。这都大大降低了协调的效率,延误了项目节点,增加了研发费用。

短舱进气道内壁板连接件静力试验由于供应商偏离项太多且违反适航审查程序,没有向主制造商及局方及时反馈就继续执行试验,局方要求重新进行试验并进行目击,最终通过局方审查。

4.6.2.2　飞控系统工作

1) 方向舵脚蹬

方向舵脚蹬载荷报告,由方向舵脚蹬供应商 SAGEM 负责提供。该报告中的界面载荷,是方向舵脚蹬安装支架强度校核的输入。在供应商提交的第一版载荷报告中,其界面载荷仅以剪力和拉力形式给出,而没有详细给出各个方向的载荷分量,因此无法作为安装支架校核的输入。通过工程更改备忘录将此问题反馈给供应商。供应商随后对载荷分析报告进行了更新,并按载荷分量形式提供了界面载荷。但经校核发现,供应商提供的界面载荷分量与载荷合力无法匹配,因此要求供应商对界面载荷重新修改。之后,供应商对界面载荷进行了更新。但至此,该过程已经持续了近两年时间,且供应商的反馈速度都较慢。收到更新载荷后,按照此更新界面载荷对支架进行校核。在校核过程中,发现对于个别故障载荷情况,当用极限载荷取 1.5 倍的限制载荷进行校核,支架的部分位置安全裕度不足。于是,通过 ECM 将该情况反馈给供应商,请供应商来解释这几种故障在实际中是否会发生;如果会发生,给出这几种故障情况发生的详细概率。与此同时,积极准备联系国内相关单位进行试验件试验,希望从试验中获得更加直接和直观的结论。

启示:在对供应商的报告中的问题进行反馈时,仅仅通过 ECM 沟通是不够的,对方可能无法完整地领会具体问题,可能会造成理解上的偏差。最好要创造条件让双方的技术人员能够直接面对面沟通或者至少能通过电话沟通,以便双方可以尽快地了解问题所在以及如何解决,避免不必要的流程重复及不必要的时间浪费。同时,应该重视并加强供应商的监控及协调工作。一方面要积极地向供应商来学习他们多年的行业技术积累;另一方面要对供应商工作中的不足及时指出,杜绝因为供应商的工作是由供应商负责的而产生怠慢的想法,尽早发现并暴露问题,避免问题的隐藏而造成项目的拖延。

2) 主飞控系统

(1) 飞控作动器疲劳。

飞控系统载荷谱技术是型号研制过程中的关键技术之一,飞控系统部件传受力复杂,受载情况恶劣,在随机载荷长期作用下,承载部件从应力较高的部位形成损伤并逐渐积累,最终导致破坏,影响安全飞行。国外飞机主制造商,有着长期积累的经验,通过实测飞行状况下的载荷-时间历程来编制载荷谱,然而,飞控操纵系统载荷谱在国内来说是一个全新的课题,目前国内飞控操纵系统载荷谱的编制还处于一个起步阶段,尚无一个明确的编谱方案,如何编制出一个模拟飞机飞控系统部件真实受载情况、具有典型代表性的载荷谱,如何制定飞控系统载荷谱的顶层技术要求,实现有效监控供应商,如何确保其满足适航要求。

飞控系统的疲劳问题向来是弱项,因为作动器本身的疲劳并不像机体结构,有着较成熟的编谱手段和典型结构的分析方法,经过多年的验证,有一定的基础。对于飞控作动器结构复杂,没有现成的方法可以使用,在国内仍然处于摸索阶段。在这个问题的解决上,只有寻求相关专业人士的帮助,最好有 FAA 的相关经验。供应商也是好的老师,有丰富的经验,经常跟供应商沟通也可以快速地成长。

(2) 主飞控系统标定试验。

在试飞试验前,局方提出要求审查作动器的标定试验大纲和试验报告,由于项目进展较慢,供应商提供的标定日期已过,需要重新标定试验,对于重新标定试验,供应商提出要重新签订合同。即使签了合同,供应商提供的报告依然不能满足我方要求。这里存在的问题是如何使供应商按时按质地把我方要求反映到报告中。这主要是双方的理解存在一些分歧,这是一个焦点问题,可能在惯性思维下,要让供应商改变,没有充足的理由,是很难的。例如,标定试验中,一直强调需要供应商按照适航规定的(AP21-03)相关内容,提交一份标定试验报告,但是供应商理解的标定试验报告就是一份出厂合格单,并不被认为是一份报告,也认为不需要提交适航审查。但是,实际上局方不但需要审查试验大纲,同时也需要审查报告。

(3) 主飞控系统供应商监控问题。

现在供应商监控问题,主要有几个方面:

a. 技术方面

供应商经常以所谓的出口限制为由,拒绝提交相关的分析报告,我方在对供应商分析文件正确与否的管控上,存在困难。在项目后期的解决方式是组织进行现场审查报告,但是这种方式周期长,如果发现问题,已装机零件的更改很困难。因此,应在设计 PDR 和 CDR 阶段严格审查供应商的设计过程和分析结果,在产品生产前确认供应商工作的正确性。

b. 进程管控方面

关于 ECM 的回复,不同供应商反馈速度不一样,一个 ECM 本该 1 周回复,经常会被拖至 1 个月甚至半年的都有,供应商一般解释理由是:子供应商反馈慢或者口头答应但却不给回复,这样极大影响了我方工作的进度。建议,在项目组织中定期召开供应商问题会议,并且应该把不能按时提供回复的理由形成会议纪要,通知双方高层决策。在签署合同之初就应该明确对不能按时完成的项目,进行一定的警告。

4.6.2.3　襟翼作动器疲劳试验

2009 年,全机疲劳载荷由第 3 轮更新为 3.5 轮,襟/缝翼作动器疲劳载荷也于同时期进行了换版。但就在此时,供应商已根据已批准的基于第 3 轮疲劳载荷的大纲完成了 37% 的疲劳试验。总师系统决定:供应商疲劳试验需按照 3.5 轮疲劳载荷进行;对于已经开始的疲劳试验继续进行,对损伤不足的试验项目进行补充疲劳试验。供应商经过分析之后认为:3.5 轮疲劳载荷损伤比第 3 轮疲劳载荷损伤大,需要进行补充疲劳试验。

在襟翼作动器补充疲劳试验项目之前,供应商的工程团队已严重缩水,人员严重不足,没有能力同时进行多个项目。经过多轮商务谈判之后,补充试验正式开始。

在对供应商损伤对比报告审查的过程中,发现及时在供应商内部,由于各个子供应商采用的计算方法不同,并且与主制造商的方法也不一致,在理解计算结果及向局方汇报的过程中,专业人员均需要对来自多个文献的分析方法进行学习理解,并找寻证据表明该方法的合理性和保守性,这样花费了大量的时间。因此,针对以上问题,建议在以后型号中采用两方面的方式:

(1) 在 JDP 阶段要求供应商提供在后续分析中会用到的所有分析方法,并注明来源、合理性和保守性的证据,主制造商予以批准,在型号后续工作中直接予以引用。

（2）主制造商编制一份与局方达成一致意见的方法索引文件，可以来自通用分析方法或者来自局方接受的自行开发的分析方法，将其作为项目要求文件发送给供应商，要求其必须使用该文件中规定的分析方法。

4.6.2.4　APU 系统

在型号中，为支持供应商对系统设备进行应力分析，需向其提供飞机载荷包线和疲劳载荷谱。但随着飞机设计的细化，这些包线也会持续更新。因此为保证分析结果的有效性，当每一轮载荷发生更新时，需要尽快地向供应商提供新一轮的载荷。但由于前期在合同谈判时，经验欠缺，往往没有注明载荷轮次，供应商从商务考虑，认为合同中仅包含一轮载荷。供应商通常会以此为借口，索要额外的更改费用。比如 APU 系统按 3.5 轮疲劳载荷谱进行疲劳及损伤容限分析报告更新的问题。因此在跟供应商进行合同谈判时，如何更好地定义载荷条文，规避或降低载荷更新可能导致的商务风险值得研究。

4.6.2.5　客舱内饰系统

由于入座高度更改，对于原有行李箱本体结构，与机身的连接结构都重新进行了设计。其中用于传递行李箱在航向产生的惯性载荷的 Y 支架的结构设计不合理，导致机体结构承受不应有的弯矩和扭矩，从而导致机体结构无法满足强度要求。产生该问题的主要原因是：前期与供应商协调中，供应商对 Y 支架更改建议没有进行回应，而是以自己 Y 支架的更改形式进行协调，并且最终在未与主制造商进行沟通的情况下发出了正式更改数模。为避免该问题的再次发生，应加强对供应商的管理，要求其在整个设计过程中分阶段性的汇报其工作状态，这样才可在出现问题时及时处理。此外，应对供应商设计工作提出相应的机体设计要求，从而保证供应商的结构设计符合机体结构的强度要求。

Y 支架更改前的结构示意图如图 4-191 所示，更改后结构示意图如图 4-192 所示。

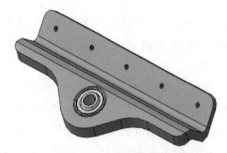
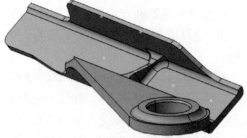

图 4-191　更改前的 Y 支架　　　　　　图 4-192　更改后的 Y 支架

更改前 Y 支架通过高锁螺栓安装在机身长桁上，且不与框连接。更改后的 Y 支架除与机身长桁连接外，还通过一个角片与框连接。此外，Y 支架的立面还与长桁、长桁加强件和蒙皮连接。更改前后 Y 支架的安装方式如图 4-193 所示。

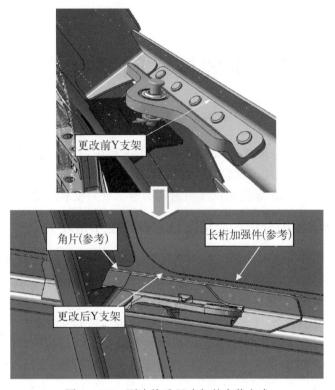

图 4-193　更改前后 Y 支架的安装方式

5　重要技术问题攻关

在 ARJ21‑700 飞机强度专业型号工作过程中,针对风险高、技术难度大、CAAC 和 FAA 重点关注的试验、试飞及重大技术问题,强度专业进行集智攻关,并开展国外专家技术咨询,最终解决了所遇到的各项重大技术问题。

5.1　主起落架摆振分析部分情况稳定性裕度不足攻关

起落架摆振分析采用的是线性理论预测非线性系统稳定性的方法,这种方法在表征系统稳定性时,参数的选择非常重要。ARJ21 飞机起落架摆振分析预测过程中,模型参数考虑了机体刚度以模拟飞机滑跑过程中机体对起落架的支持,体现起落架的实际使用状态,这种模拟提高了摆振分析结果的可信度。

为达到对起落架防摆设计的全面评估,在起落架设计过程中,计划提供两轮机身刚度给供应商 LLI,用于全包线范围内的起落架摆振分析。同时,根据起落架摆振安全性评估的要求,在摆振分析范围内所选参数的稳定性结果要保留一定的裕度,保证分析结果是保守的,评估结果是可靠的。

在 ARJ21 飞机详细设计阶段,根据全机静力试验结果完成全机有限元模型修正以后,2011 年更新了一轮机体刚度并提供给了 LLI 进行摆振分析。2012 年 4 月 27 日,LLI 对比了 2005 年和 2011 年两次提供的机身交点刚度数据,通过评估起落架梁元模型发现机身刚度对起落架总体刚度影响很大,主起落架摆振稳定性裕度有所降低,有些工况的局部区域出现负裕度,这表示 ARJ21 飞机可能会出现摆振稳定性安全风险。进一步与 LLI 进行交流,发现 2011 年提供的机身刚度相比 2005 年提供的刚度有所降低,LLI 自身的起落架细节模型与初步模型比较,刚度也有所降低,两部分刚度都降低造成了主起落架摆振分析结果不满足要求。为解决主起摆振分析的问题,为 LLI 提供更多的修正模型参数的依据,总师系统决定集智攻关。

攻关从两个方面入手,先进行参数和模型检查,确认参数正确性和模型的合理性,然后用有效的数据进行摆振模型修正,完成摆振分析。

(1) 检查双方的模型,进一步确定数据是可靠的,通过模型的对比分析,查找问题的原因。

(2) 通过与地面振动试验(GVT)结果对比,初步确定并调整摆振分析模型。

（3）在现有的条件下，在 02 架机疲劳机上测试主起交点的侧向刚度，评估机身交点和起落架刚度参数。

（4）用摆振研发试飞数据评估并调整摆振分析模型。

通过分工检查初步设计阶段和详细设计阶段的机身模型和起落架模型，发现两阶段提供的机身刚度数据确实存在差异，起落架模型参数同样也存在差异。为保证摆振分析稳定性裕度，LLI 提出机体刚度调整要求，认为机身必须提供足够的刚度。为此，强度专业对机身交点有限元模型进行细化并重新计算了机身交点刚度，召集专家专门讨论机体结构有限元模型细化的合理性，并与静力试验结果做了对比分析，一致认为机身结构无法提供 LLI 所需要的刚度支持。

为进一步确认计算刚度合理性，2012 年 11 月 21 日，在 ARJ21-700 飞机 02 架疲劳试验机上测量了主起落架缓冲器行程为 305 mm 时轮轴点的侧向位移，并将测试结果发送 LLI。

为给 LLI 提供修正摆振模型的依据，2013 年 3 月 14 日至 21 日，进行了摆振研发试飞。LLI 参与了试飞，并对试飞方法进行了确认。LLI 依据试飞数据结果，结合工程经验判断，修正了主起落架摆振分析模型，并根据试飞数据处理结果调整了主起落架摆振分析模型参数，重新发布了 ARJ21 主起落架摆振分析报告，分析范围内阻尼比裕度都是正的，满足摆振稳定性要求。通过攻关团队的攻关，主起落架摆振分析裕度不够的问题得到解决，2014 年 12 月完成的 ARJ21-700 飞机起落架摆振验证试飞也进一步验证了主起落架满足摆振稳定性要求。

5.2 主起落架过载系数不满足设计要求攻关

起落架过载系数作为起落架设计的重要指标之一，必须通过限制落震试验来验证最终设计出来的起落架过载系数满足设计要求。2007 年 11 月，供应商 LLI 正式开启了主起落架落震试验。在限制落震试验期间，按照大纲要求，共进行了 18 个工况的限制落震试验，发现尾沉情况下主起落架的过载系数未达到设计要求。为了减小载荷增大造成的影响，同意 LLI 将缓冲器初始充气压力减小 12%。2009 年 3 月，LLI 重新进行 4 种典型情况下的限制落震试验及储能落震试验，试验结果表明主起落架过载系数仍不能满足设计要求。由于强度专业所有计算分析和静力试验均是基于 2500AB0005_07（D3 轮）载荷来开展的，该轮载荷中过载系数均小于设计要求，因此不能接受增大后的新载荷，需要 LLI 进行参数优化，使过载系数满足设计要求。

这一问题的出现，主要是由于供应商 LLI 在分析中使用的起落架缓冲参数未能真实代表起落架的动态特性，如气体多变指数、油孔阻尼系数等与最后试验修正后的数值有差异，从而导致理论分析结果偏小于试验结果。

强度专业在 2009 年至 2012 年间，经与 LLI 多次讨论研究，认为在当前状态的基础上，不可能通过简单更改落架参数来达到 D3 轮起落架载荷（3.5 轮）水平。

总师系统决定用增大后的载荷对机体结构进行强度评估。如现有机体结构仍能满足强度要求，则同意采用增大后的载荷作为取证载荷。在强度专业做了大量评估工作后，证实现有机体结构仍能够满足增大后的载荷，2012 年 3 月局方终于同意采用 H2 轮作为最终取证载荷。

但在 2012 年 10 月，LLI 突然提出主起落架在低温下缓冲器行程不足问题，导致 H2 轮载荷再次受到影响。为解决主起落架低温行程不足问题，尝试将主起落架缓冲器初始充气压力恢复到最初的设计值，双方重新评估载荷和强度。

在面临人员少，任务重的情况下，强度专业加班加点，于 2013 年 4 月底完成了新一轮（H2F 轮）载荷的初步评估工作，在 2013 年 5 月的适航现场办公会上，向局方做了汇报，局方基本认可。2014 年 9 月，H2F 轮起落架载荷、机体地面载荷、动着陆、动滑行载荷报告得到了局方批准。至此历时 6 年之久的主起落架过载系数问题，终于得以关闭，为 2014 年 12 月的 ARJ21 取证工作扫清了障碍。

5.3 方向舵防颤振设计

ARJ21 - 700 飞机方向舵采用全复合材料，一方面导致其刚度由于复合材料的分散性很难计算准确，另一方面由于生产工艺的复杂性导致其重量和惯量指标很难控制，容易超标，同时由于方向舵所采用的 3 个作动器只提供刚度，不提供阻尼，上述情况都使得方向舵的防颤振设计在技术上面临极大的困难和挑战。针对方向舵防颤振设计所面临的技术难题，颤振专业主要开展完成了以下几方面的攻关工作：

（1）在联合定义阶段（JDP），颤振专业制订了操纵面防颤振设计的工作流程（见图 5 - 1），确定了与供应商的工作界面及工作内容，并按此流程协调供应商及相关专业完成了操纵面防颤振设计的相关工作。在工作之初，颤振专业广泛收集国外同类型飞机的参数指标，并依据方向舵初步参数建立模型进行大量变参数颤振评估，据此初步给出了方向舵的重量、惯量、频率指标及作动器支持结构的刚度要求，用以指导方向舵的结构设计，同时向供应商提出了方向舵作动器的刚度、设计要求，以指导供应商进行方向舵作动器设计。在后续型号工作推进过程中，颤振专业针对方向舵绕轴转动惯量、作动器摇臂长度、作动器操纵刚度及作动器安装进行了详细的变参分析，依据分析结果与供应商、结构专业、飞控专业和重量专业进行了多轮艰苦的讨论和协调，同时提请总师系统决策，逐步协调确定了方向舵重量、绕轴转动惯量、作动器摇臂长度和作动器刚度指标要求。供应商最初认定颤振专业提出的方向舵作动器刚度指标要求过高，无法进行设计，要求颤振专业降低指标要求，面对供应商的强势和质疑，颤振专业也曾犹豫和气馁过，但一想到自己才是 ARJ21 飞机颤振特性安全的捍卫者和最直接责任人时，就再也无所畏惧，依据翔实的参考资料和全面的分析结果与供应商据理力争，要求供应商必须按给出的刚度指标设计方向舵作动器，否则无法满足方向舵防颤振设计要求，供应商最终按指标要求完成了方向舵作动器设计。而对于方向舵的重量和绕轴转动惯量指标，当时则是通过总师决定单的特殊形式,要求结构专业和重量专业加以严格控制。方向舵的重量、惯量、频率指标及其作动器的刚度指标最终确定下来,方向舵防颤振设计攻关取得了阶段性成果。

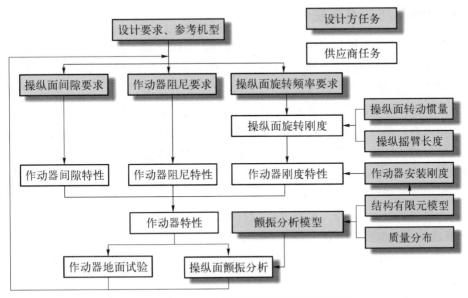

图 5-1　ARJ21飞机操纵面防颤振设计流程

（2）在工程生产阶段,方向舵的出厂检测结果表明其重量和惯量超标,不满足方向舵防颤振设计的指标要求。经与结构专业和重量专业协调核查,发现一方面是结构专业并未把方向舵的重量和绕轴转动惯量控制指标落实在方向舵生产图纸中,工厂在方向舵生产过程中对方向舵灌胶等重要环节没有进行有效控制;另一方面是原定指标与实际情况存在较大偏差,同时由于方向舵采用全复材蜂窝结构,生产工艺上很难准确控制灌胶重量,特别是方向舵后缘灌胶极易导致其绕轴转动惯量超标。针对该问题,颤振专业组织结构、重量专业进行联合攻关。首先对设计参数、生产图纸和生产工艺进行多轮讨论清理,并提请总师系统决策把方向舵防颤振设计指标要求落实到结构生产图纸和相关文件中,结构专业与生产厂家沈飞对方向舵生产工艺进行了优化改进,对方向舵生产过程中的灌胶工艺也制订了相应的控制要求。颤振专业则依据当时已完成的颤振模型风洞试验结果、全机地面共振试验结果、共振试验后修正分析结果以及后来完成的颤振试飞结果,对方向舵开展了两轮颤振分析评估,依据分析结果,对方向舵的重量和绕轴转动惯量控制指标做了适当优化调整。

（3）在完成颤振试飞后,通过分析颤振试飞过程中方向舵的振动响应情况和颤振试飞结果,并结合颤振试飞前101架机的操纵面旋转频率检查结果和方向舵生产工艺实际能控制达到的重量惯量情况,对方向舵颤振特性进行了综合分析评估,依据评估结果给出了方向舵防颤振设计攻关的最终解决方案,即提高方向舵运营过程中维修导致其惯量增加的限制要求,在此前提下,适当调整并放宽方向舵的重量惯量指标,从而最终保证了方向舵的防颤振设计完全满足要求。

5.4 颤振试飞技术攻关

ARJ21-700飞机是国内第一次严格按照CCAR-25部进行设计的民用客机,颤振试飞是扩展和确定飞行包线右边界的适航验证试飞科目,是国际公认的Ⅰ类高风险试飞科目,其低空大表速状态下的颤振试飞尤其危险,该科目也是适航当局指定重点关注和审查的科目,必须严格按照适航条例要求进行并接受CAAC和FAA的严格审查。国内之前无ARJ21-700飞机量级的、完整的颤振试飞科目及足够多民机颤振试飞经验,颤振飞行试验技术难度大、风险高、时间紧。颤振飞行试验能否顺利完成,将直接决定飞机所有气动弹性设计工作是否满足适航要求,并最终影响到民用飞机的型号取证进度。

为解决颤振试飞方案、激励方法、数据采集、颤振试飞特情处理预案等技术难题,并最终保证颤振试飞安全,2009年9月,强度部提请项目部组织成立技术攻关团队,开展了ARJ21-700飞机颤振试飞专项技术攻关,所完成的技术攻关工作主要包括:

(1)颤振试飞前,组织全专业人员对所完成的理论分析、模型试验和机上地面试验报告进行全面复查,对关键数据和结果结论进行重点核对复查,同时,总师系统决策由科技质量部(科质部)组织各单位部门开展了颤振试飞"双想"活动,各部门专业全面清理并关闭了可能影响颤振试飞安全的技术问题,技术上确保了颤振试飞安全。

(2)先后完成了试验机操纵面旋转频率检查、试验机缺装件配重及试飞改装、试验机称重、副翼作动器排故和颤振/气动伺服弹性(ASE)试飞地面试验,加装简易拖锥并完成拖锥测试数据跳变问题排故等准备工作;优化试飞验证的内容和方法,推进试验进度;深入分析飞机的振动特性,确定了飞机响应的门限,以保证飞机安全;确定了传感器布置方案,以保证试飞能够获取足够的数据来确保有效性;确定了飞行的高度和状态,可以获取飞机不同马赫数、单自由度振动和燃油变化等参数对飞机的影响等内容。通过上述工作,确保颤振/ASE飞行试验能够验证全包线范围内的颤振特性,并确保试飞安全。

(3)组织人员先后到上海和北京的相关机构查阅国内外成功型号的颤振试飞相关资料,对所查阅到的数据资料进行分析、归纳,为完善颤振试飞大纲及试飞应急处理方案提供了有用的借鉴经验。

开展国外专家技术咨询,对颤振试飞大纲、颤振试飞方法和安全措施进行技术讨论咨询,专家还对颤振试飞适航审查和颤振试飞报告编制进行现场支持,从而多方面保证了颤振试飞成功及试飞报告顺利通过适航审查。

(4) 解决了颤振试飞技术和适航审查方面的多项难题,为中国民机高风险试飞科目积累了宝贵经验:

① 在国内首次完成了适航要求的高风险民机颤振飞行试验,发展了一套完整的、先进的民机颤振飞行试验技术和验证方法,解决了颤振试飞前的大量高难度技术问题。

② 积累了丰富的适航审查经验。CAAC、FAA 十分关注颤振飞行试验,CAAC 提出了 130 多个问题、FAA 提出了 25 个问题作为批准试飞大纲的前提条件,要求申请人限期回答,内容涵盖非常广泛。颤振专业以 ARJ21 飞机气动弹性适航验证体系为依据,通过严谨的工作、高效的沟通取得了 FAA 对国内颤振飞行试验技术的信任,关闭了全部问题。

③ 提出了保证飞机安全的振动过载的安全门限和应急预案、保证颤振飞行试验的安全和顺利进行。

④ 发展了民机颤振飞行试验方法和数据处理技术,提出飞行试验结果既要表明颤振裕度满足要求,又要验证计算分析的合理性。

⑤ 进行了国内首次民机气动伺服弹性(ASE)飞行试验,发展利用试飞结果修正 ASE 分析模型的技术;发现了 ARJ21 飞机自动驾驶仪控制律设计缺陷,提出在自动驾驶仪控制律中增加结构陷幅滤波器的方案,该方案克服了控制律设计的缺陷,有效地提高了飞机的气动伺服弹性稳定性裕度,对于飞机的安全飞行、顺利适航取证具有重大意义。

⑥ 完成了试飞大纲规定的所有飞行试验内容,结果合理可信,FAA 对颤振试飞报告给予了高度评价、未提任何问题,这在适航审查中是非常少见的,这也表明中国民机的颤振设计技术已达到国际先进水平。

5.5 IRS 构型符合性验证技术问题攻关

1) 问题描述

姿态与航向基准系统(attitude heading reference system,AHRS)和惯性基准系统(inertial reference system,IRS)是 ARJ21 飞机航电系统设备的两种选装构型,而航电专业在提供给颤振专业的全机结构模态耦合试验和颤振 ASE 试飞的构型评估输入文件里,只对 AHRS 构型进行说明评估,未提及 IRS 构型。因此,颤振专业之前所完成的 ASE 符合性分析、试验和试飞均都只针对 AHRS 系统构型进行了验证。

在知道 ARJ21 飞机存在 IRS 这种构型后,就提供 IRS 构型的频响特性以验证该构型的适航符合性,颤振专业与航电专业进行了多轮协调。航电供应商 RC 表示受出口管制等因素限制,不能提供 IRS 的频响特性,仅在书面评估说明书(ECM)中回复了 IRS 和 AHRS 两者频响特性是等效的。根据这个结论我们可以得到 IRS 和 AHRS 系统构型的 ASE 符合性结论也是一样的,但由于我们没有关于 IRS 和

AHRS两者频响特性是等效的具体的定量的数据支持,对于CAAC能否认可IRS和AHRS两者频响特性是等效的,有潜在的风险。

该问题是由于国外供应商不能提供IRS构型的相关输入,导致无法验证该构型的ASE符合性,最终可能在说服局方方面存在潜在风险。

2) 解决方案及结果评估

针对该问题,颤振专业提出了如下解决方案:

(1) 要求RC书面提供IRS与AHRS等效的书面评估说明,以此向CAAC解释说明。

(2) 在2013年ASE第2阶段试飞的构型评估报告中,将IRS构型作为选装构型进行评估,向局方沟通说明并达成一致意见。

提出上述方案的理想目标是,说服局方同意IRS构型与AHRS等效,不必进行单独的验证试飞,若局方最终不同意,则可安排针对IRS构型的验证试飞予以验证,除了需考虑3个月的试飞周期外,没有不可控的技术风险。

3) 完成工作

从2011年底至2012年5月,颤振专业先后多次与RC进行协调,并发出相关书面评估说明书(ECM),要求RC提供有效输入供颤振专业进行IRS构型符合性的分析验证工作,RC最终明确不能提供有效输入,但按要求书面提供了IRS与AHRS等效的书面评估说明(ECM)。

2012年9月10日,在郭博智院长和陈勇总师召集的专题讨论会上,对该问题进行了详细讨论,郭院和陈总同意了该问题的解决思路和方案,并认为该问题已无不可控的技术风险,现场决策关闭该技术问题,转为构型到位问题。至此,针对该问题的所有前期技术攻关工作已完成,后期在ASE第2阶段试飞前,经多次技术评估和沟通,局方同意颤振专业意见,不用单独进行IRS构型的补充验证试飞,从而彻底解决关闭了该问题。

5.6　风车载荷情况下结构强度评估技术攻关

1) 问题描述

CCAR-25.571条款中没有提到发动机风车载荷,申请人在进行25.903条款符合性时,参考了咨询通报AC-25-24,咨询通报里面提到的25.571条款,需要分析发动机风车情况下的静强度、疲劳和损伤容限。2010年12月,此项任务的方法研究正式展开,由疲劳强度室牵头负责。

该项工作属于国内首次开展,技术上存在风险。而且需要对ARJ21-700飞机机体结构进行静强度、疲劳强度和损伤容限评估,时间紧、任务重、难度大。最初,疲劳强度室希望能够借鉴其他机型的经验,但是国内没有开展过风车载荷评估工作,也几乎查不到关于风车情况评估的国外资料,工作中可以参考的只是FAA于2000年发布的AC-25-24。经过仔细研究此咨询通报,并多次向国外的专家进行咨询,我们获得了少量其他型号的相关资料,这些资料中大部分内容是对 AC-25-24 准则的进一步阐述,对准确地、深入地理解 AC-25-24 很有益,但对指导实施评估工作没有直接的帮助。鉴于此项工作的重要性、紧迫性、艰巨性,疲劳强度室于 2012 年 7 月成立了技术攻关团队。

2) 解决方案和技术途径

通过成立攻关组,深入研究相关适航条款,挖掘技术资料,梳理关键技术及环节,确定相关专业主要工作目标及内容,选定迭代式攻关策略,制订工作计划。

(1) 转场飞行剖面制订。

由于是国内第一次开展此项工作,所有技术人员均未见过转场飞行剖面,并不知道如何制订转场飞行剖面。首先借鉴典型飞行任务剖面的制订经验,组织相关专业展开协调,并积极咨询国外供应商。经过反复论证,最终确定了转场飞行剖面,ARJ21-700 飞机转场飞行剖面飞行时间为 75 min,剖面如图 5-2 所示。

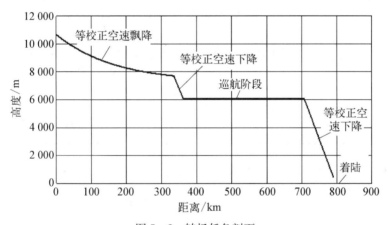

图 5-2 转场任务剖面

考虑到 ARJ21-700 飞机转场飞行剖面飞行时间为 75 min,略大于 60 min,根据 AC-25-24 要求,60 min 转场飞行剖面和 75 min 转场飞行剖面都需要进行分析,评估要求如表 5-1 所示。

保守地按照 1 h 转场飞行剖面的评估要求,采用 75 min 转场飞行剖面的风车载荷进行分析。

(2) 动力学模型建立。

ARJ21-700 飞机设计中动力学分析使用的模型是梁式模型,即机身、机翼、尾翼、吊挂均采用梁单元建模,对于梁式模型我们有比较丰富的动力学建模及分析经验。但由于风车情况激励来自发动机,所以吊挂等结构再简化为梁单元,必然过于粗糙,不能比较真实地反映动力学响应,不满足评估要求。基于以上考虑,动强度专业组织攻关,并组织技术咨询,借鉴国外经验,在梁式模型与全机有限元模型的基础上建立了风车载荷动力学分析模型。

表 5-1 疲劳和损伤容限分析要求

	条件	60 min 转场飞行剖面	最大转场飞行剖面(不大于 3 h)[6]
	不平衡设计比(*IDF*)	1.0	1.0
	转场飞行时间	60 min 转场飞行	最大预测的转场飞行[6]
疲劳分析[1,2] (平均材料特性)	完好阶段	1*DSG* 的损伤	1*DSG* 损伤
	风车阶段	由于 60 min 转场飞行 1.0*IDF* 不平衡条件下的损伤	由于最大预期转场飞行时间[6] 1.0*IDF* 不平衡条件下的损伤
	准则	证明在完好阶段损伤和风车阶段损伤之和的两倍条件下没有失效[6]	证明在完好阶段和风车阶段的总体损伤(无安全系数)条件下没有失效[6]
损伤容限[1,2] (平均材料特性)	完好阶段	1*DSG* 的制造质量裂纹[5] (MQF)增长	1/2*DSG* 的制造质量裂纹[5] (MQF)增长
	风车阶段[3,4]	*IDF*=1.0 条件下 60 min 转场飞行的额外裂纹增长	*IDF*=1.0 条件下最大转场飞行[6] 的额外裂纹增长
	准则	5c(3)(a)条规定的剩余强度载荷对于最终裂纹长度的正安全边界	5c(3)(a)条规定的剩余强度载荷对于最终裂纹长度的正安全边界

注 1：使用的分析方法见本 AC 第 5 段(评估风车不平衡条件)。

注 2：用于分析的载荷谱与表明 25.571 条符合性的载荷谱相同,适用时,扩展风车载荷。

注 3：使用完好阶段载荷谱证明风车阶段。

注 4：风车状态损伤容限分析的初始裂纹不必大于作为可探测裂纹尺寸加上在完好阶段载荷谱下一个检查间隔中裂纹增长的尺寸。

注 5：MQF 是与 95/95 存在概率相关的制造质量缺陷。

注 6：最大转场飞行时间是给飞机制订的最大转场飞行剖面的飞行时间,不超过 180 min。如果飞机制订的转场飞行时间超过 60 min 则必须审查该条件。

(3) 载荷谱编制技术。

众所周知,振动载荷很难用于强度分析。经过多次研究和讨论,参照疲劳载荷动态放大因子的方法确定载荷系数,最终形成当量疲劳载荷谱。

(4) 强度评估。

本次技术攻关一个重要目的是在较短时间内攻克风车载荷下结构强度评估的技术难题,因此确定强度评估方法时基于以下两条原则:充分利用已有资源,利于适航审查。强度评估主要根据我们已经掌握的成熟分析方法、已经完成的可靠的工作成果,分别制订静强度、疲劳强度、损伤容限的评估方法。

① 静强度评估。

根据有限元分析结果及空中 1g、2g 载荷,着陆滑跑载荷,风车振动载荷计算结果,选择严重部位进行静强度评估。

因为已经对完好情况下机体结构进行了静强度分析，所以将风车情况极限载荷与静强度包线载荷进行比较，如果风车情况极限载荷小于包线载荷，可以不进行静强度分析。

根据 AC-25-24 建议，风车情况极限载荷为

a. 下降阶段：(1g＋峰值振动载荷)×1.375。

b. 巡航阶段：1g＋峰值振动载荷＋70％飞行机动载荷(最大的可能操作速度)，1g＋峰值振动载荷＋40％突风载荷。

c. 进场与着陆阶段：(进场与着陆载荷＋峰值振动载荷＋对称平衡机动载荷)×1.375＝极限载荷。

d. 对称平衡机动载荷＝(进场与着陆载荷＋峰值振动载荷)×0.15。

因此，极限载荷＝(进场与着陆载荷＋峰值振动载荷)×1.15×1.375。

② 疲劳强度评估。

利用载荷系数谱，进行损伤累积计算。结构是否失效的判据为总累积损伤(完好阶段损伤与风车阶段损伤之和的两倍)是否大于 1。由于发图后疲劳强度分析工作已经完成，完好阶段损伤累积损伤计算的数据准备工作已经完成了。

根据已有的疲劳分析方法将载荷系数谱编制成 Excel 文件，用于疲劳强度分析，可以与发图后疲劳强度分析工作无缝衔接。

③ 损伤容限分析。

利用 NASGRO 进行风车阶段损伤容限分析。NASGRO 软件是 ARJ21-700 飞机损伤容限分析中规定的分析软件。

风车阶段损伤容限分析时，初始裂纹尺寸为完好阶段从可检裂纹起再扩展一个检查间隔的裂纹长度。发图后损伤容限分析工作已经完成，因此完好阶段裂纹扩展数据已经具备，分析人员可以根据完好阶段的损伤容限分析结果确定风车阶段的初始裂纹尺寸。各飞行段载荷谱为当量的等幅谱。

根据 AC-25-24 建议，限制载荷为

a. 下降阶段：1g＋峰值振动载荷。

b. 巡航阶段：1g＋峰值振动载荷＋70％飞行机动载荷，1g＋峰值振动载荷＋40％突风载荷。

c. 进场与着陆阶段：进场与着陆载荷＋峰值振动载荷＋对称平衡机动载荷。

④ 分析部位选择标准。

根据发图后疲劳分析报告和发图后损伤容限分析报告分部段挑选，在机头、前机身、中机身、中后机身、后机身、机翼和尾翼分别挑选分析部位，选择标准：a. 疲劳强度分析选择疲劳裕度小于 0.1 的部位，损伤容限分析选择检查间隔最小的部位和疲劳裕度最小的部位；b. 各部段载荷系数最大的站位，选择应力水平最严重的部位。

（5）收获及经验教训。

经过近 3 年的研究,特别是成立技术攻关团队后,通过研究条款、集智讨论、国外专家的建议、海外人才的经验指导,制订了风车载荷情况下结构强度评估的思路、原则及方法,并进行了多次修改,开展了全机结构强度的评估工作,2013 年 7 月底完成了技术攻关。通过该项目攻关,掌握满足中国民航 CCAR－25 部适航规章有关风车载荷情况下结构强度评估的关键技术,完成 ARJ21－700 飞机型号取证相关工作。

5.7　全机稳定俯仰($2.5g$)情况极限载荷试验

5.7.1　试验成功的意义

民用飞机被誉为"世界工业之花",是一个国家战略基础工业的集中体现,民用航空工业及其研制水平代表着一个国家综合科技能力和综合实力的高低。取得适航证是民机研制成功的重要标志,全机静力试验是民用飞机研制过程中必不可少的全机试验,也是适航取证必须完成的全机试验。

ARJ21－700 飞机研制是我国第一次严格按 CAAC/FAA 的要求进行适航认证,因此 ARJ21－700 飞机的全机静力试验不仅要得到中国适航当局(CAAC)的认可,还要得到美国适航当局(FAA)影子审查。稳定俯仰 $2.5g$ 全机静力试验(以下简称 $2.5g$ 试验)是 ARJ21－700 飞机全机静力试验项目中最严酷的一项,是考核机体主承载结构最临界的情况。虽然中国航空工业几十年来完成了大量型号的全机静力试验,但是严格按 FAA 的要求进行还是第一次,没有前人的经验。CAAC/FAA 的条款是非常原则性的要求,大量关键技术只由波音、空客等少量航空企业所掌握。为了完成 ARJ21－700 飞机全机静力适航验证试验,强度专业本着自主研发的原则,广泛咨询国内外专家,最终使 ARJ21－700 飞机全机静力适航验证试验得到 CAAC/FAA 的认可,通过适航审查。

2009 年 12 月 1 日进行了第一次 $2.5g$ 试验。由于 ARJ21－700 飞机龙骨梁后延伸段结构设计不合理,试验进行极限载荷时,龙骨梁后延伸段结构失稳,试验中止。试验中止后,FAA 和 CAAC 在详细了解试验情况后,除了要求对结构局部失稳给出详细分析及改进措施外,对于试验方法,就机翼载荷施加、结构扣重、应变测量、高载后结构符合性说明等方面提出了大量质疑。通过历时 7 个月的技术攻关,本技术成果在机翼载荷施加、结构扣重、应变测量、结构故障攻关、高载修理后试验机结构符合性等方面突破了多项关键技术,中国商飞建立了一套完善的大型飞机全机静力适航验证试验组织管理程序。最终于 2010 年 6 月 28 日圆满完成 ARJ21－700 飞机稳定俯仰 $2.5g$ 极限载荷全机静力试验,得到了 CAAC 和 FAA 的肯定,是 ARJ21－700 飞机项目中第一个通过 FAA 参与审查的大型试验项目,为 ARJ21－700 飞机适航取证走出了重要的一步。

完成 2.5g 试验过程中,试验团队在分析技术和试验技术上取得的多项关键技术突破,多项技术在国内为首次采用。

5.7.2 试验取得的成绩

5.7.2.1 创建了一套大型飞机全机静力适航验证试验组织管理程序

大型飞机全机静力试验涉及设计、制造和试验多个专业,需要各专业协同工作且试验周期长。通过 2.5g 试验研制,中国商飞创建了一套大型飞机全机静力试验的组织管理程序,贯穿于全机静力试验全过程,从试验规划、试验准备、适航制造符合性和现场目击、试验意外中止后的调查、故障复现及设计更改、试验恢复、试验完成后适航审查等工作。特别需要指出的是,2.5g 试验第一次极限载荷试验在进行到 87% 时,由于结构设计问题中止,在整个适航验证过程中,本成果成功探索和实践了从试验发生结构破坏、中止试验、分析原因、验证原因、更改设计、验证更改、修复试验机、验证试验机的构型符合性直到恢复试验、试验成功全过程的适航审查程序,获得 CAAC/FAA 的认可,最终通过适航审查。

2.5g 试验是我国首次按 CAAC/FAA 的要求进行的适航验证试验,试验的成功完成,在试验的组织管理程序上获得的经验非常值得我国后续民用飞机研制静力试验适航验证借鉴。

1) 试验方案及实施

在飞机型号初步设计阶段,就应该着手进行全机静力试验的规划工作。根据飞机型号的结构布置方案,以满足适航条款及相关适航文件为目标,制订完善的适航验证试验规划,将全机静力试验初步方案内容作为结构强度适航符合性验证计划的重要组成部分。试验规划完成后,应及时要求试验单位介入,了解试验方案,论证试验方案的可行性,对不合理的试验方案进行改进,对需要进一步研发的试验技术提早进行研究。

完成试验规划后,应及早与适航当局进行沟通,得到适航当局的认可。在编制 CP(适航验证计划)时,将试验内容及基本方案在 CP 中详细阐述。

在飞机型号详细设计阶段,根据结构各部位临界载荷情况,初步确定试验项目及载荷工况。在详细设计阶段后期,完成所有试验大纲编制,要求试验单位进行初期的试验准备工作。

详细设计完成后(飞机型号研制发图完成),载荷部门将根据发图完成的结构给出用于试验的载荷。根据载荷数据,确定最终的试验载荷工况,将载荷处理为试验载荷,最终更改完成试验大纲,提交适航审查。

试验开始前,试验大纲必须得到适航当局的批准。试验过程中对试验大纲的修改必须得到适航当局的批准方可实施。

2) 静力试验机的制造和改装

在试验方案规划阶段,根据试验方案的需要,必须提出初步的试验件更改要求,包括特殊的过渡段、加载件、增压舱密封、试验件特殊标记、静力试验机系统设备不安装部位机体连接件的特殊连接要求等。

在飞机详细设计阶段,需要按静力试验机的具体要求,将对静力试验机制造的特殊要求落实到静力试验机图纸中。当飞机生产图纸发出时,静力试验机相应的特殊制造要求同时发往工厂,使静力试验机交付时满足试验要求。

3) 静力试验机构型控制及适航制造符合性检查

在试验方案阶段,必须通过完善的技术论证,表明试验方案中静力试验机构型可以代表飞机的取证构型。

在飞机详细设计阶段,建立全面持续的静力试验机构型控制计划,使静力试验机构型控制贯穿从试验机制造到试验完成的全过程。

在向适航当局提交试验大纲时,必须向适航当局表明试验方案中静力试验机构型可以代表飞机的取证构型(可附带一系列分析报告作为支持)并得到适航当局的批准。

在试验过程中,静力试验机结构发生改变,必须向适航当局提交报告,表明静力试验机结构改变后仍然可以代表飞机取证构型进行试验,包括对已完成试验的影响和后续试验的影响。报告必须得到适航当局的批准。

在试验开始前以及每次静力试验机结构发生改变后,适航当局将对生产完毕的静力试验机进行制造符合性检查,检查静力试验机以及相关设计和制造过程文件,确认静力试验机构型与申请人所声明的一致。完成试验机制造符合性检查后方可进行试验。

4) 试验预案制订

在正式试验前制订完善的试验预案,明确所有参试人员的岗位和岗位责任。

根据预先试验分析的情况,对试验件可能发生的局部失稳等情况确定处置方案落实到人。

对于试验可能发生的响声进行归类,对于不同的响声情况预先确定处置方案落实到人。

5) 试验中止后工作

试验意外中止后,首先应保护现场,保存足够多的原始信息有利于试验故障分析。其次,对试验机进行全面详细的检查和测量,摸清试验机损伤和变形情况,为故障分析和试验机的修复提供依据。再次对试验方案,试验大纲,试验过程中的文件均要进行细致的检查。最后,对已生产飞机进行结构强度评估。

6) 试验故障分析及故障复现

试验出现故障后,需要对试验故障进行彻底的分析,确定故障发生的原因。为了进一步定位故障原因,必要时应该进行故障复现试验。

7) 试验机更改设计及验证

一旦确定试验机设计存在缺陷,需要对试验机结构进行更改设计。必要时应安排局部结构试验进行验证,确保再次全机试验一次通过。

8）试验机修理方案及构型符合性说明

完成试验机更改设计后,首先需要制订试验机结构修理方案,同时需要制订已生产飞机的结构更改方案。然后向适航当局报告试验机的修理方案,并且提交报告表明修理后的试验机结构仍然能够代表飞机的取证构型进行后续试验,已生产飞机的结构更改后结构强度等效于或强于试验机结构。报告在得到适航当局批准后方可进行试验机及已生产飞机的结构修理和改装工作。

9）试验件修复和已生产飞机改装

试验机修理方案严格按工艺流程进行修复,同时对已生产飞机进行结构改装。

10）恢复试验

结构更改设计,试验机经过修理后,试验大纲需要重新提交适航当局,得到批准后方可重新进行试验。

11）试验分析及适航审查

试验完成后,需要及时完成试验报告,试验测量结果与分析结果的对比,表明分析模型和分析方法能够满足结构强度验证要求。

5.7.2.2　国内首次采用垂直机翼弦平面加载技术完成民用飞机适航验证试验

国内以往不管是军机还是民机,机翼加载均采用垂直于地面的加载方式。机翼的主要载荷是气动升力,升力始终垂直于机翼弦平面。对于大展弦比的飞机,机翼受载后变形很大,如果采用垂直于地面的加载方式,会造成最终的机翼载荷施加不能模拟机翼的真实受载情况,对机翼结构的考核不充分。就 ARJ21 - 700 飞机而言,采用垂直于地面的加载方式,由于机翼变形减轻了机翼上壁板受压的情况,造成机翼根部弯矩降低 4%。加载方案对比如图 5 - 3 所示,ARJ21 - 700 飞机试验照片如图 5 - 4 所示。

就此问题,在 FAA 的影子审查过程中,多次对此问题提出质疑。通过广泛的国外咨询和资料收集发现,国外空客和波音公司全机静力试验均采用垂直于机翼

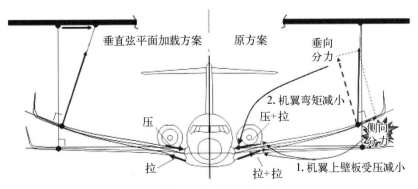

图 5 - 3　加载方案对比

图 5-4　ARJ21-700 飞机稳定俯仰 2.5g 极限载荷全机静力试验

弦平面加载的方式,只有采用垂直于机翼弦平面加载才可能得到 FAA 的认可,才可能通过 FAA 的影子审查。

由于国内没有成熟经验,国外对于试验技术,特别是试验细节在公开文献中很少提及。本着独立自主的原则,从理解条款出发,通过各种渠道开展国外技术咨询,通过团队的努力,从载荷处理到载荷施加,解决了机翼变形极限载荷加载方向改变后全机平衡问题,气动载荷和惯性载荷组合等关键技术难点,首次提出了采用载荷分区解决加载点加载方向大量不一致的问题,最终完成了机翼垂直弦平面加载技术。

5.7.2.3　国内首次完成了采用反配重扣重方法的民用飞机适航验证试验

国内以往全机静力试验扣重均采用调整加载载荷的方法进行,这种扣重方法把扣重和加载同时进行,对于试验件最终载荷考核是准确的,但是在低载阶段载荷施加是不准确的,会导致试验测量存在一个扣重阶段,这个扣重阶段中的应变和位移测量结果无法用于试验数据分析,且会造成测量结果均需要通过线性化处理来消除扣重阶段的影响。

对于民用飞机,大量采用薄壁结构设计,有些结构在扣重尚未完成之前便出现局部失稳,由于扣重完成前的测量数据均不可用,因此,无法通过应变测量监测失稳过程。

就此问题,在 FAA 的影子审查过程中,FAA 的审查代表对我们的扣重方法提出了异议。经过仔细地分析,充分对比了两种扣重方法的优劣,认为对于民机全机静力试验,越来越重视分析与试验的对比,对试验测量要求越来越高,需要在试验方法上尽量精细,才能使试验结果更好地用于对分析方法的验证。

最终 ARJ21-700 飞机采用了反配重扣重方法,在加载前,飞机通过预先设置的支架和滑轮装置,采用配重使飞机处于零重状态,然后开始施加载荷,这与分析状态吻合。试验完成后测量数据线性度明显好于原扣重方案的试验测量结果。试验测量数据不需要做线性化处理,可直接用于试验分析。两种扣重方案测量结果对比如图 5-5 所示。

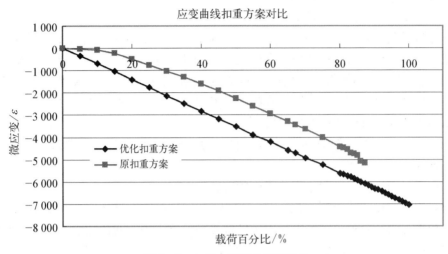

应变曲线扣重方案对比

图 5-5 扣重方案测量结果对比

2.5g 试验在国内首次采用反配重扣重方法,将扣重和加载两个过程彻底分开,互不影响,试验测量结果线性度好,为后续分析验证工作提供了准确的试验依据。

5.7.2.4 首次采用对比试验结合应变分析的方法完成高载修理后试验机结构符合性说明

2009 年 12 月 1 日进行了第一次稳定俯仰 2.5g 全机极限载荷静力试验。由于 ARJ21-700 飞机龙骨梁后延伸段结构设计不合理,试验进行到 87% 极限载荷时,龙骨梁后延伸段结构失稳,试验中止。

通过对故障的详细分析,确定了故障产生的原因,更改了结构方案,并且经过对修理后的试验机外形的测量,结果都表明经过高载之后,试验机状态满足试验要求,可以重新进行试验验证。但是,适航当局要求申请人要证明飞机结构经受过高载后,飞机结构仍然能够代表飞机的取证构型进行验证试验。因为飞机结构设计时,在飞机结构承受超过限制载荷后是允许发生永久变形(塑性变形)的。对产生了永久变形的结构再进行试验,结构传力路线可能发生改变,无法达到对飞机取证构型进行试验验证的目的。

只有完成结构符合性分析,表明 01 架静力试验机结构能够代表飞机的取证构型,才能重新进行 2.5g 试验。因为不能恢复试验,这将严重推迟 ARJ21 飞机项目的进度。如果不能表明修复后的 01 架试验机仍然能够代表飞机取证构型进行试验,那么有可能需要再制造一架静力试验机进行后续的适航验证试验,由此带来的成本和进度上的损失是巨大的。

如果可以证明飞机主传力结构没有残余变形,那么就可以证明飞机结构的传力没有改变。国外曾经有过类似事例,通过应变测量结果分析不存在残余应变来表明结构没有残余变形。但是由于第一次 $2.5g$ 极限载荷试验中止后没有及时测量卸载后的数据,且采用调整加载点载荷的扣重方式,所以无法通过简单地分析应变测量结果得出结构没有残余变形的结论。

通过反复地分析讨论,最终,$2.5g$ 试验首次采用对比试验结合应变分析的方法完成了高载修理后试验机结构符合性说明,有力地证明了 01 架静力试验机在高载修理后,结构传力仍然符合飞机取证构型,向适航当局表明 01 架飞机在高载试验且经过修理后仍然可以代表取证构型用于静力试验验证。避免了重新生产一架静力试验机造成的进度和成本的损失。

5.7.2.5　首次将"采用经试验验证的分析进行适航验证"的理念应用于国内民机适航取证

由于早期试验手段和分析手段比较薄弱,分析结果与试验结果误差较大,所以通常采用比较保守的分析方法保证飞机结构强度,然后通过极限载荷试验保证飞机结构满足设计要求。国内以往的飞机型号设计过程中一直沿用这套思路进行结构强度试验验证。强度试验最关注的是结构能够承受的极限载荷,试验应变测量主要是为了监测结构的应力水平,保证结构不会在极限载荷前破坏。

原来的结构强度验证思路是:由于结构不能反复承受极限载荷,因此极限载荷试验仅能考虑少数典型载荷情况,对结构的验证是不完全的。随着试验手段和分析手段的进步,国外逐渐转变为重视限制载荷试验与分析的对比,通过试验和分析的对比,充分证明分析方法的可靠性,然后再通过分析的方法对结构进行全面验证,表明结构符合强度设计要求,这种对结构强度的验证理念就是采用经试验验证的分析进行结构强度的适航验证。采用这套结构强度验证思路,在一架静力试验机上可以进行 10 种以上的限制载荷试验,用于验证分析方法,最后再进行 1～2 次极限载荷试验对结构进行极限载荷强度验证,所有的结构将通过分析的方法得到全面的验证。

这种验证理念能够使结构得到全面的验证,加快了飞机型号研制进度并且降低了飞机研制成本。分析方法证明为可靠的,也为飞机批量生产中偏离问题的处理提供了分析基础,同时对于飞机型号后续的改型,只需要通过少量试验或者完全通过分析完成验证。

ARJ21 - 700 飞机通过 $2.5g$ 试验,在国内首次探索和实践了将"采用经试验验证的分析进行适航验证"的理念应用于民机结构强度适航验证工作中,得到了 CAAC/FAA 的认可。

5.7.2.6　成功创建通过快速补充研发试验保证全机静力极限试验一次通过的工作流程

飞机结构复杂,特别对于一些传力关系复杂的部位,应变变化梯度很大,在全机静力试验过程中,对于这些可能会发生局部应力非常高的部位,甚至可能超出分析的预期,造成结构的提前破坏。在全机静力试验过程中遇到这种情况,摆在工程人员面前无法回避的问题是需要回答试验是往下做还是停下来加强结构。

传统的金属材料在屈服后应力应变表现为非线性,为了减轻飞机的重量,在航空结构设计中当结构受载接近极限载荷时结构应变往往会进入非线性段。但是从结构应变进入非线性段到结构发生破坏的分析的准确度较难保证,在飞机型号全机验证试验时,出现特别临界的部位对工程人员是很大的挑战,"是冒险往下做试验,还是停下来加强结构?"是迫切需要考虑的问题。冒险往下做试验,如果结构提前破坏,那么将对型号验证进度、研制成本带来很大的损失;停下来加强结构,则可能无谓地让结构背上多余的重量,将来批产的所有飞机都将背上这些多余的重量。

在 ARJ21 - 700 飞机 $2.5g$ 试验过程中,就遇到这样的问题,通过探索和实践,成功创建了通过快速补充研发试验,根据试验结果确认全机静力极限载荷试验一次通过的工作流程。

1）发现问题

在全机静力试验过程中,对结构关键部位,重要部位和高应力部位需要特别关注,预试完成后,限制载荷试验完成后,对应变测量结果进行全面细致的分析,特别注意应变超过预期的部位。

ARJ21 - 700 飞机在 $2.5g$ 试验过程中,就发现 SD648 框与机翼后梁连接处框外缘局部应变超过预期,应变按线性外推将超过材料的许用值。

2）确认结构高应变合理性

发现应变超出预期有可能造成结构破坏的部位,应首先进行应力评估分析,结合细化有限元模型进行高应变确认,确认高应变的合理性。如果可以采用可靠的强度分析方法确认结构的可承受极限载荷,则可以继续试验,如果无法肯定结构是否能够承受极限载荷,则可以考虑立即启动局部结构承载能力试验,确认结构的极限承载能力。

ARJ21 - 700 飞机在 $2.5g$ 试验过程中,由于 SD648 框是机翼机身的重要传力部位,一旦框缘破坏,将造成飞机整体失去承载能力。经过局部细化有限元模型分析,证实了局部高应变的存在,虽然分析表明高应变仅存在局部区域,但是慎重起见,决定立即启动局部结构承载能力试验。

3）制订试验方案

将局部结构从一个整体结构中分离出来进行试验,最困难的就是如何模拟边界条件,边界条件模拟不准确会造成试验最终无法代表结构真实受载情况。

由于全机静力试验需要通过这个试验来决策,因此试验进度非常重要。制订试验方案,最重要的是保证试验结论的有效性,其次是抓住主要矛盾,使试验方案尽量简单,缩短试验件生产和试验准备周期。通常的方法是通过细化有限元分析,模拟试验考核部位局部的应变分布,然后根据分析模拟的边界条件,选择一种简单的、便于实施的试验边界支持和加载。

　　ARJ21－700 飞机在 2.5g 试验过程中,为了完成 SD648 框局部承载能力试验,采用两端铰支、偏心受压的约束和加载方案,较准确的模拟了 SD648 框局部从外框缘到内框缘的应变分布。

图 5－6　SD648 框局部承载能力试验

　　4) 试验实施

　　试验实施过程中,需要通过应变测量,确认试验方案设计的有效性。只有通过试验模拟局部的应变分布,才能准确地给出结构在这种应变分布下的极限承载能力,为全机静力试验决策提供准确有效的支持。试验照片如图 5－6 所示。

　　5) 试验分析决策全机静力试验

　　根据承载能力试验结果与全机静力试验极限载荷下结构的受载情况,综合多方面因素决策是否进行全机极限载荷试验。

　　ARJ21－700 飞机在 2.5g 试验过程中,根据 SD648 框局部框缘承载能力试验结果,综合周边结构实际受载情况,最终决策是结构不进行加强,而是直接进行极限载荷试验,最终证明结构不经过加强完全可以承受全机极限载荷。

5.7.3　试验总结

　　2.5g 试验是我国航空工业全机静力试验发展史上具有里程碑意义的一次试验,在试验管理、试验方法和试验理念上都有质的改变,取得的成果对我国后续研制的民用飞机和大型运输机具有非常重要的借鉴作用。目前,项目成果已应用于 C919 飞机全机静力试验中。

5.8　鸟撞试验攻关

5.8.1　概述

　　民用航空工业及其研制水平代表着一个国家综合科技能力和综合实力的高低,而适航取证是商用飞机成功的一个先决条件。ARJ21－700 飞机的整体设计研制过程要求严格按照中国民用航空规章第 25 部进行(即 CCAR－25 部),能否顺利通过适航验证是其研制是否成功的标志,也是 ARJ21－700 飞机投入市场运营的通行证。根据 CCAR－25 部内容,有 3 个条款(分别为 25.571、25.631、25.775)对鸟撞提出了明确的要求。因此,ARJ21－700 飞机在研制过程中必须开展相应工作以表明其鸟撞适航符合性。但是,由于国内在该技术领域的基础相对比较薄弱,且 ARJ21-700 飞机是国内首次严格按照 CCAR-25 部进行设计的民用客机,由于缺乏工程经验,因此造成了包括机头、平尾、垂尾在内的几大部位在原设计构型状态下均不能满足鸟撞适航要求的严重问题。因此民用飞机抗鸟撞设计分析与适航验证技术成为了 ARJ21-700 飞机研制过程中为数不多的几大技术难题之一,如果不能及时攻克将会直接影响 ARJ21-700 飞机的取证步伐。本项目充分利用民用商用飞机能够开展国际合作的便利条件,吸收借鉴国外先进技术,并在此基础上结合自己的实践进行创新,走过了一个完整的科学探索的过程,成功完成了 ARJ21-700 飞机的鸟撞适航验证工作,扫清了适航取证过程中的一大障碍,解决了一大技术难题,填补了我国民用航空研制在这方面的空白与不足。

5.8.2 主要技术难点

在 ARJ21-700 飞机研制初期虽然开展过一定量的抗鸟撞分析工作,但由于缺少技术储备,对其分析及验证的复杂性也缺乏充分认识。在 2009 年底,机头部位开展的第一次鸟撞研发试验中,发生了结构严重破坏的现象,这大大出乎我们的预料。

由图 5-7 试验结果可以看出,机头上部鸟体全部进入驾驶舱,不但会对驾驶舱设备造成影响,也有可能会引起飞行员受伤,因此是绝对不能允许的。平尾垂尾因为前梁之后布置了重要设备,如果鸟体撞击该设备会产生二级以上故障,因此也不能满足安全着陆的适航条款要求。概括起来讲,ARJ21-700 飞机抗鸟撞适航验证初期面临如下几大技术难点:

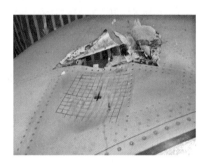

图 5-7　原构型状态下机头
鸟撞后情况

(1) 缺乏具体化可实施的标准。CCAR-25 部对民用飞机的抗鸟撞设计仅仅给出了原则性的要求:飞机在遭遇鸟体撞击后能够继续安全飞行和着陆。如何将这样一个原则性要求转化落实成具体的设计要求就成了民用飞机抗鸟撞适航取证的首要技术难点。且整体飞机缺乏一套系统的鸟撞适航验证体系和流程,没有系统化的工作思路和方法。

(2) 缺乏可靠的仿真分析手段。试验结果与前期鸟撞分析结果相差甚远,甚至存在质的差异,说明在前期进行的鸟撞仿真分析中存在着参数不合理、建模有缺陷等问题,还不能作为适航验证的有力工具。也充分说明了当时国内鸟撞动力学仿真分析方法尚不能保证大型复杂结构系统鸟撞分析结果的合理性和可靠性,急需一套可以准确预计鸟撞结果的有效方法。

(3) 原构型不能满足鸟撞设计要求。几次部件级研发试验均以失败告终,说明原设计构型状态下机头、平尾、垂尾几大部件均不能满足鸟撞适航要求,必须开展结构抗鸟撞适应性更改设计和完善。

上述三大技术难点如果不能及时攻克,将会对 ARJ21 - 700 飞机鸟撞适航验证造成严重影响,进而直接影响 ARJ21 - 700 飞机的取证进程。

5.8.3　技术创新点

民用飞机抗鸟撞适航验证技术从 CCAR - 25 部的要求出发,提出了适航符合性从系统安全性、结构安全性、总体布置、鸟撞动力学分析、地面鸟撞试验及剩余强度分析进行综合考核的想法,制定了每个部件每个区域的结构合格判据,制定了民用飞机抗鸟撞适航验证技术体系,摸索得到了经试验验证的鸟撞动力学分析方法,总结整理出了抗鸟撞设计原则,完善了鸟撞试验体系,完成了 ARJ21 - 700 飞机的抗鸟撞适航取证工作。具体技术创新如下:

5.8.3.1　创新成果之一

创新地提出了民用飞机抗鸟撞适航符合性验证思路和工作流程,建立了一套完整的、经局方认可的民机抗鸟撞适航验证技术体系,应用该体系完成了 ARJ21 - 700 飞机的适航取证工作,填补了国内在该领域的空白,是飞行器结构动力学理论在国内航空实际工程应用的一次突破。

国内抗鸟撞的工作多数处于预研阶段,而且结构形式大多局限于透明件和简单平板,对大型复杂结构系统的研究甚少。对于严格按照 CCAR - 25 部要求进行设计的 ARJ21 - 700 飞机,抗鸟撞适航取证技术可借鉴的经验很少。

在国外,各公司都建立了自己的抗鸟撞适航验证技术体系。该技术体系是他们在研制过程中,通过系统的元件级试验、细节件试验、部件级试验并经过多个型号飞机的取证实践的积累而形成的,属于公司的专有知识产权,除一些概念性东西之外,外界无从得知。

本项目组自力更生,自主创新,提出了民用飞机抗鸟撞适航验证应从系统安全性、结构安全性、鸟撞动力学分析、地面鸟撞试验及剩余强度分析进行综合考核的思想,明确了结构抗鸟撞设计的关键部位及每个部位的适航符合性验证方法。具体的适航验证体系如下:

(1)确定了民用飞机抗鸟撞适航验证的部件如图 5 - 8 所示。

(2)确定不同部位或结构要进行鸟撞保护的区域,包括人员安全、系统安全等,提供各区域允许的标准和程度。

(3)针对不同部位、不同结构区域制定合适的适航验证方法。

(4)开展鸟撞分析方法验证,包括材料动力学参数验证、鸟撞分析参数的验证。

(5)针对要保护的区域进行结构抗鸟撞分析或试验验证。

(6)根据分析或试验结果,对必要情况进行结构剩余强度分析和系统安全性分析,确保能够完成该次飞行。具体流程如图 5 - 9 所示。

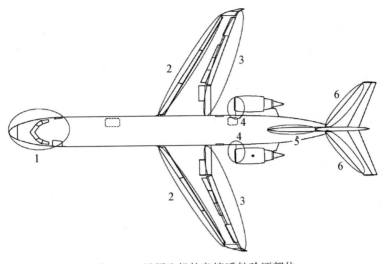

图 5-8　民用飞机抗鸟撞适航验证部位

1—机头；2—机翼前缘（缝翼收起/放下）；3—机翼襟翼（放下）；
4—发动机短舱唇口及吊挂前缘；5—垂直安定面前缘（包括背鳍）；6—水平安定面前缘。

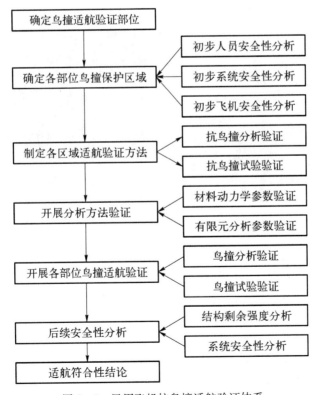

图 5-9　民用飞机抗鸟撞适航验证体系

5.8.3.2　创新成果之二

开展了大量的鸟撞研发试验,并利用其结果修正仿真分析方法(包括建模方法、分析参数等),最终建立了一套经试验验证的、能够较好模拟真实鸟体撞击过程的鸟撞动力学仿真分析方法,应用该方法完成了 ARJ21-700 机头、机翼、平尾、垂尾的鸟撞选点分析工作。

该方法得到了适航当局的认可,并直接应用于 ARJ21 飞机的抗鸟撞适航验证工作中,发现了 ARJ21-700 飞机不能满足设计要求的薄弱部位,并依托仿真结果制定出了合理的结构更改方案;确定了有限几个典型位置作为飞机最终适航验证地面试验的位置,大大减少了试验件数量和试验次数,从而大幅度节约了设计成本,缩短了型号研制周期,具有很大的经济效益和社会效益。

民用飞机静力学分析与抗鸟撞动力学分析的建模方法完全不同,分析涉及的控制参数及材料参数非常多,且参数之间又相互耦合,使得能影响分析结果的关键参数很难确定并十分复杂。在 ARJ21-700 飞机设计初期,由于没有研发试验的支持,不能掌握合理的建模方法和分析参数,导致鸟撞动力学计算结果与试验结果大相径庭(见图 5-10 和图 5-11)。分析结果的不准确成了阻碍抗鸟撞适航验证的一个技术难点。

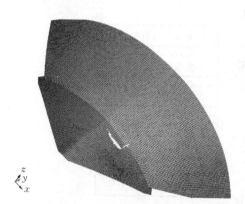

图 5-10　机头结构最初计算结果与试验结果对比

针对仿真结果与研发试验结果间存在巨大差异问题,对鸟撞建模方法和分析参数进行了研究。通过了大量的参数调整,模型修正,将仿真结果与试验结果对比分析,得到了较合理的建模方法和分析参数,使得鸟撞动力学仿真能够较真实地模拟鸟体与飞机结构的整个撞击过程,预估结构变形损伤情况,预计试验结果。仿真结果与试验结果之间得到了较好的吻合度。

5.8.3.3　创新成果之三

针对不同的部位和结构形式特点,总结整理出了民用飞机抗鸟撞设计原则,应用该原则完成了 ARJ21-700 飞机机头、平尾、垂尾的结构更改方案,并且能够直接指导 C919 飞机及后续机型的抗鸟撞设计工作。

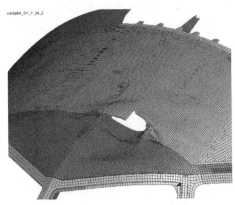

图 5-11　修正后机头仿真分析结果与试验结果对比情况

（1）针对典型的壁板加筋结构设计，提出了支持结构筋条设计刚度匹配的设计方法。

（2）针对典型 D-nose 结构形式设计，提出了根据曲率半径的大小确定切割鸟体的设计方法和增加吸能材料的设计方法。

（3）针对对接区的结构设计，由于此种形式结构相对薄弱，提出了刚度缓和过渡和紧固件强度选取适中的方法。

（4）针对影响飞机安全的一级关键设备，提出了将其放置在远离鸟撞影响区域，将备份设备分散布置避免遭鸟体同时撞击的方法；在必须放置一级关键设备的鸟撞影响区域增加吸能材料提高抗鸟撞的方法。

（5）针对撞击角度的大小对结构抗鸟撞性能的影响，提出了将鸟撞能量进行"疏导"和"堵"的方法。

5.8.3.4　创新成果之四

根据适航条款要求，在国内首次制定了一套完整的民用飞机鸟撞适航试验评判原则和体系，并得到了局方的高度认可。依托准确的鸟撞动力学仿真分析方法及适航试验评判体系选取了 ARJ21-700 飞机的鸟撞适航验证试验点，并完善和提高了国内鸟撞试验技术。

第一，通过与适航当局的多次沟通，借鉴国外的资料，最终制定了鸟撞适航验证试验评判原则和体系，即根据每个部件内关键设备的布置情况，鸟撞损伤后结构剩余强度具体要求来制定不同部件的鸟撞试验合格判据。根据这个原则确定了民用飞机各部件的鸟撞试验合格判据。

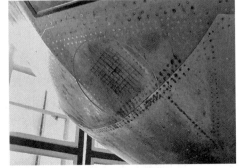

图 5-12　机头天窗骨架及座舱盖上壁板区域试验结果

该结构抗鸟撞合格判据及合格判据确定的评判原则和体系,得到了局方的认可。

其次,利用经试验验证过的仿真分析系统在无限多个可能遭受鸟撞的区域中选取少数几个典型位置作为最终鸟撞适航验证试验点,并最终通过了适航审批。

再次,根据中国商飞要求,由中航强度所成功研制了用于 8 lb 鸟撞击试验的专用脱壳机构,建立了国内首家经局方认可的具备 8 lb 鸟撞实验能力的实验室,填补了国内的空白。

最后,应用该试验技术,成功完成了 ARJ21-700 飞机适航验证试验。

5.8.4 总结

本项目以 ARJ21-700 飞机型号需求为基础,针对民用飞机抗鸟撞适航验证技术,在型号依托下取得了多项关键技术突破。具体内容如下:

(1) 在国内首次严格按照 CCAR-25 部要求完成了 ARJ21-700 飞机的抗鸟撞适航验证工作,为 ARJ21 飞机全面通过适航验证扫清了障碍,解决了重大工程技术难题,得到了 CAAC 的认可和批准,表明民用飞机抗鸟撞适航验证技术达到了国内领先水平并与国际接轨,对后续型号飞机的抗鸟撞设计工作具有很强的指导意义。

(2) 创新性地提出了民用飞机抗鸟撞适航符合性验证思路和工作流程,建立了一套完整的、经局方认可的民机抗鸟撞适航验证技术体系,填补了国内在该领域的空白,是国内飞行器结构动力学理论到实际工程应用的又一次突破。该体系综合考虑了民用飞机鸟撞过程中结构安全与系统安全、人员安全的关系,针对具体布置情况制定相应的评判标准,并利用研发试验充分修正鸟撞分析方法,最终以分析和试验的方法表明鸟撞适航符合性。该体系已成功应用于 ARJ21-700 飞机鸟撞适航验证工作中并得到了局方的高度认可,填补了国内在该领域的空白,在国内飞行器结构动力学领域具有突破的意义。

(3) 开展了大量的鸟撞研发试验,并利用其结果反复修正仿真分析方法(包括建模方法、分析参数等),最终建立了一套经试验验证的、能够真实模拟鸟体撞击过程的鸟撞动力学仿真分析方法。该方法得到了适航当局的高度认可,并直接应用于 ARJ21 飞机的抗鸟撞适航验证工作中,发现了 ARJ21-700 飞机不能满足设计要求的薄弱部位,并依托仿真结果制定出了合理的结构更改方案;确定了有限几个典型位置作为飞机最终适航验证地面试验的位置,大大减少了试验件数量和试验次数,从而大幅度节约了设计成本,缩短了型号研制周期,具有很大的经济效益和社会效益。

(4) 针对不同的部位和结构形式特点,总结整理出了民用飞机抗鸟撞设计原则,这在国内尚属首创,能够直接指导 C919 飞机及后续机型的抗鸟撞设计工作,对我国大飞机研制及其他相关行业的发展具有重大意义。

(5) 根据适航条款要求,在国内首次制定了一套完整的民用飞机鸟撞适航试验评判原则和体系,并得到了局方的高度认可。依托准确的鸟撞动力学仿真分析方法及适航试验评判体系选取了 ARJ21-700 飞机的鸟撞适航验证试验点,并完善提高了国内鸟撞试验技术。成功研制了用于 8 lb 鸟撞击试验专用脱壳机构,建立了国内首家经局方认可的具备 8 lb 鸟撞试验能力的实验室。

民用飞机抗鸟撞适航验证技术已成功地应用于 ARJ21-700 飞机机头、机翼、平尾和垂尾的适航验证过程中,并且得到了局方的认可和批准。目前,国内在研的某大型飞机项目拟按照该适航验证技术指导其抗鸟撞设计工作,以加快研制进度,节省研制成本。

尽管目前取得了一定的成果,但是局限于金属材料结构,对复合材料结构的抗鸟撞分析没有经验,有待进一步研究。

5.9 全机疲劳试验攻关

5.9.1 攻关背景及攻关目标

根据 CCAR-25.571(b) 的规定,合格证持有人需进行全机疲劳试验,以验证飞机的疲劳损伤容限性能、广布疲劳损伤性能、分析方法等。

我国航空工业起步较晚,自主研发机型也很少,据调查仅有运-7、运-8 等少数飞机进行过全机疲劳试验,全机疲劳试验的经验较少。

ARJ21-700 飞机是国内第一架严格按照 CCAR-25-R3 进行设计的喷气式民用客机,接受 CAAC 和 FAA 的严格审查,全机疲劳试验是飞机取证不可缺少的一项适航验证试验,技术难度大、风险高、时间紧迫。

2010 年 7 月 1 日,上海飞机设计研究院强度部组织攻关"ARJ21-700 飞机全机疲劳试验"。通过该项目攻关,掌握了满足中国民航 CCAR-25 部适航规章适航符合性要求的全机疲劳试验的关键技术,顺利完成了 ARJ21-700 飞机全机疲劳适航验证试验。

攻关组成立后,多次召开会议,明确了攻关目标,制订了攻关实施方案和计划,试验攻关全面展开,攻关内容主要包括:

(1)试验开试前,完成所有试验相关文件的编制,并提交局方审批;完成试验机的安装、调试和加载;完成试验机的制造偏离评估,并提交适航审批;完成试验机的制造符合性检查等。

(2)试验开试后,及时发现并处理试验中的故障,保证试验顺利进行;优化试验载荷谱,进一步提高试验速率。

5.9.2 故障树及原因分析

通过成立攻关组,收集、分析和研究国内、外全机疲劳试验的相关资料,借鉴相关型号疲劳试验的经验,召开国内外专家咨询、讨论会,听取专家意见,确定验证方法和思路,梳理关键技术,确定技术方案,明确攻关计划,集中优势力量,完成攻关任务。攻关方案和计划流程如图 5-13 所示。

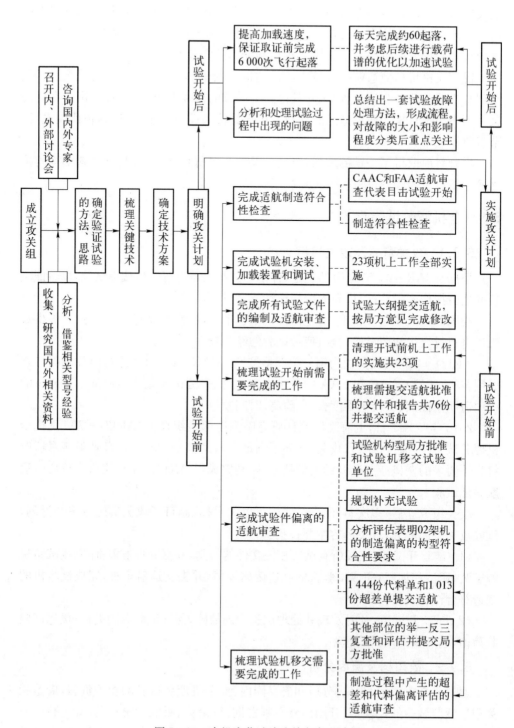

图 5-13　全机疲劳试验攻关方案和计划

5.9.3 技术途径及解决方案

全机疲劳试验攻关工作包含两项内容：一是试验前的技术攻关；二是试验进程中的数据处理和故障处理。

5.9.3.1 试验前技术攻关的技术途径和解决方案

1) 试验机制造偏离的评估及适航符合性

疲劳试验机制造过程中产生的1 444份代料单和1 013份超差单在适航审批之初遇到了很大的困难。局方对试验机出现如此多的超差和代料，开始明确表示不认可、不接受。申请人在专业副总师领导下，对每份超差和代料进行了全面的结构、强度评估，并将评估结论进行分类，对影响大的超差和/或代料制订了试验验证规划。在此前提下，申请人与局方多次进行沟通和交流，对评估报告进行补充和完善。最终，和局方就如何表明02架机的制造偏离符合构型要求达成一致，即一方面分析评估，另一方面规划相关补充试验。完成这些工作后，试验机的构型于2010年8月中旬得到了局方的批准，这项工作总共历时一年多。

2) 试验前工作的梳理和统计

（1）编制和提交适航符合性文件。

为了按照计划顺利开试，攻关组梳理出试验前需编制和提交适航审批的文件和报告，共76份（见表5-2）。严格按照符合性报告要求编制，在工程委任代表（designated engineering representative，DER）的建议下更改完善后提交局方批准，并设专人及时汇总文件的适航批准情况和督促需修改文件的重新提交，对于审查代表提出的合理要求逐一落实，并做到举一反三，减少适航审批次数。

表5-2 全机疲劳试验开始前提交适航审批文件清单

序 号	名 称
1	ARJ21飞机发图后典型飞行使用任务剖面的确定
2	ARJ21飞机发图后疲劳和损伤容限分析所需载荷情况确定
3	ARJ21飞机发图后飞—续—飞疲劳载荷谱
4	ARJ21-700飞机全机疲劳试验载荷谱
5	ARJ21飞机发图后疲劳载荷机动模拟计算报告
6	ARJ21飞机发图后疲劳载荷垂尾气动载荷计算报告（含附件）
7	ARJ21飞机发图后疲劳载荷各翼面惯性载荷计算报告（含附件）
8	ARJ21飞机发图后疲劳载荷平尾气动载荷计算报告（含附件）
9	ARJ21飞机发图后疲劳载荷机身载荷计算报告（含附件）
10	ARJ21飞机发图后疲劳载荷发房及挂架载荷计算报告（含附件）
11	ARJ21飞机发图后疲劳载荷APU惯性载荷计算报告（含附件）
12	ARJ21飞机发图后疲劳载荷前缘缝翼气动载荷计算报告（含附件）

（续表）

序　号	名　　　称
13	ARJ21 飞机发图后疲劳载荷副翼及扰流板气动载荷计算报告（含附件）
14	ARJ21 飞机发图后疲劳载荷起降构型翼梢小翼气动载荷计算报告（含附件）
15	ARJ21 飞机发图后疲劳载荷起降构型主翼气动载荷计算报告（含附件）
16	ARJ21 飞机发图后疲劳载荷起降构型襟翼气动载荷计算报告（含附件）
17	ARJ21 飞机发图后疲劳载荷起降构型子翼气动载荷计算报告（含附件）
18	ARJ21 飞机发图后疲劳载荷机翼疲劳载荷计算报告（含附件）
19	ARJ21 飞机发图后疲劳载荷计算状态报告
20	ARJ21 飞机发图后起落架地面操作疲劳载荷
21	ARJ21 飞机发图后起落架着陆疲劳载荷
22	ARJ21 飞机发图后地面操作情况疲劳载荷
23	ARJ21 飞机发图后着陆情况疲劳载荷
24	ARJ21 飞机发图后滑跑情况疲劳载荷
25	ARJ21 - 700 飞机全机疲劳试验载荷计算报告
26	ARJ21 飞机发图后疲劳载荷补充情况机翼气动载荷（含附件）
27	ARJ21 飞机发图后疲劳载荷补充情况平尾气动载荷（含附件）
28	ARJ21 飞机发图后疲劳载荷补充情况垂尾气动载荷（含附件）
29	发图后补充反对称情况机身发房挂架疲劳载荷（含附件）
30	ARJ21 飞机发图后疲劳载荷补充情况翼面惯性载荷（含附件）
31	ARJ21 发图后发动机推力额定配平的机身疲劳载荷（含附件）
32	ARJ21 - 700 飞机疲劳载荷用燃油质量分布计算报告
33	ARJ21 - 700 飞机疲劳载荷用全机质量分布计算报告
34	ARJ21 - 700 飞机疲劳载荷用商载质量分布计算报告
35	ARJ21 - 700 飞机疲劳载荷用全机质量分布计算报告（2）
36	ARJ21 - 700 飞机设计构型
37	ARJ21 - 700 飞机构型符合性分析报告 - 02 架
38	02 架 3 类 EO 清理报告
39	ARJ21 - 700 飞机 02 架超差及代料状态报告
40	ARJ21 - 700 疲劳试验机符合性分析报告
41	ARJ21 - 700 飞机全机疲劳试验大纲
42	ARJ21 - 700 飞机全机疲劳试验任务书
43	ARJ21 - 700 飞机全机疲劳试验装机要求
44	ARJ21 - 700 全机疲劳试验机制造交付附加要求

（续表）

序　号	名　　称
45	ARJ21 飞机全机疲劳试验机内部应变片布置
46	ARJ21 飞机全机疲劳试验机外部应变片布置(机身部分)
47	ARJ21 飞机全机疲劳试验机外部应变片布置(机翼部分)
48	ARJ21 - 700 飞机疲劳试验电测任务书
49	ARJ21 - 700 飞机全机疲劳试验机机体结构堵孔及假件技术要求
50	ARJ21 - 700 飞机全机疲劳及损伤容限试验无损检测大纲
51	ARJ21 - 700 飞机全机疲劳及损伤容限试验测量方案
52	ARJ21 - 700 飞机全机疲劳试验实施谱
53	ARJ21 - 700 飞机全机疲劳试验扣重报告
54	ARJ21 - 700 飞机全机疲劳试验调试方案
55	ARJ21 - 700 飞机前起垂向支持安装图
56	ARJ21 - 700 飞机主起垂向支持安装图
57	ARJ21 - 700 飞机机身航向、侧向约束安装图
58	ARJ21 - 700 飞机全机疲劳试验机身胶布带图
59	ARJ21 - 700 飞机机翼胶布带图
60	ARJ21 - 700 飞机缝翼胶布带图
61	ARJ21 - 700 飞机全机疲劳试验机身辅助杠杆图
62	ARJ21 - 700 飞机全机疲劳试验机身杠杆图
63	ARJ21 - 700 飞机全机疲劳试验机翼杠杆图
64	ARJ21 - 700 飞机全机疲劳试验缝翼杠杆图
65	ARJ21 - 700 飞机全机疲劳试验安装图
66	ARJ21 - 700 飞机全机疲劳试验机翼卡板图
67	ARJ21 - 700 飞机全机疲劳试验平尾卡板图
68	ARJ21 - 700 飞机全机疲劳试验垂尾卡板图
69	ARJ21 - 700 飞机全机疲劳试验拉压垫图
70	ARJ21 - 700 飞机全机疲劳试验起落架加载专用件
71	ARJ21 - 700 飞机全机疲劳试验假发动机加载专用件
72	ARJ21 - 700 飞机全机疲劳试验机翼、起落架、发动机疲劳载荷处理报告
73	ARJ21 - 700 飞机全机疲劳验机身疲劳载荷处理报告
74	ARJ21 - 700 飞机全机疲劳试验尾翼疲劳载荷处理报告
75	ARJ21 - 700 飞机全机疲劳试验全机平衡后机身载荷处理报告
76	ARJ21 - 700 飞机全机疲劳试验疲劳载荷处理总报告

（2）机上准备工作。

开试前机上的准备工作繁多，每项工作都会影响试验的正常进行，因此，必须对机上的准备工作进行梳理，做到无一遗漏。攻关组对开试前需要在飞机上实施的工作进行了逐一清理，汇总出 23 项需实施的工作（见表 5-3），并协同中航工业飞机强度研究所（623 所）逐项落实。

表 5-3　全机疲劳试验机上实施工作

序　号	名　　　称
1	机翼卡板安装
2	平尾卡板安装
3	垂尾卡板安装
4	襟翼拉压垫安装
5	副翼拉压垫安装
6	升降舵拉压垫安装
7	方向舵拉压垫安装
8	机身杠杆安装
9	作动筒调试
10	机翼、机身作动筒固定座安装
11	检查平台安装
12	作动筒安装
13	作动筒油路安装
14	扣重点安装
15	应变片粘贴、应变片电缆焊接
16	位移传感器安装
17	位移、应变测量系统测试
18	控制系统测试
19	加载点联点
20	加载点单点调试
21	全机联调
22	全机静态调试
23	全机疲劳谱调试

3）试验加载方案

为了使试验加载更为合理，减少加载点，便于全机加载点的协调加载和杜绝加载设备在试验周期内发生故障，在进行充分的分析后，在机身地板横梁加载和机翼、尾翼的加载方案上提出了独特的方法。

（1）机身地板横梁的加载。

疲劳试验机的不同部位由于载荷情况的差异，采用了不同的加载方式。其中机身地板横梁的加载情况特殊，如果采用国际上通用的做法，直接在地板横梁上施加客载,那么就需要在机身下部开口来实现,而大量开口将会影响到壁板本身以及周围连接结构的传载和应力分布。为此,攻关组通过多方调研和咨询专家,最终决定采取直接加载和间接加载相结合的方法来实施。

在试验机加载装置已经搭建好的状态下,机身共8个框站位的客载通过机身下部开口直接施加到地板横梁上;其余部位的客载与气动载荷、惯性载荷合并后使用胶布带—杠杆系统间接施加。并且通过分析和试验表明了这些部位的加载满足整体设计要求。最终通过了CAAC的适航审查。

(2) 机翼和尾翼的加载问题。

对于机翼和尾翼的加载,全机静力试验采用胶布带加载,疲劳试验考虑到周期长,胶布带的疲劳性能可能承受不了反复的加载,同时,胶布带加载时,不能正反两个方向加载,导致加载点偏多,协调加载的难度会增大,通过反复研究和讨论,最终决定机翼和尾翼采用卡板和拉压垫加载的方式,同时分析加载的位置,协调卡板加载需要打孔的空间,确保确定的控制剖面的弯矩、剪力和扭矩,最终保证机翼和尾翼的加载问题得以解决。

4) 符合性文件的适航审查

在众多的符合性文件中,疲劳试验载荷谱方面文件的审批最为困难。

ARJ21-700飞机全机疲劳试验为适航符合性验证试验,试验载荷谱对整个试验至关重要。试验前,局方对试验载荷谱提出了种种质疑,包括动态放大因子、离散突风问题的考虑等。

申请人一方面搜集国内外相关疲劳试验的资料,一方面咨询受FAA信任的专家,在国外专家的帮助下,充分解答了局方的各种疑问,试验载荷谱文件通过了适航的审查。

5.9.3.2　试验中的数据处理和故障处理

1) 数据处理程序

试验开试后,现场需分析和处理来自试验过程中产生的大量数据,包括位移测量数据、静态测量应变片数据、动态测量应变片数据、试验支反力、试验载荷反馈值等。

这些数据的分析结果是试验能否继续进行的判据,分析速度直接影响试验的进度。申请人根据现场数据的生成方式,编制了相应的处理程序,大大减少了数据比较的工作量,间接提高了试验的速度。

2) 现场故障处理

全机疲劳试验会暴露机体结构的薄弱部位、设计问题和制造工艺等问题。ARJ21-700飞机作为一款全新设计的飞机,这些问题同样会不可避免地在试验中出现。

攻关组根据各种故障的类型、特点以及重要程度,总结了一套试验现场故障问题的处理流程和办法,并得到了CAAC的认可。流程如图5-14所示。

在实际的故障处理中,所有的故障都根据科技质量部下发的试验故障单进行

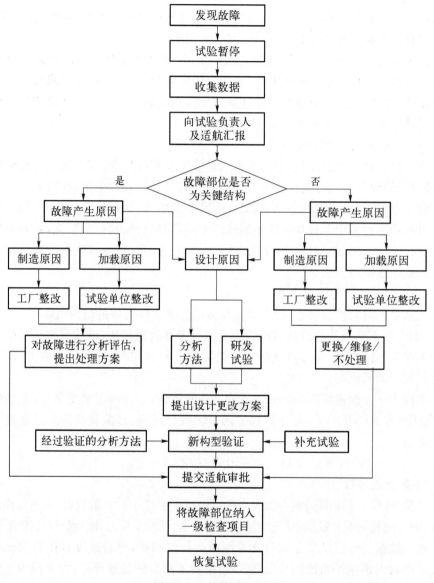

图 5 - 14　故障处理流程

记录和处理,故障单中包括故障的描述、责任单位、原因分析、处理措施、处理结果等,为使得 02 架机的构型具有代表性,对于故障处理需要进行机上工作的,需发出相应的 FRR 单或工程指令(engineering order,EO),并经由适航审查代表批准,方可实施。其中,对于重大的裂纹故障需要进行质量双五归零中的技术归零。

5.9.4　技术创新

全机疲劳试验是强度试验中规模最大、复杂程度最高、耗时最长的大型地面试验。形成了如下成果和创新：

1）建立了一套系统的试验总体任务规划，采取并行、多线程进行的工作模式

ARJ21-700 飞机是我国第一款完全按照适航规章自主设计研制的喷气式支线客机，也是我国第一款同时向中国民航局（CAAC）和美国联邦航空局（FAA）提出适航申请并得到受理的喷气式支线客机。作为重点，验证机体金属结构疲劳特性的全机疲劳试验是目前我国运输类飞机领域中第一次严格按照 CCAR-25.571 条款要求进行的大型地面试验。

根据 CCAR-25.571 条款要求，对强度、细节设计和制造的评定必须表明飞机在整个设计服役目标期内将避免由于疲劳、腐蚀、制造缺陷或者意外损伤引起的灾难性破坏。必须用充分的全尺寸疲劳试验依据来证明在设计服役目标期内不会产生广布疲劳损伤。在没有完整的可供借鉴的全尺寸疲劳试验设计、验证及取证经验的前提下，通过技术攻关，攻克了包括适航条款的理解、条款符合性验证思路、系统工程管理以及若干技术点等大量难题。在此过程中总结出了 CAAC/FAA 认可的一套完整的按照 CCAR-25.571 条款要求进行的民机全尺寸疲劳试验适航验证体系。

在试验准备阶段，形成一套系统的试验总体任务规划图，并按照规划图中每一项任务进行详细分解及实施任务部署，以多线程并行的工作模式准确高效地完成各项准备工作。试验总体任务规划如图 5-15 所示。

2）形成一套系统化的民机全尺寸疲劳试验的适航符合性验证试验方法

ARJ21-700 飞机是国内第一架按 CCAR-25 部进行全机疲劳适航符合性验证试验的民用飞机，试验完全按照适航符合性要求进行。从试验方案的制订、试验载荷谱的编制、加载方案、试验支持方案、试验件制造、试验件构型控制，一直到试验进程的控制等都严格按照适航审定的要求和程序进行，形成了一套系统化的、CAAC/FAA 认可的适航符合性验证试验方法。

3）试验加载技术取得重大突破，试验规模和协调加载控制技术等均处于国内领先

ARJ21-700 飞机 02 架全机疲劳试验是目前国内民机领域内进行的规模最大的试验。由于试验规模大，加载精度控制要求高，若继续沿用以往机型的加载思路，将导致加载作动筒数量太多，无法满足试验加载速率的要求。为此上飞院与 623 所集智攻关，根据不同结构件的受载特点，采用不同的加载方式。同时通过优化算法，进行多次优化计算，在保证控制面加载精度的要求下，给出了加载作动筒位置最优、总数量最少的加载点布置方案。通过综合处理，最终确定了全机加载方案：在机头前起落架舱上气密地板和球面框处开有充/放气孔，以施加机身冲压载荷；平尾盒段、垂尾盒段以及机翼盒段采用卡板加载；襟翼/副翼、升降舵采用拉压垫加载；商载采用整体框架加载；前缘缝翼采用胶布带加载等多种加载方式。

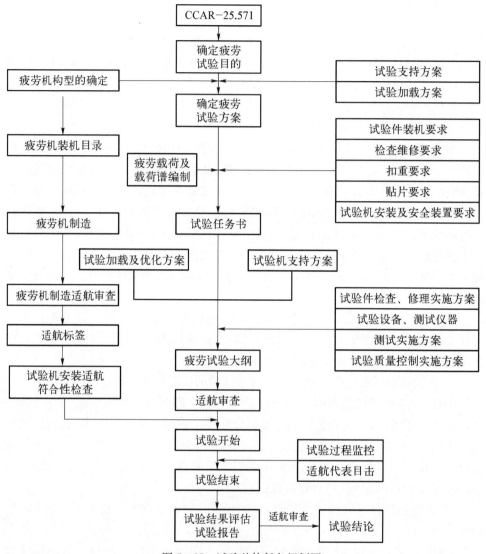

图 5-15　试验总体任务规划图

4）试验载荷谱编制及施加技术取得重大突破

载荷谱是全机疲劳试验中最关键的技术之一，也是最复杂的技术之一，对试验结果起着决定性的作用。全机疲劳试验的载荷谱要求最大可能接近飞机真实飞行、又能满足试验周期要求，同时又满足适航要求。通过查阅国内外资料和国际著名飞机制造商的载荷谱编制方法，最终决定采用国际普遍认可的 TWIST 编谱技术进行试验飞—续—飞疲劳载荷谱编制，并得到了 CAAC/FAA 的认可。

公开发表的 TWIST 编谱技术只提供原理性准则，就如同适航条例一样，如何实现准则的要求是 TWIST 编谱技术的核心，每个飞机制造商都有自己的方法去实现,并对外严格保密。强度部组织了当时国内最权威,具有几十年研究载荷谱经验的几位专家开始进行 TWIST 编谱技术的研究。经过不断探索,最终攻克了全部核心技术,形成了技术文件《飞—续—飞疲劳载荷谱编制方案及其实现方法》。为后续的损伤容限评定和全尺寸疲劳试验奠定了坚实基础,飞—续—飞疲劳载荷谱编制的总流程如图 5-16 所示。试验载荷谱的载荷施加流程如图 5-17 所示。

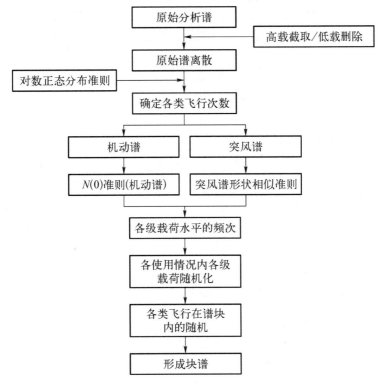

图 5-16　飞—续—飞疲劳载荷谱编制流程

5）广布疲劳损伤的验证

2011 年 1 月 13 日,FAA 颁布了 FAR-25-132 修正案,对广布疲劳损伤(widespread fatigue damage,WFD)提出了新的要求,对于 WFD 敏感结构,申请人必须保证在 LOV 前不会发生 WFD,可以将机型特别文件/制造工程文件(model special document/manufacturing engineering documentation,MSD/MED)结构的基于损伤容限的检查应用于为防止 WFD 所要求的补充更改和更换,且必须要表明是可行的。

此次颁布的咨询通报中对于防止 WFD 的发生做了重要更改,针对该通报,如何合理地制订 LOV、ISP、SMP,如何进行分析和试验验证表明在事前制订的 LOV 前不发生 WFD 等相关内容是一次全新的、无任何可借鉴的经验,成为这次疲劳试验中又一个难题。LOV 制订的太短,则减少服役寿命,增加运营成本,LOV 制订的

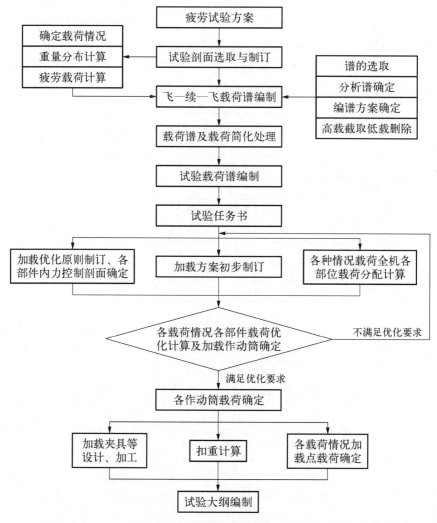

图 5 - 17　疲劳载荷谱施加流程

太长,则增加了发生 WFD 的风险。只有合理地制订 LOV、检查方法、维修方法,才能最大限度地挖掘飞机的潜能,最大限度地创造效益。

通过对新咨询通报 AC - 25.571 - 1D 以及相关资料的研究,并向国内外专家咨询、讨论,为了使 ARJ21 - 700 飞机能够满足这一新的适航条例的要求,针对全机疲劳试验的特点,制订了一套完整的、可行的分析及试验适航符合性验证方法。其验证流程如图 5 - 18 所示。

5.9.5　收获与启示

全机疲劳试验的顺利开试和进行,总结下来,有以下几点经验教训和建议:

(1) 试验前要做充分的分析和准备,对试验方案以及载荷和载荷谱必须做深入

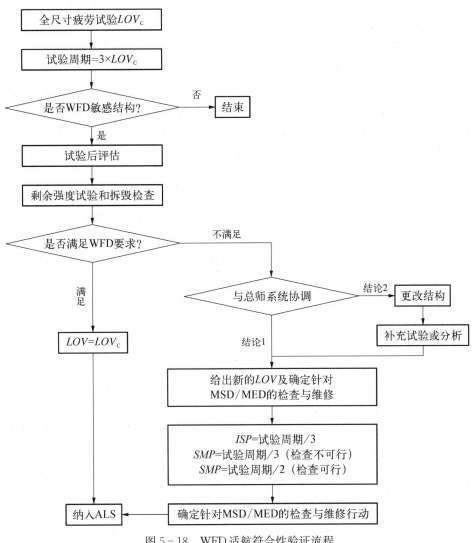

图 5-18 WFD适航符合性验证流程

的分析与其他机型资料的对比,充分讨论后确定出最合理的试验方案和载荷谱;严格按照适航符合性要求编制试验相关的各种适航符合性文件,准备符合性文件的支持材料和/或证据以备局方的各种质疑,争取做到回答适航审查代表提出的问题时有理有据。

(2)对审查代表提出的问题不推诿、不狡辩,以事实和证据说话,对好的建议要采纳和实施;对于与审查方之间有异议的问题要积极搜集资料或进行权威性的咨询,以负责的态度找出问题的解决方案,进行合理的解释;出现问题要及时与局方沟通,做到不隐瞒、不拖拉。比如地板载荷加载的问题,代表提出 ARJ21 飞机和国际通用试验加载方式不同,需要申请人解决。攻关组成员第一时间和 623 所进行协调，对试验机选取合适的位置进行打孔，在地板横梁上加载，同时还出具了分析报告比较两种加载方式的区别。

（3）争取权威性外援，在试验技术和适航符合性解释上获得强有力的帮助。充分调动外部条件，利用外部的资源（国外、行业外、地方科研院校等）协助完成研制任务，保证先进技术为我所用。和国外具有 FAA 背景的专家和 DER 保持长期固定的联系，他们能为型号任务顺利通过适航审查提供强有力的支持和保障。外协单位的帮助也很关键，如上海耐超航空技术有限公司的专家为强度专业提供了很多的资料，还协助强度专业进行了载荷谱的评审、试验大纲（中英文版本）的评审，并提供了很多宝贵的意见。

（4）依靠团队力量解决问题。试验故障的调查和处理会涉及很多单位和部门，各相关单位和/或部门必须通力合作，才能以最快的速度做出正确的处理。对于现场重大影响故障的处理尤其体现出这一点，项目组充分发挥各部门的特长，采用现场集中办公的方式集智攻关，攻关队员精诚团结，从各个方面考虑问题，以团队的力量确保了故障的分析和处理及时、准确、可靠。

（5）及时总结试验中的经验和教训，为以后的试验提供指导和借鉴。全机疲劳试验中发生的几起严重故障，如左机翼主起收放作动筒接头断裂和机翼下壁板 6～7 肋之间裂纹等，大多是由于结构连接不合理、细节部位应力高度集中等结构设计考虑不足导致的，同时制造、装配和使用过程中的每一步都会影响到结构细节的疲劳性能。这就要求我们必须在飞机结构设计上牢固树立细节的疲劳概念，同时全面控制飞机结构的生产制造以及使用过程。

（6）试验载荷谱编制时，没有考虑到载荷谱的优化，试验加载的载荷循环对较多，目前申请人正在进行载荷谱的优化工作。但要进行相应的理论分析工作、研发试验验证工作和适航审查工作，短期内很难实现，建议今后型号飞机的疲劳试验载荷谱在试验初期就进行优化。

（7）试验中暴露了很多的设计缺陷，这些缺陷一般是申请人在设计和计算分析时忽视的地方，所有设计缺陷的更改都应形成案例，作为宝贵的财富，可以在后续的型号设计中予以避免。

参 考 文 献

［1］ 《民机结构耐久性与损伤容限设计手册》编委会.民机结构耐久性与损伤容限设计手册(上册)疲劳设计与分析[M].北京：航空工业出版社,2003.
［2］ 《民机结构耐久性与损伤容限设计手册》编委会.民机结构耐久性与损伤容限设计手册(下册)损伤容限设计与分析[M].航空工业出版社,2003.
［3］ 《飞机设计手册》总编委会.飞机设计手册　第9册　载荷、强度和刚度[M].北京：航空工业出版社,2001.
［4］ 管德.飞机气动弹性力学手册[M].北京：航空工业出版社,1994.
［5］ 陈桂彬,邹从青,杨超.飞机气动弹性设计基础(第2版)[M].北京：北京航空航天大学出版社,2010：106-108.
［6］ 凌茂芙.他山之石——中俄、中乌民机气动技术合作研究[M].北京：航空工业出版社,1996：172-176.
［7］ Martin I Brenner, Richard C Lind, David F Voraceek. Overview of Recent Flight Flutter Testing Research at NASA Dryden [R]. California, AIAA, NASA Dryden Flight Research Center, 1997.
［8］ 郭宏利. Y7-200A飞机颤振适航性研究[D].西安：西北工业大学,2001.
［9］ Ted L Lomax. Structural Loads Analysis for Commertial Transport Aircraft：Theory and Practice [M]. Washington DC：1989.

缩 略 语 表

ADC	air data computer	大气数据计算机
AFCS	automatic flight control system	自动飞行控制系统
AFT	after	后(重心)
AP SERVO	auto-pilot servo	自动驾驶仪伺服
ATP	acceptance test procedure	验收试验大纲
BDF	balk data file	主数据文件
BVID	barely visible impact damage	目视勉强可见冲击损伤
CAAC	Civil Aviation Administration of China	中国民用航空局
CFD	computational fluid dynamics	计算流体力学
CP	certification plan	适航验证计划
DER	Designated Engineering Representative	委任工程代表
DMF	dynamic magnification factor	动态响应系数
DSA	dynamic signal analyser	动态信号分析仪
ECM	engineering change proposal	工程更改建议
EPS	epsilon	求解精度
FAA	Federal Aviation Administration	美国联邦航空管理局
FAR	Federal Aviation Regulation	联邦航空条例
FBO	fan blade out	风扇叶片飞出
FCM	flight control module	飞行控制模块
FDCS	flight deck control suite	驾驶舱控制配套件
FRR	failure and rejection report	故障拒收报告
FWD	forward	前(重心)
GVT	ground vibration test	地面共振试验
HSH	Hamilton Sundstrand High-lift System	汉胜公司高升力作动系统分部
IPT	integrated product team	集成产品开发团队
IRS	inertial reference system	惯性参考系
ISP	inspection start point	检查起始点

JDP	joint design phase	联合设计阶段
LOV	limit of validity	有效性限制
MOC	means of compliance	符合性方法
MPC	multipoint constraint	多点约束
PACE	primary actuator control electronics	主作动器电子控制装置
PCU	power control unit	动力控制装置
PDAS	portable data acquisition system	便携式数据采集系统
PDR	preliminary design review	初步设计检查
PRM	program review meeting	项目回顾会
PSE	principal structural element	重要结构件
RBE	rigid body element	刚性元
RVDT	rotary variable differential transducer	旋转差动传感器
SMP	structural modification point	结构更改点
SPC	single-point constraint	单点约束
SPH	smoothed particle hydrodynamics	光滑粒子动力学
TIB	test interface box of GVT	GVT 接时光制器
VD/MD	design diving speed	设计俯冲速度
VIB	vibration	振动
VID	visible impact damage	目视可见冲击损伤
VMO/MMO	velocity maximum operating	最大使用速度

索　引

大飞机出版工程

书　目

一期书目(已出版)

《超声速飞机空气动力学和飞行力学》(译著)

《大型客机计算流体力学应用与发展》

《民用飞机总体设计》

《飞机飞行手册》(译著)

《运输类飞机的空气动力设计》(译著)

《雅克-42M和雅克-242飞机草图设计》(译著)

《飞机气动弹性力学和载荷导论》(译著)

《飞机推进》(译著)

《飞机燃油系统》(译著)

《全球航空业》(第2版)(译著)

《航空发展的历程与真相》(译著)

二期书目(已出版)

《大型客机设计制造与使用经济性研究》

《飞机电气和电子系统——原理、维护和使用》(译著)

《民用飞机航空电子系统》

《非线性有限元及其在飞机结构设计中的应用》

《民用飞机复合材料结构设计与验证》

《飞机复合材料结构设计与分析》(译著)

《飞机复合材料结构强度分析》

《复合材料飞机结构强度设计与验证概论》

《复合材料连接》

《飞机结构设计与强度计算》

三期书目(已出版)

《适航理念与原则》

《适航性：航空器合格审定导论》(译著)

《民用飞机系统安全性设计与评估技术概论》

《民用航空器噪声合格审定概论》

《机载软件研制流程最佳实践》

《民用飞机金属结构耐久性与损伤容限设计》

《机载软件适航标准 DO - 178B/C 研究》

《运输类飞机合格审定飞行试验指南》(编译)

《民用飞机复合材料结构适航验证概论》

《民用运输类飞机驾驶舱人为因素设计原则》

四期书目(已出版)

《航空燃气涡轮发动机工作原理及性能》(第 2 版)

《航空发动机结构强度设计问题》

《航空燃气轮机涡轮气体动力学：流动机理及气动设计》

《先进燃气轮机燃烧室设计研发》

《航空燃气涡轮发动机控制》

《航空涡轮风扇发动机试验技术与方法》

《航空压气机气动热力学理论与应用》

《燃气涡轮发动机性能》(译著)

《航空发动机进排气系统气动热力学》

《燃气涡轮推进系统》(译著)

《燃气涡轮发动机的传热和空气系统》

五期书目(已出版)

《民机飞行控制系统设计的理论与方法》

《民机导航系统》

《民机液压系统》(英文版)

《民机供电系统》

《民机传感器系统》

《飞行仿真技术》

《民机飞控系统适航性设计与验证》

《大型运输机飞行控制系统试验技术》

《飞行控制系统设计和实现中的问题》(译著)

《现代飞机飞行控制系统工程》

六期书目(已出版)

《民用飞机构件先进成形技术》

《民用飞机热表特种工艺技术》

《航空发动机高温合金大型铸件精密成型技术》

《飞机材料与结构检测技术》

《民用飞机构件数控加工技术》

《民用飞机复合材料结构制造技术》

《民用飞机自动化装配系统与装备》

《复合材料连接技术》

《先进复合材料的制造工艺》（译著）

七期书目（已出版）

《支线飞机设计流程与关键技术管理》

《支线飞机验证试飞技术》

《支线飞机电传飞行控制系统研发及验证》

《支线飞机适航符合性设计与验证》

《支线飞机市场研究技术与方法》

《支线飞机设计技术实践与创新》

《支线飞机项目管理》

《支线飞机自动飞行与飞行管理设计与验证》

《支线飞机电磁环境效应设计与验证》

《支线飞机动力装置系统设计与验证》

《支线飞机强度设计与验证》

《支线飞机结构设计与验证》

《支线飞机环控系统研发与验证》

《支线飞机运行支持技术》

《ARJ21-700新支线飞机项目发展历程、探索与创新》

《飞机运行安全与事故调查技术》

《基于可靠性的飞机维修优化》

《民用飞机实时监控与健康管理》

《民用飞机工业设计的理论与实践》